21世纪高等学校计算机类专业
核心课程系列教材

U0659315

Java
程序设计与应用开发

IDEA版·微课视频版

郭克华 主编

曹瑞 副主编

清华大学出版社
北京

内容简介

本书系统讲解 Java SE 核心知识,全书共 23 章,分为 6 大部分循序渐进引导学习。第 1 部分(第 1 章)为 Java 入门基础,主要介绍 Java 语言的发展历史、运行机制及 Java 程序开发需要的准备工作;第 2 部分(第 2 章和第 3 章)为程序设计基础,讲解变量及其运算、流程控制和数组;第 3 部分(第 4~6 章)为面向对象,通过案例剖析面向对象的原理、概念和应用;第 4 部分(第 7~10 章)为工具 API,内容涵盖 Java 异常处理、常用 API、多线程开发以及 IO 操作;第 5 部分(第 11~15 章)为 Java 应用开发,包含 GUI 开发、图形开发、网络编程等;第 6 部分(第 16~23 章)为 Java 实训,结合实战案例帮助读者掌握 Java SE 开发能力。全书内容由浅入深,辅以大量的实例说明,并有针对性地提供了一些编程实训,逐步引领读者从入门基础到各个知识点的学习。

本书为学校教学量身定制,供高等院校 Java SE 应用开发相关课程使用,也可供没有 Java SE 应用开发基础的程序员作为入门用书,还可供社会 Java 技术培训班作为教材使用。对于缺乏项目实战经验的程序员来说,本书可用于快速积累项目开发经验。

图书在版编目(CIP)数据

Java 程序设计与应用开发:IDEA 版:微课视频版/郭克华主编. -- 北京:清华大学出版社,2025.8. --(21 世纪高等学校计算机类专业核心课程系列教材). -- ISBN 978-7-302-69824-1

Ⅰ. TP312.8

中国国家版本馆 CIP 数据核字第 20257ZP538 号

策划编辑:魏江江
责任编辑:王冰飞
封面设计:刘　键
责任校对:李建庄
责任印制:刘海龙

出版发行:清华大学出版社
　　　　　网　　　址:https://www.tup.com.cn,https://www.wqxuetang.com
　　　　　地　　　址:北京清华大学学研大厦 A 座　　　邮　　编:100084
　　　　　社 总 机:010-83470000　　　　　　邮　　购:010-62786544
　　　　　投稿与读者服务:010-62776969,c-service@tup.tsinghua.edu.cn
　　　　　质量反馈:010-62772015,zhiliang@tup.tsinghua.edu.cn
　　　　　课件下载:https://www.tup.com.cn,010-83470236
印 装 者:三河市人民印务有限公司
经　　销:全国新华书店
开　　本:185mm×260mm　　　印　张:23.75　　　字　　数:580 千字
版　　次:2025 年 8 月第 1 版　　　　　　　印　　次:2025 年 8 月第 1 次印刷
印　　数:1~1500
定　　价:69.80 元

产品编号:109173-01

前　言

党的二十大报告指出：教育、科技、人才是全面建设社会主义现代化国家的基础性、战略性支撑。必须坚持科技是第一生产力、人才是第一资源、创新是第一动力，深入实施科教兴国战略、人才强国战略、创新驱动发展战略，开辟发展新领域新赛道，不断塑造发展新动能新优势。高等教育与经济社会发展紧密相连，对促进就业创业、助力经济社会发展、增进人民福祉具有重要意义。

本书为零基础的读者讲解 Java SE 技术。本书内容涵盖 Java SE 开发环境配置、程序设计基础、面向对象、工具 API、GUI 开发、图形开发、网络编程和案例实训。每章末尾给出上机习题，用于对该章内容进行阶段性总结演练。

本书作者长期从事教学工作，积累了丰富的教学经验，其"实战教学法"取得了很好的效果。本书有以下几个特点。

（1）实战性。所有内容都由案例引入，通俗易懂。

（2）流行性。书中讲解的都是 Java SE 开发过程中较为流行的方法、框架、模式等，紧扣学生的就业需求。

（3）适合教学。书中章节安排得当，将习题融于讲解的过程中，教师可以根据情况选用，也可以进行适当增减。

一、本书的知识体系

学习 Java SE 应用开发最好能有计算机操作的基本技能，以及基本的逻辑思维。本书的知识体系结构如下图所示，遵循了循序渐进的原则，逐步引领读者从入门基础到各知识点的学习。

第 1 部分　入门基础
第 1 章　Java 语言入门

第 2 部分　程序设计基础
第 2 章　程序设计基础——变量及其运算
第 3 章　程序设计基础——流程控制和数组

第 3 部分　面向对象
第 4 章　面向对象编程（一）
第 5 章　面向对象编程（二）
第 6 章　面向对象编程（三）

第 4 部分　工具 API
第 7 章　Java 异常处理
第 8 章　Java 常用 API
第 9 章　Java 多线程开发
第 10 章　Java IO 操作

第 5 部分　Java 应用开发
第 11 章　GUI 程序开发
第 12 章　Java 界面布局管理
第 13 章　Java 事件处理
第 14 章　Java 画图
第 15 章　Java 网络应用开发

续表

第 6 部分　Java 实训
第 16 章　程序设计基础实训
第 17 章　面向对象实训：单例模式
第 18 章　面向对象实训：软件功能扩充
第 19 章　工具 API 实训：字符处理与文本翻译
第 20 章　GUI 开发实训：用户管理系统
第 21 章　Java 画图实训：卡通时钟和拼图游戏
第 22 章　网络编程实训：在线打字游戏
第 23 章　综合实训：即时通信软件开发

二、本书内容介绍

全书共 23 章。

第 1 章为 Java 语言入门，介绍 Java 的发展历史和 Java 的运行机制，以及 Java 程序开发需要的准备工作。

第 2 章为程序设计基础——变量及其运算，首先介绍变量的定义、变量的数据类型及其转换，然后讲解 Java 中的各种运算，最后介绍运算符的优先级。

第 3 章为程序设计基础——流程控制和数组，首先介绍三种结构的用法，并讲解 break 和 continue 语句，然后讲解数组的作用、定义、性质和用法，以及二维数组的使用。

第 4 章为面向对象编程(一)，主要介绍面向对象的基本原理和基本概念，包括类、对象、成员变量、成员函数、构造函数以及函数的重载。

第 5 章为面向对象编程(二)，针对面向对象的应用，详细讲解一些比较高级的概念。首先讲解静态变量、静态函数、静态代码块，然后讲解封装、包和访问控制符，最后简单介绍类中类的使用。

第 6 章为面向对象编程(三)，讲解继承和覆盖，多态性、抽象类和接口的应用，然后讲解几个其他问题，包括 final 关键字、Object 类、jar 命令，以及 Java 文档的使用。

第 7 章为 Java 异常处理，讲解异常处理的原理以及需要注意的问题。

第 8 章为 Java 常用 API，讲解数值运算、字符串处理、数据类型转换和常见系统类、集合框架等。

第 9 章为 Java 多线程开发，讲解多线程的开发、线程控制及线程的安全性。

第 10 章为 Java IO 操作，讲解文件的操作、字节流的读写和字符流的读写，介绍 RandomAccessFile 类和 Properties 类。

第 11 章为 GUI 程序开发，讲解 javax.swing 中的一些 API，主要涉及窗口开发、控件开发、颜色、字体和图片开发，以及一些常见的其他功能。

第 12 章为 Java 界面布局管理，讲解几种常见的布局如 FlowLayout、GridLayout、BorderLayout、空布局以及其他比较复杂的布局方式，然后用一个计算器程序对其进行总结。

第 13 章为 Java 事件处理，讲解事件的基本原理、开发流程和几种常见事件的处理，以及用 Adapter 简化事件的开发。

第 14 章为 Java 画图,讲解画图的原理及方法,画图像及图像的缩放、裁剪和旋转。

第 15 章为 Java 网络应用开发,使用 TCP 编程实现一个简单的聊天室。

第 16～23 章为 8 个实训案例,可以在讲课过程中穿插使用。

本书为学校教学量身定制,供高等院校 Java SE 应用开发相关课程使用,也可供没有 Java SE 应用开发基础的程序员作为入门用书,还可供社会 Java 技术培训班作为教材使用。对于缺乏项目实战经验的程序员来说,本书可用于快速积累项目开发经验。

为便于教学,本书提供丰富的配套资源,包括教学大纲、教学课件、电子教案、程序源码、习题答案和微课视频。

资源下载提示

课件等资源:扫描封底的"图书资源"二维码,在公众号"书圈"下载。

素材(源码)等资源:扫描目录上方的二维码下载。

微课视频:扫描封底的文泉云盘防盗码,再扫描书中相应章节的视频讲解二维码,可以在线学习。

本书为《Java 程序设计与应用开发》的 IDEA 版本,由郭克华和曹瑞共同编写,其中,曹瑞撰写部分约 10 万字,并完成了程序调试。

由于作者水平有限,书中错误和不妥之处在所难免,敬请读者批评指正。

郭克华

2025 年 5 月

目 录

扫一扫

视频讲解

第1部分 入门基础

第 2 部分　程序设计基础

第3部分 面向对象

第 4 部分　工具 API

第 5 部分　Java 应用开发

第 6 部分　Java 实训

第 1 部分
入门基础

第 1 章　Java 语言入门

第1章

Java 语言入门

建议学时：2。

本章介绍 Java 的发展历史和运行机制，以及进行 Java 程序开发的准备工作，并以一个简单的示例介绍在控制台上编写 Java 程序的方法，使用 IDEA 开发 Java 程序。

1.1 认识 Java 语言

1.1.1 认识编程语言

Java 语言是一种较为流行的编程语言，在 TIOBE 发布的某期编程语言排行榜中排名第 1 位，如图 1-1 所示。

Sep 2016	Sep 2015	Change	Programming Language	Ratings	Change
1	1		Java	18.236%	-1.33%
2	2		C	10.955%	-4.67%
3	3		C++	6.657%	-0.13%
4	4		C#	5.493%	+0.58%
5	5		Python	4.302%	+0.64%
6	7	^	JavaScript	2.929%	+0.59%
7	6	⌄	PHP	2.847%	+0.32%
8	11	^	Assembly language	2.417%	+0.61%
9	8	⌄	Visual Basic .NET	2.343%	+0.28%

图 1-1 TIOBE 编程语言排行榜

现在，计算机已经成为人们日常生活中非常重要的工具。软件和硬件是完整的计算机系统互相依存的两大部分，其中硬件是软件工作的物质基础。

软件能帮助人们完成很多丰富多彩的功能。例如，腾讯的即时聊天工具 QQ，能够让人们不受时间、空间的限制即时通信；Windows 音乐播放软件，能够让人们随时随地听音乐；支付宝网上交易系统，能够让人们足不出户买东西。图 1-2 展示了这些软件的界面。

软件是由软件工程师开发出来的在计算机硬件中运行的一些程序，那么软件工程师用什么工具来开发这些程序呢？答案是编程语言。

编程语言的种类有很多，Java 只是这个大家族中优秀的一员。

📢问答

问：为什么会有那么多编程语言？为什么不用同一种语言？

图 1-2　聊天软件、音乐播放软件、网上交易软件的界面

答：不同的语言由不同的团队或公司推出，具有一定的历史原因。统一编程语言就像让全世界的人都说汉语一样难，更何况不同语言的设计初衷是为了适应不同的软件开发。例如，C 语言适合写底层，Java 语言适合写中间件，各有优势。

问：面临多种语言，如何选择学习？

答：首先要精通一门流行语言，然后去学新的语言，这样就容易上手了。实际上，软件的技术含量并不是语言本身，而是软件的设计和算法。

1.1.2　Java 的来历

图 1-3　Sun 公司的图标

Java 是由 Sun Microsystems 公司（简称 Sun 公司）推出的 Java 面向对象程序设计语言和 Java 平台的总称。Sun 公司的图标如图 1-3 所示。

20 世纪 80 年代初，美国斯坦福大学的几位学生合伙创办了斯坦福大学网络公司（Stanford University Network），即 Sun 公司。Sun 公司刚开始规模并不大，以销售硬件为主，也研发一些软件，比较著名的有 Solaris 操作系统等。

图 1-4　Java 之父 James Gosling

Sun 公司在 20 世纪 90 年代初启动了一个项目，主要目标是为嵌入式设备开发一种新的基础平台技术，最初使用了较为复杂的 C++ 开发语言，由此也在一定程度上导致项目进展始终未能达到预期效果。

在这个关键时刻，Java 之父 James Gosling（图 1-4）使情况发生了转机。

在 James Gosling 的领导下，研究者毅然决定设计一种更适合项目要求的新型编程语言，这门语言名为 Oak。到了 1992 年，Oak 语言连同项目的成功受到了人们的关注。不过，此时的 Sun 公司仍然是一家小公司。

在 20 世纪 90 年代中叶，一种新的事物开始产生，并且彻底改变了计算机工业的发展面貌和人们的生活方式，这就是互联网。此时，需要开发大量和互联网相配合的软件。在计算机语言方面，迫切需要一门适合网络编程和跨平台编程的新型语言。非常幸运的是，Sun 公司的 Oak，在最初实现的功能中就已经包含了较强的网络通信能力和多设备平台编程的特点。

1994 年，Sun 公司为了进一步推广 Oak 语言在互联网程序开发方面的影响力，正式将其更名为 Java。

◁))提示

Java 是印度尼西亚盛产咖啡的一个岛屿，因盛产咖啡而闻名。Java 的开发工程师们非常喜欢喝这种咖啡，所以将语言命名为 Java。因此，大家看到的 Java 图标有一个热气腾腾的咖啡图案，如图 1-5 所示。

图 1-5　Java 图标

1.1.3　Java 语言的优势

在当时也有很多其他语言具有网络编程能力，为什么 Java 能够如此流行？Java 的流行得益于它在很多方面都体现出一种崭新的模式，例如：

（1）使用了纯粹的面向对象编程方法，不再允许基于函数的纯粹结构化编程。

（2）简单易用，如默认不再允许数组元素越界访问、不再支持指针等，去掉了传统语言中很多灵活但是易带来危险的操作能力。

（3）支持跨平台运行，满足网络开发的要求，不依赖于客户端的软/硬件环境。

（4）免费。所有的相关程序、文档、类库源代码和开发工具都可以在 Sun 公司的网站自由下载，极大地适应了网络共享自由的文化要求。

面向对象编程方法，其他语言也可以实现，这里应该特别提到跨平台运行和免费策略，这是 Java 生命力的源头。

1. 跨平台

在不同的系统下，要完成一个相同的功能，实现方法是不一样的。例如，在 UNIX 中出现一个对话框和在 Windows 中出现一个对话框，底层实现方法不一样。如果程序直接访问操作系统，出现对话框，那么程序中的指令代码也不一样。因此，用 C++ 编写代码生成的 .exe 文件可以在 Windows 中运行，却无法在 UNIX 中运行。如果要在 UNIX 中运行，必须重新生成一个不同的文件，代码也要进行修改。

◁))注意

修改代码是一件令人头疼的事情，如果修改不到位，会造成整个程序不能运行。

这就好比一个外星人，从火星上来到地球，刚开始只会说火星话，好不容易学会了中文，可以和中国人交流，但是他去美国旅游，又要学会英语才能和美国人交流。因此，他说话的技能不能"跨平台"，每当到达一个新的平台，就需要重新学习新的语言。

能否让他不需要学习任何语言，就可以在地球上畅通无阻呢？很简单，在中国时让他带上一个翻译器，这个翻译器负责将火星话翻译成中文；在美国时带上另一个翻译器，这个翻译器负责将火星话翻译成英语。

这样的好处是外星人不需要学外语，代价是必须配备不同的翻译器，交流速度可能会稍微慢一些。

这也是Java跨平台的原理。使用Java语言编写的源代码通常保存为.java文件,经过编译后,能够运行的是.class文件。这些.class文件不能直接在操作系统中运行,就好像火星人不能直接在地球上和人交流一样。

怎么办? 这时候需要在不同的操作系统中安装相应的Java运行环境(Java Runtime Environment,JRE),在这个Java运行环境中包含了Java虚拟机(Java Virtual Machine,JVM),.class文件在不同的Java虚拟机上运行即可。

这样的好处是Java源代码不需要重新编写、编译,代价是在不同的系统上必须配备不同的Java虚拟机,运行速度可能会稍微慢一些。

因此,要运行Java源代码编译成的.class文件,必须在相应的系统上安装Java运行环境。

2. 免费

如果某人开发了一个软件,他是愿意免费给人使用,并公布源代码,还是愿意卖给别人?

从盈利的角度,当然愿意卖,但是从推广的角度和延续这个软件的生命力的角度,免费使用似乎更有优势。

例如,公布了源代码,就有人修改源代码,让该软件的功能更加强大;就有人发起讨论,让更多的人知道该软件;或者有公司将该软件中的某项技术制定为标准,为更多的人服务。正是因为这个策略,使得Java的爱好者和使用者在短时间内就赶上了传统C语言的爱好者和使用者。

可以发现,虽然目前Sun公司已经被Oracle公司收购,但是Java的生命力丝毫没有减弱。

注意

实际上,从底层讲,Java还有一个特点——垃圾收集。对于不用的对象,系统能够自动将其占用的内存回收。该机制解除了程序员管理内存空间的责任,可以避免因内存使用不当(如忘记回收无用内存空间)而导致内存泄漏等问题,和C++等语言相比,安全性较好。

1.1.4　Java 语言的三个版本

在多年的发展中,Java的应用产生了三个开发版本。

(1) Java SE:Java Standard Edition,Java技术标准版,以界面程序、Java小程序和其他一些典型的应用为目标。

(2) Java EE:Java Enterprise Edition,Java技术企业版,以服务器端程序和企业软件的开发为目标。

(3) Java ME:Java Micro Edition,Java技术微型版,为小型设备、独立设备、互联移动设备、嵌入式设备的程序开发而设计。

本书讲解的版本为Java SE。

问答

问:这三者之间有什么关系? 对于初学者来说,应该怎样学习?

答:Java SE是学习Java EE和Java ME的基础。一般推荐先学习Java SE,然后在Java EE和Java ME中选取一个方向学习。

问:在很多文献上出现了J2SE、J2EE、J2ME,它们与本章讲解的Java SE、Java EE、Java ME有何区别?

答:实际上,这和Java的发展历史有关。在Java发展的过程中,Java 1.2版本对于以前的版本做了很多革命性的改进,因此一般将 Java 1.2 及以后的版本统称为 Java 2。但是,在推出 Java 1.5 之后,去掉了 Java 2 的说法,将 Java 1.5 称为 Java SE 5,以后的版本沿用 Java SE 的说法。

1.1.5　编程前的准备工作

在使用 Java 开发之前,必须进行一些准备工作。首先,Java 源代码(.java 文件)必须能够被编译成.class 文件,这需要 Java 编译器。

其次,编译好的.class 文件必须能够运行,因此必须安装 Java 运行环境(JRE,内含 JVM)。

在 Java 技术体系中,将 Java 编译器和 Java 运行环境全部打包放在一个文件中供用户下载,这就是 Java 开发工具包(Java Development Toolkit,JDK)。

本书使用的是 JDK 11.0.8 版本。

1.2　安装 JDK

1.2.1　获取 JDK

在浏览器的地址栏中输入 http://java.sun.com/javase/downloads/index.jsp,可以看到 JDK 的可下载版本。本书采用比较新且比较稳定的 Java SE 11,用户也可以选择其他版本。找到相应版本,单击 JDK Download 按钮,根据提示下载,如图 1-6 所示。

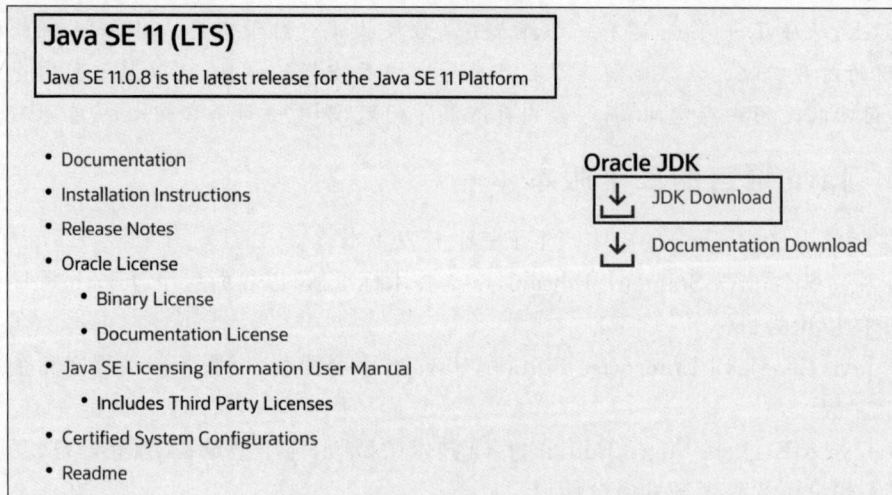

Java SE 11 (LTS)

Java SE 11.0.8 is the latest release for the Java SE 11 Platform

- Documentation
- Installation Instructions
- Release Notes
- Oracle License
  - Binary License
  - Documentation License
- Java SE Licensing Information User Manual
  - Includes Third Party Licenses
- Certified System Configurations
- Readme

Oracle JDK

↓ JDK Download

↓ Documentation Download

图 1-6　Java SE 11 下载界面

如果是在 Windows 平台下进行开发,请务必下载 Windows 版本。在下载完成后会得到一个可执行文件,在本章中为 jdk-11.0.8-windows-x64_bin.exe,如图 1-7 所示。

jdk-11.0.8_windows-x64_bin.exe

◀»**注意**

(1) 如果是在 Linux 环境下开发,需要下载 Linux 版本。

(2) 在访问此页面时,显示的界面可能会稍有不同,读者可自行下载最新的版本。

图 1-7　JDK 可执行文件

1.2.2 安装 JDK

双击安装文件,得到如图 1-8 所示的安装程序界面。

图 1-8 安装程序界面

单击"下一步"按钮,得到如图 1-9 所示的界面。

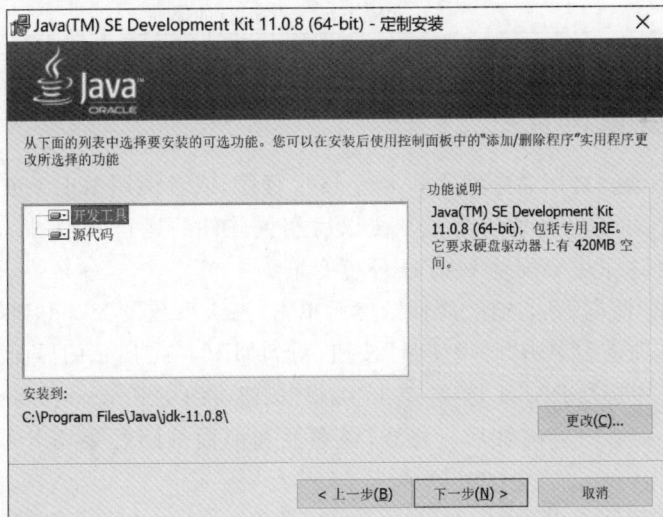

图 1-9 定制安装界面

在该界面中需要选择安装的组件,一般情况下只需要选择"开发工具"即可,如果需要安装额外功能,可以选用后面几个选项。在本章中使用默认选项,单击"下一步"按钮,程序即进行安装。注意,在安装过程中可能会有一些选项需要选择,使用默认选项即可。

注意

本书以 Windows 10 系统为例,其他版本的界面会稍有不同。

1.2.3　安装目录介绍

JDK 安装完毕之后，在 C:\Program Files\Java\jdk-11.0.8 下可以找到安装目录，如图 1-10 所示。

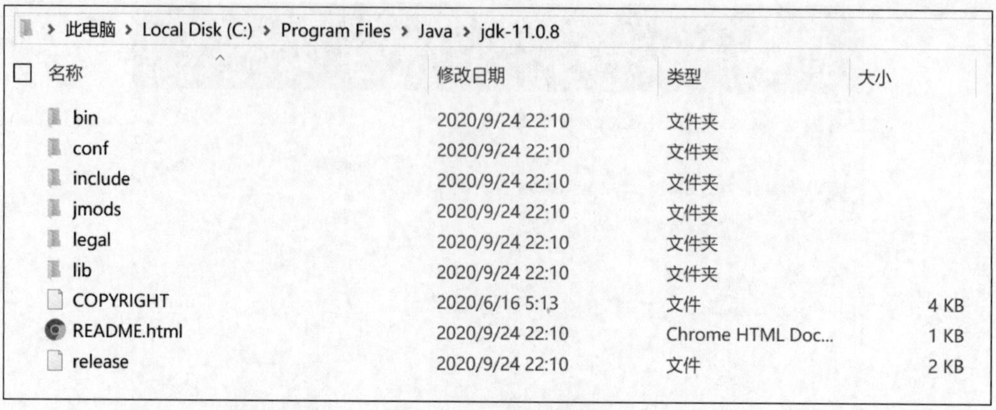

此电脑 > Local Disk (C:) > Program Files > Java > jdk-11.0.8			
名称	修改日期	类型	大小
bin	2020/9/24 22:10	文件夹	
conf	2020/9/24 22:10	文件夹	
include	2020/9/24 22:10	文件夹	
jmods	2020/9/24 22:10	文件夹	
legal	2020/9/24 22:10	文件夹	
lib	2020/9/24 22:10	文件夹	
COPYRIGHT	2020/6/16 5:13	文件	4 KB
README.html	2020/9/24 22:10	Chrome HTML Doc...	1 KB
release	2020/9/24 22:10	文件	2 KB

图 1-10　JDK 安装目录

在 JDK 安装目录中比较重要的文件夹或文件如表 1-1 所示。

表 1-1　JDK 安装目录中比较重要的文件夹或文件

文件夹/文件名称	说　　明
bin	支持 Java 应用程序运行常见的 .exe 文件
lib	支持 Java 程序运行的类库
conf	JDK 的相关配置文件，可配置访问权限、密码等

1.2.4　环境变量设置

在本书后面将会直接用命令编译和运行 Java 程序，或者使用 IDEA 进行开发。它们的运行必须依赖于 Java 运行环境。为了方便以后相关软件的运行，最好将 JDK 的常用环境变量进行配置。在这里主要配置 PATH 环境变量。

在桌面上右击"此电脑"，选择"属性"，然后单击"高级系统设置"，得到如图 1-11 所示的界面；在"高级"选项卡中单击"环境变量"按钮，得到如图 1-12 所示的界面。

在"系统变量"中选择 PATH 选项，单击"编辑"按钮，将 C:\Program Files\Java\jdk-11.0.8\bin 目录添加到变量内容的最后。注意，该路径和前面的路径要用分号隔开，如图 1-13 所示。

单击"确定"按钮完成设置。

用户可以使用命令提示符来测试环境变量设置的正确性。在"开始"菜单中右击，选择"运行"（见图 1-14），或者按 Win+R 组合键，打开"运行"对话框。

在"运行"对话框的"打开"文本框中输入"cmd"，单击"确定"按钮，如图 1-15 所示。

在命令提示符下输入以下命令。

```
java - version
```

按回车键，如图 1-16 所示。

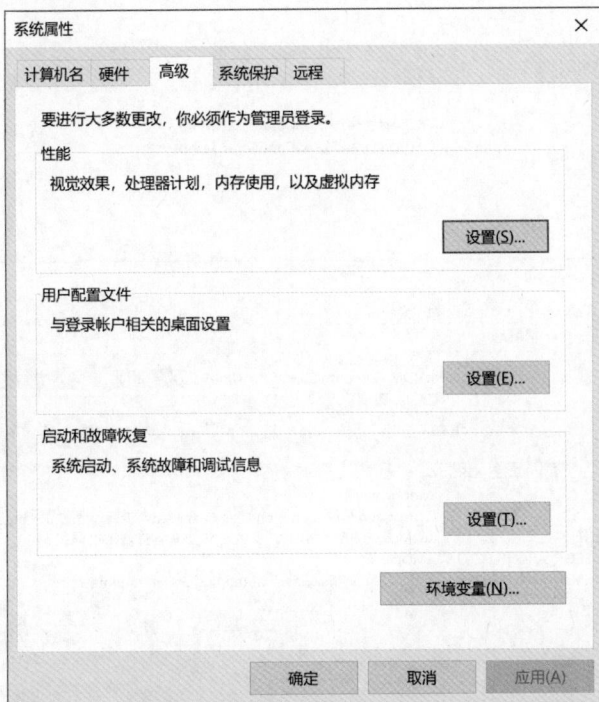

图 1-11　"系统属性"界面

图 1-12　"环境变量"界面

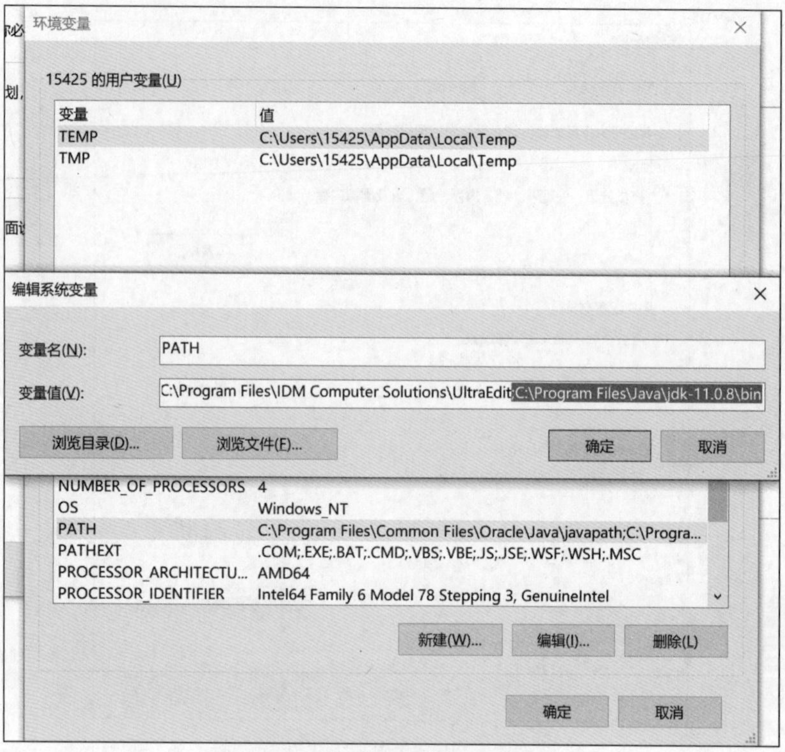

图 1-13　编辑环境变量

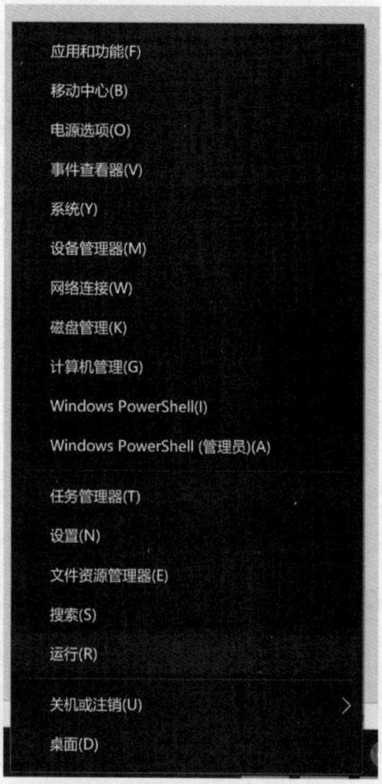

图 1-14　"开始"菜单

图 1-15　"运行"对话框

图 1-16　查看 JDK 的版本

如果在输入命令之后系统显示当前 JDK 的版本，说明环境变量设置成功。

1.3　开发第一个 Java 程序

根据前文的讲解得知，开发 Java 程序需要进行以下步骤。

（1）编写源代码（.java 文件）。一般用文本编辑工具即可。

（2）编译源代码，生成.class 文件。

（3）在命令行中运行.class 文件。

1.3.1　编写源代码

编写源代码很简单，只需要打开文本编辑器编写程序即可。注意，Java 源代码文件的扩展名必须是.java。源代码的示例如图 1-17 所示。

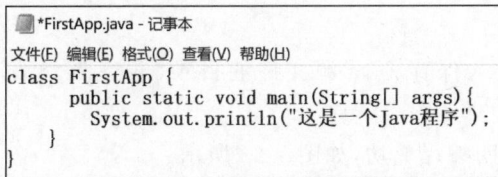

图 1-17　文本编辑器中的 Java 源代码

将文件命名为 FirstApp.java，它向控制台打印出一条语句——这是一个 Java 程序。

将该文件任意存放在一个地方，如 C 盘根目录下。

注意

（1）在本代码中定义了一个类，类名可以任意。

（2）class、public、static、void 等都是 Java 中的关键字，大小写敏感。例如，不能写成如图 1-18 所示的代码，否则编译时会出错。

```
📄 *FirstApp.java - 记事本
文件(F) 编辑(E) 格式(O) 查看(V) 帮助(H)
Class FirstApp {
    public static void main(String[] args){
        System.out.println("这是一个Java程序");
    }
}
```

图 1-18   关键字大小写错误的 Java 源代码

（3）"public static void main(String[] args)"是定义程序的主函数，是程序的入口。

（4）"System.out.println("这是一个 Java 程序");"表示将字符串"这是一个 Java 程序"打印在控制台上，其中 System、out 等是系统中定义的，不能随便写，大小写是敏感的。

（5）字符串的两端用双引号包围，注意是半角双引号，不要写成全角（见图 1-19），否则编译时会出错。

```
System.out.println（"这是一个Java程序"）;
```

图 1-19   使用全角双引号的 Java 源代码

在 Java 语句的后面都有一个分号，不能写成全角（见图 1-20），否则编译时会出错。

```
System.out.println("这是一个Java程序");
```

图 1-20   使用半角分号的 Java 源代码

（6）在 Java 中，一条语句可以写在若干行上并按自己的意愿任意编排。例如，上面的代码也可以按图 1-21 编排。但是，这种编排由于可读性不好，不建议使用。

```
📄 *FirstApp.java - 记事本
文件(F) 编辑(E) 格式(O) 查看(V) 帮助(H)
class FirstApp {public static
void main(String[] args){
  System.out.println("这是一个Java程序");}}
```

图 1-21   任意编排的 Java 源代码

1.3.2   将源代码编译成 .class 文件

将上述程序内容保存为一个扩展名为 .java 的文件，命名为 FirstApp.java，放在 C 盘根目录下。

打开命令提示符，进入保存 Java 源文件的目录，通过命令编译 .java 文件，如图 1-22 所示。

如果没有报错，则说明编译成功，如图 1-23 所示。

```
C:\Documents and Settings\USER>cd\

C:\>javac FirstApp.java_
```

```
C:\>javac FirstApp.java

C:\>_
```

图 1-22   编译 Java 源代码的命令   图 1-23   编译成功

✍注意

（1）"cd\"表示到达当前所在盘的根目录。

（2）在编译时，一定要将文件的扩展名带上，不能写成 javac FirstApp，否则会报错，如图 1-24 所示。

（3）在 Windows 系统中，文件名的大小写是不敏感的，例如可以写成如图 1-25 所示的命令。

图 1-24 错误的编译命令   图 1-25 文件名大写的编译命令

但是，在 UNIX 系统中文件名的大小写敏感，该命令会报错。

建议用户在使用 Java 语言时，不管在什么环境下都按照"大小写敏感"来要求自己，养成良好的习惯，这样编出来的程序错误才会少一些。因此，虽然 javac FIRSTAPP. java 可以通过，但不建议使用。

1.3.3 执行. class 文件

编译完毕，在 C 盘根目录下多了一个. class 文件，如图 1-26 所示。

图 1-26 编译完毕的根目录

问答

问：这里生成的是 FirstApp. class，文件名是如何确定的？

答：. class 文件的文件名并不是由源代码文件确定的，而是由源代码中的类名确定的，在 FirstApp. java 中有 class FirstApp，说明定义了一个名为 FirstApp 的类，因此生成 FirstApp. class。如果定义的是其他类名，如图 1-27 所示，在编译之后得到的将是 AAAA . class。

图 1-27 文本编辑器中的 Java 源代码

本章以 FirstApp. class 为例进行讲解。接下来需要执行这个文件。

在命令提示符下通过命令执行. class 文件，如图 1-28 所示。

在正常情况下，将会打印如图 1-29 所示的内容。

图 1-28 执行. class 文件的命令   图 1-29 执行结果

注意

（1）在运行时，不要将. class 文件的扩展名带上，不能写成 java FirstApp. class，否则会报错，如图 1-30 所示。

（2）不管在什么系统中，类名的大小写都是敏感的，不能写成 java FIRSTAPP，否则会报错。

```
C:\>java FirstApp.class
Exception in thread "main" java.lang.NoClassDefFoundError: FirstApp/class
```

图 1-30　错误的执行命令

1.3.4　常见错误

在编写 Java 程序的时候容易碰到一些问题，有些是编译时出现的，有些是运行时出现的。

1. 关键字错误

例如，将 class 写成 CLASS，如图 1-31 所示。

```
📄 *FirstApp.java - 记事本
文件(F) 编辑(E) 格式(O) 查看(V) 帮助(H)
CLASS FirstApp {
     public static void main(String[] args){
          System.out.println("这是一个Java程序");
     }
}
```

图 1-31　关键字错误的 Java 源代码

编译时报错，如图 1-32 所示。

```
C:\>javac FirstApp.java
FirstApp.java:1: 需要为 class、interface 或 enum
CLASS FirstApp {
      ^
FirstApp.java:2: 需要为 class、interface 或 enum
    public static void main(String[] args){
    ^
FirstApp.java:4: 需要为 class、interface 或 enum
    }
    ^
3 错误
```

图 1-32　因关键字错误而编译报错

2. 代码中标点符号的全角、半角错误

例如，在代码中使用了全角分号，如图 1-33 所示。

```
📄 *FirstApp.java - 记事本
文件(F) 编辑(E) 格式(O) 查看(V) 帮助(H)
class FirstApp {
     public static void main(String[] args){
          System.out.println("这是一个Java程序"）；
     }
}
```

图 1-33　使用全角分号的 Java 源代码

编译时报错，如图 1-34 所示。

```
C:\>javac FirstApp.java
FirstApp.java:3: 非法字符: \65307
          System.out.println("这是一个Java程序"）；
                                              ^
1 错误
```

图 1-34　因使用全角分号而编译报错

3. 主函数格式错误，导致系统认为找不到主函数

例如，主函数格式写错，如图 1-35 所示。

在这种情况下，编译时不报错，但是运行时报错，如图 1-36 所示。

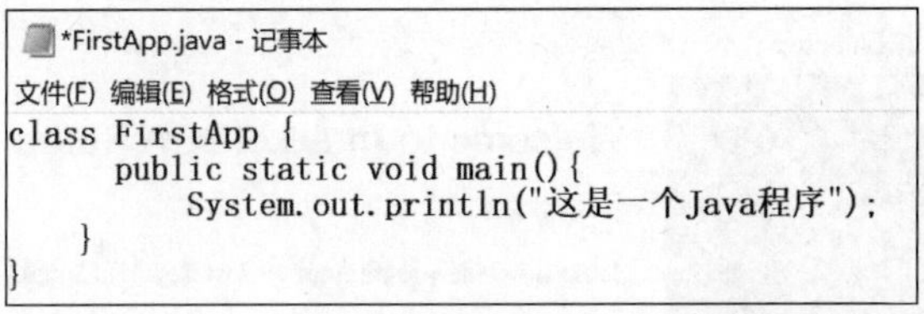

```
*FirstApp.java - 记事本
文件(F) 编辑(E) 格式(O) 查看(V) 帮助(H)
class FirstApp {
        public static void main(){
                System.out.println("这是一个Java程序");
        }
}
```

图 1-35 主函数格式错误的 Java 源代码

```
C:\>java FirstApp
Exception in thread "main" java.lang.NoSuchMethodError: main
```

图 1-36 运行时报错

综上所述,大家需要培养严格的编程习惯,特别是对于初学者来说,刚开始的严格会给后面的学习带来很大的好处,到后面编写代码时错误会越来越少。

1.4 用 IDEA 开发 Java 程序

1.4.1 什么是 IDEA

前面讲述的方法,是用记事本开发 Java,用命令行编译运行。但是在真实的项目开发中,为了提高开发效率,需要采用一些简便、快捷的集成开发环境(Integrated Development Environment,IDE)进行支持,目前最流行的 IDE 是 IDEA。IDEA 分专业版(Ultimate)和社区版(Community),其中专业版属于收费软件,但对于学生和教师是免费注册使用的。另外还有一个收费的 IDE——JBuilder,本书的开发暂不采用该 IDE,读者可以自学。

小知识

Java 系列的 IDE 有很多,例如 JBuilder、JCreator、NetBeans、Eclipse、MyEclipse、IDEA 等。其中,IDEA 的全称为 IntelliJ IDEA,它由 JetBrains 公司开发,是业界目前认可度较高的 Java 开发工具,尤其在智能代码助手、代码自动提示、重构、Java EE 支持、各类版本工具(git、svn 等)、JUnit、CVS 整合、代码分析、创新的 GUI 设计等方面的功能十分优秀。

在浏览器的地址栏中输入 https://www.jetbrains.com/idea/download/?section=windows,可以看到 IDEA 的可下载版本,选择相应版本,即可根据提示下载。本书使用的版本是 IntelliJ IDEA 2022.1.3 for Windows。

注意

(1)如果是在 Windows 平台下进行开发,请务必下载 Windows 版本。

(2)在访问此页面时,显示的界面可能会稍有不同,读者可自行下载最新的版本。

1.4.2 安装 IDEA

在下载之后得到一个可执行文件,本章中为 ideaIU-2022.1.3.exe。双击该文件,打开如图 1-37 所示的界面。

单击 Next 按钮,程序可能需要进行路径的选择,也就是选择以后项目存放的默认路径,可以通过 Browse 按钮改变路径,也可以使用默认路径,如图 1-38 所示。

单击 Next 按钮,此处勾选两个选项,第一个为添加桌面快捷方式,第二个将 bin 文件夹

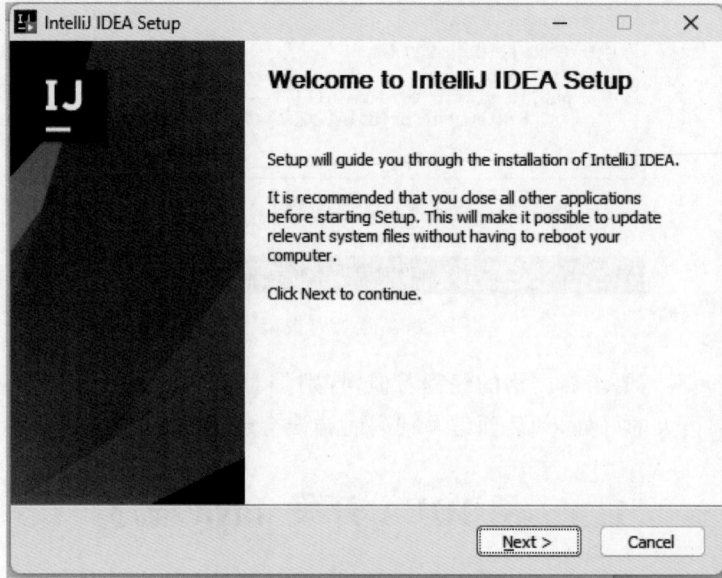

图 1-37　IntelliJ IDEA 安装界面

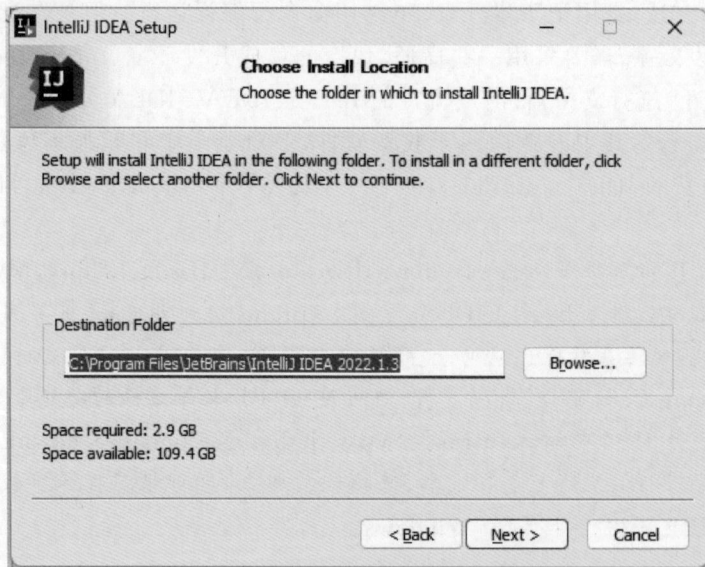

图 1-38　选择安装路径

加入 PATH 环境变量，如图 1-39 所示。

单击 Next 按钮，如图 1-40 所示，再单击 Install 按钮完成安装。

在安装后需重启计算机，重启后单击 IntelliJ IDEA 图标，等待一会儿后程序启动，出现如图 1-41 所示的界面。

◀》注意

在 IntelliJ IDEA 中内置了 JDK 和 Tomcat 服务器，但是可以不使用，通过进行相应配置，使用自行安装的 JDK 和 Tomcat。

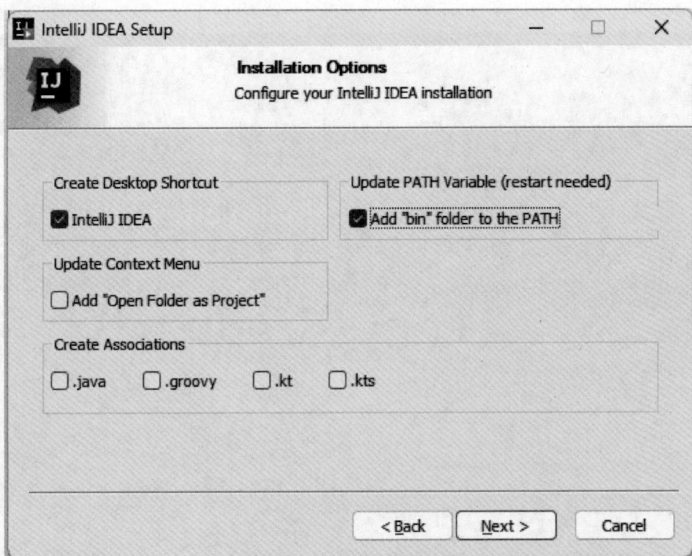

图 1-39 安装选项

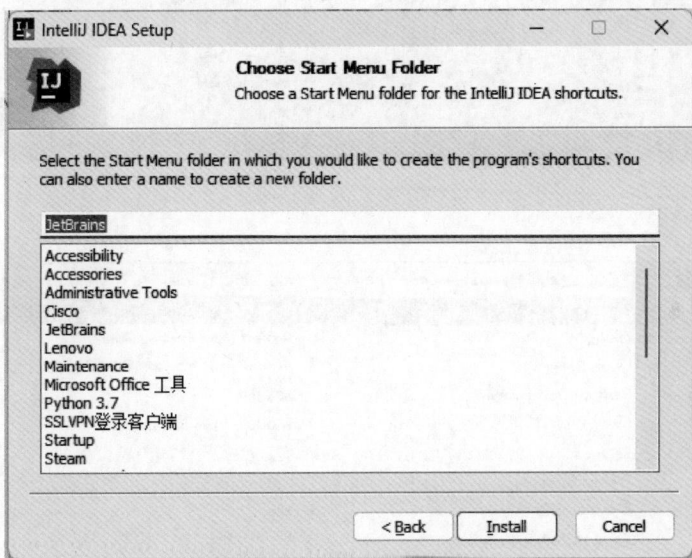

图 1-40 选择开始目录

1.4.3 建立项目

使用 IDEA 开发 Java 程序,Java 义件不是单独建立的,应该存放在一个项目中,因此首先在 IDEA 中建立一个 Java 项目。

用户可以在图 1-41 所示的界面中单击 New Project 按钮新建项目;或者随意打开一个地址,在已打开的界面中通过选择 File→New→Project 命令新建项目,如图 1-42 所示。

此时会出现如图 1-43 所示的界面,输入项目名称,如 Prj01,选择使用的 JDK 版本,其他选项使用默认,单击 Create 按钮,得到的项目目录如图 1-44 所示。

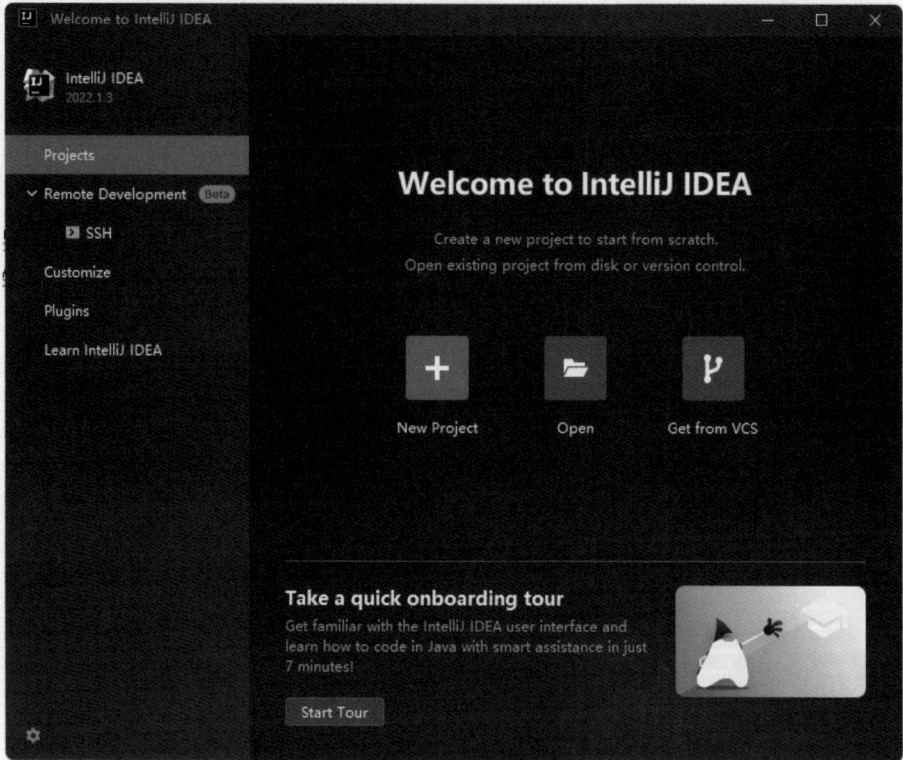

图 1-41　欢迎界面

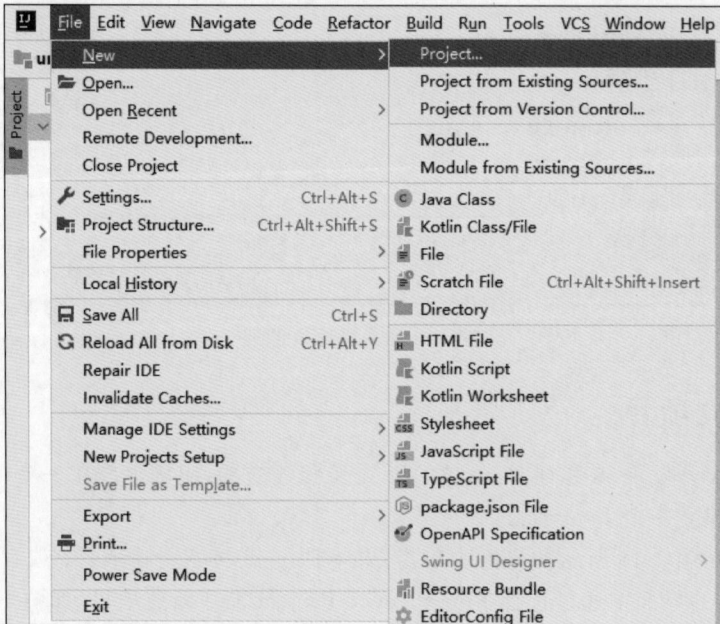

图 1-42　通过命令新建项目

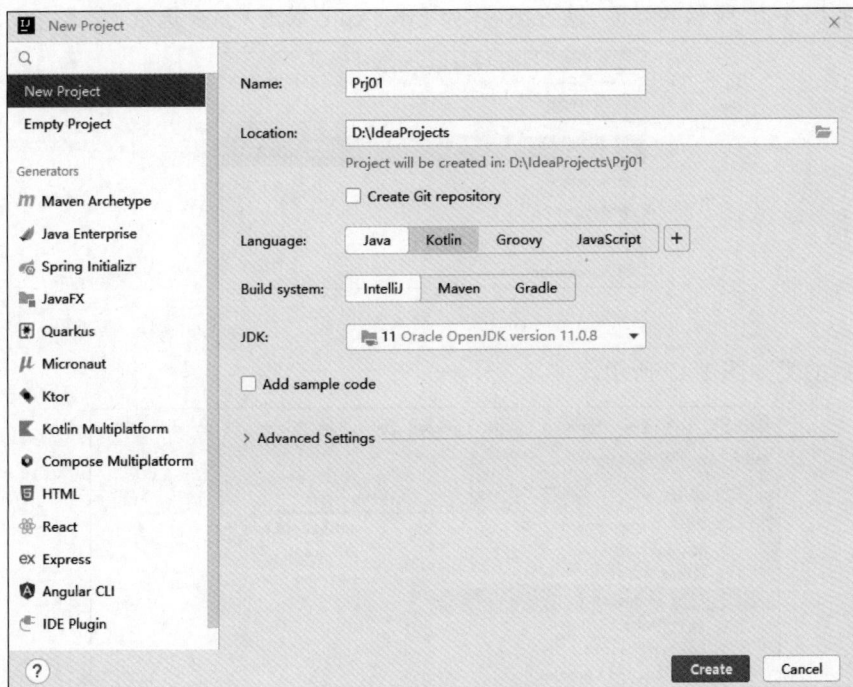

图 1-43 新建项目界面

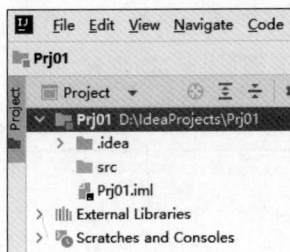

图 1-44 Java 项目目录

1.4.4 开发 Java 程序

右击 Prj01 项目的 src 节点,选择 New→Java Class 命令新建一个 Java 类,如图 1-45 所示。

图 1-45 新建一个 Java 类

出现如图 1-46 所示的界面，输入类名，如 FirstApp，双击 Class 选定，表示生成该类。

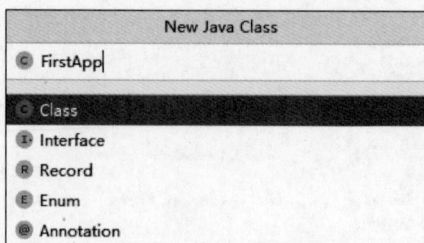

图 1-46　输入类名

生成后的类如图 1-47 所示。

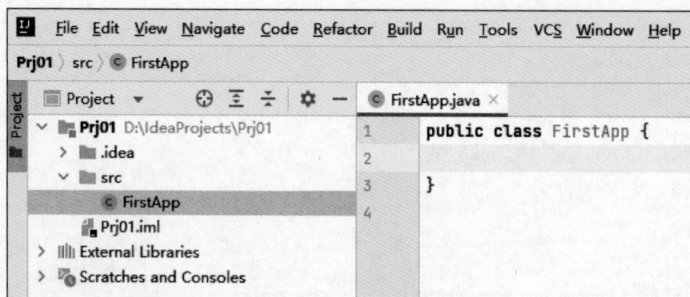

图 1-47　FirstApp 类

程序是通过主函数运行的，选择生成主函数的方式有很多，可以使用输入"main"＋Tab 键（回车键）或者输入"psvm"＋Tab 键（回车键）创建。输入内容如下。

FirstApp. java

```java
public class FirstApp {
    public static void main(String[] args) {
        System.out.println("这是一个 Java 程序");
    }
}
```

📢**注意**

(1) 在默认情况下，系统自动编译该 Java 程序，如果语法写错，系统会自动报错，如图 1-48 所示。

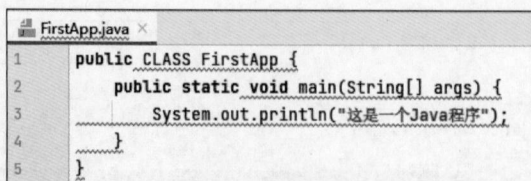

图 1-48　报错提示

(2) 在自动生成的代码中，class 前面自动增加了 public 关键字，在该种情况下类名必须和文件名相同（后面的篇幅会详细讲解）。如果去掉 public 关键字，类名可以任意。

接下来运行应用程序。右击应用程序名称或文件内容，选择"Run 文件名. main()"，如

图 1-49 所示。

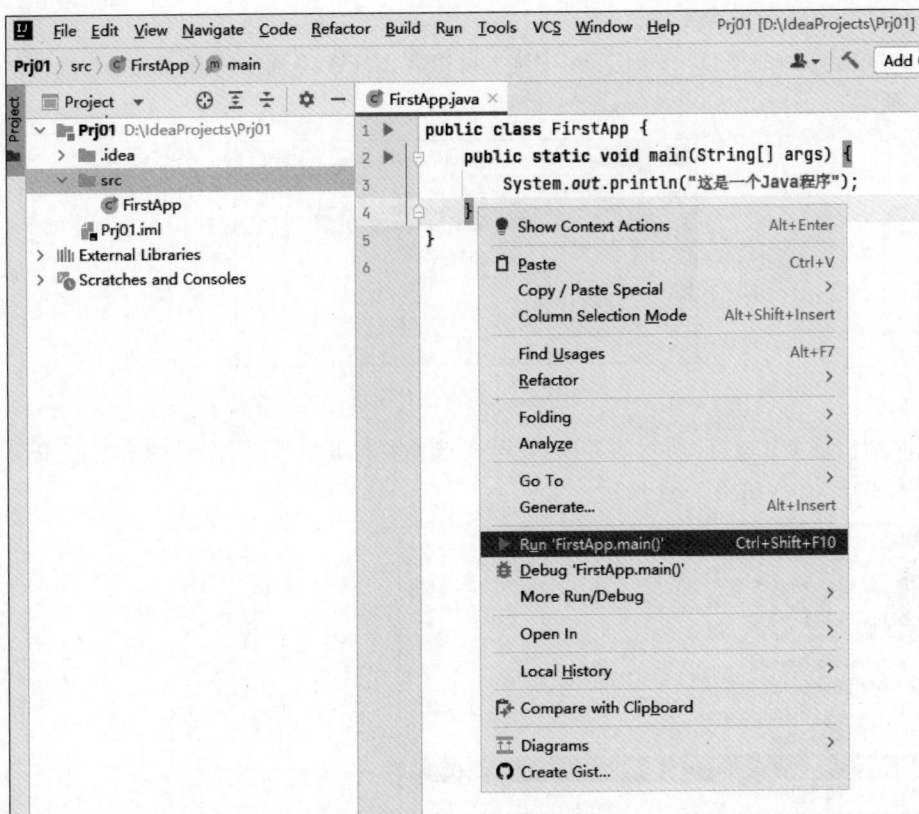

图 1-49　运行应用程序

单击后界面下方会显示相应结果，如图 1-50 所示。

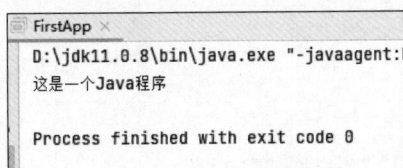

图 1-50　运行结果

1.4.5　维护项目

IDEA 项目支持复制、剪切和移动。单击项目节点，可以通过 Ctrl＋C 和 Ctrl＋V 组合键将项目复制到其他地方。在 IDEA 中，默认的 Java 项目目录如图 1-51 所示。

图 1-51　IDEA 中默认的 Java 项目目录

.idea 目录中保存了项目的配置文件；out 目录中存放了编译后的输出文件（.class 文件）；src 目录中保存了源文件。

那么如何将一个项目导入 IDEA 中呢？可以在 IDEA 界面中选择 File→Open 命令，如图 1-52 所示。

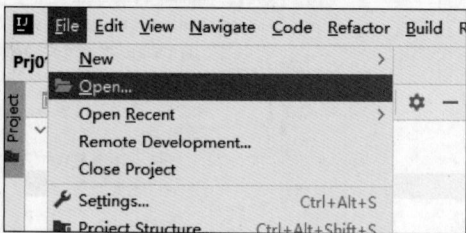

图 1-52　导入已有项目

此时会出现如图 1-53 所示的界面，在其中选择要打开的项目，然后单击 OK 按钮，项目就被导入 IDEA 中，如图 1-54 所示。

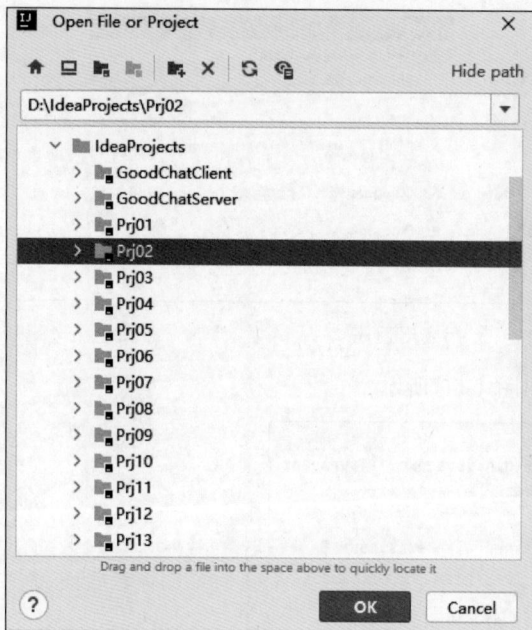

图 1-53　选择项目路径

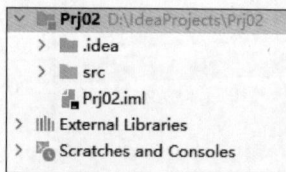

图 1-54　导入的项目

习　题　1

1. 下载、安装 JDK，并配置环境变量。
2. 用文本编辑器编写一个 Java 程序，在控制台上打印"你好，Java"。
3. 下载、安装 IDEA。
4. 用 IDEA 编写一个 Java 程序，在控制台上打印"你好，Java"。
5. 用 IDEA 导入一个 Java 项目。

第 2 部分
程序设计基础

第2章

程序设计基础——变量及其运算

扫一扫

视频讲解

建议学时：2～4。

本章详细介绍 Java 中变量的定义以及变量的数据类型，各种变量数据类型的相互转换，变量的各种运算及运算符的优先级。

2.1 认 识 变 量

2.1.1 变量

软件最终在内存中运行，内存中存放的是一些数据。例如，可以将一个客户的年龄（如25）存放在内存中（如图 2-1 所示），就好像让一个人待在一个房间里一样。

将 25 放入内存之后，如果要使用内存中的 25，依据什么来查找它呢？需要给该内存单元起一个名字，例如 age，此时 age 也就是一个变量的名字，如图 2-2 所示。

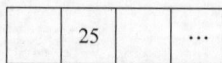

	25	...

图 2-1 将数据存入内存

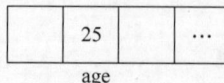

	25	...

age

图 2-2 给内存单元起名字

在进行程序设计时可以给很多变量起名字，就好像给人起名字一样，通过名字找到相应的人。

注意

（1）此处所说的变量的概念可能不太严谨，但是初学者完全可以这样理解。我们不愿意为了抄袭学院派概念，把一个知识说得让人搞不懂。

（2）变量可以随意命名吗？不可以。在 Java 中，变量名属于标识符范畴，标识符必须以字母、下画线或 $ 符号开头，其后面可以有字母、数字、下画线和 $ 符号。

Java 中的关键字也不能作为变量名。以下是 Java 中的关键字。

abstract	boolean	break	byte	case	catch	char
class	continue	default	do	double	else	extends
false	final	finally	float	for	if	implements
import	instanceof	int	interface	long	native	new
null	package	private	protected	public	return	short
static	strictfp	super	switch	this	throw	throws
transient	true	try	void	volatile	while	synchronized

Java 中虽然没有 goto、const 这些关键字,但也不能用它们作为变量名。

标识符可以表示 Java 中包、类、方法、参数和变量的名字,在后面遇到其命名方法必须遵循这些规定。不过,也不要死记硬背,一般可使用有意义的名字(如 age、size 等)作为标识符名称,而不要去刻意研究一些没有意义的名称是否符合规则。

在 Java 中,变量名的第一个字母一般小写。

2.1.2　变量类型

在 Java 中,变量有不同的数据类型。例如,数字"25"是一个整数,而邮政编码"100084"是一个字符串。Java 中最基本的数据类型如下。

(1) 整数类型,包括 byte、short、int、long。

(2) 浮点类型,包括 float、double。

(3) 字符类型,包括 char。

(4) 布尔类型,包括 boolean。

另外,还有一些复杂的数据类型,将在后面章节中详细讲解。

在内存中定义一个变量的方法如下。

变量类型　变量名;

例如,"int age;"表示在内存中开辟一个变量存放一个整数,并命名为 age。

用户可以通过"="将某个值存入变量,方法如下。

变量名 = 某个值;

例如,"age = 25;"表示将整数"25"存入 age 变量。

当然还有更加复杂的,例如:

age = 2 * age + 3;

该代码需要从右边看到左边,表示先从内存中取出 age(25),乘以"2"再加"3",将得到的结果存入 age 变量,结果 age 中的值变成了"53"。

2.2　使　用　变　量

2.2.1　整型变量

在 Java 中整型变量有 4 种类型,其名称和取值范围如表 2-1 所示。

表 2-1　整型变量及其取值范围

类　型　名	大小/位	取　值　范　围
byte	8	−128～127
short	16	−32 768～32 767
int	32	−2 147 483 648～2 147 483 647
long	64	−9 223 372 036 854 775 808～9 223 372 036 854 775 807

在 IDEA 中建立项目 Prj02,其中使用了 4 种整型数据,代码如下。

IntegerTest1. java

```java
public class IntegerTest1 {
    public static void main(String[] args) {
        byte b1 = 125;
        short s1 = 5275;
        int i1 = 428521546;
        long l1 = 5423453432424;
    }
}
```

但是主函数的第 4 句代码报错，如图 2-3 所示。

5423453432424 并没有超出 long 的范围，为什么会报错呢？

如果一个整数写在源代码中，系统默认其为 int 类型，5423453432424 已经超出了 int 类型的范围。如果要解决这个问题，必须告诉系统该数是一个 long 类型。其方法是在该整数后面加字母"L"或"l"，如图 2-4 所示。

```
long l1 = 5423453432424;
           Integer number too large
```

图 2-3　主函数的第 4 句代码报错

```
long l1 = 5423453432424L;
```

图 2-4　加字母"L"

代码变化如下。

IntegerTest1. java

```java
public class IntegerTest1 {
    public static void main(String[] args) {
        byte b1 = 125;
        short s1 = 5275;
        int i1 = 428521546;
        long l1 = 5423453432424L;
        System.out.println("b1 的值是:" + b1);
        System.out.println("s1 的值是:" + s1);
        System.out.println("i1 的值是:" + i1);
        System.out.println("l1 的值是:" + l1);
    }
}
```

```
b1的值是:125
s1的值是:5275
i1的值是:428521546
l1的值是:5423453432424
```

图 2-5　IntegerTest1. java
的运行结果

运行代码，控制台打印结果如图 2-5 所示。

说明

（1）不能将超出范围的值直接赋给一个变量，例如"byte b1＝458;"是错误的。

（2）在"System. out. println("b1 的值是:"＋b1);"中，内部字符串"＋"表示连接，将前面的字符串和后面的整数值连起来，作为字符串打印。

（3）在给变量赋值时也可以指定相应的进制，一般是十进制，如果数值前面加了符号"0"，则表示八进制；加了符号"0x"或"0X"，则表示十六进制。示例代码如下。

IntegerTest2. java

```java
public class IntegerTest2 {
    public static void main(String[] args) {
        int i1 = 12;
        int i2 = 012;
        int i3 = 0x12;
        System.out.println("i1 的值是:" + i1);
        System.out.println("i2 的值是:" + i2);
        System.out.println("i3 的值是:" + i3);
    }
}
```

运行代码,控制台打印结果如图 2-6 所示。

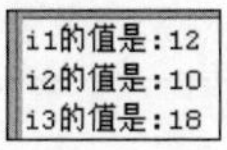

```
i1的值是:12
i2的值是:10
i3的值是:18
```

图 2-6　IntegerTest2. java 的运行结果

2.2.2　浮点型变量

在 Java 中浮点型变量有两种类型,其名称和取值范围如表 2-2 所示。

表 2-2　浮点型变量及其取值范围

类　型　名	大小/位	取　值　范　围
float	32	$1.4E-45\sim3.4E+38,-3.4E+38\sim-1.4E-45$
double	64	$4.9E-324\sim1.7E+308,-1.7E+308\sim-4.9E-324$

示例中使用了两种浮点型数据,代码如下。

FloatTest1. java

```java
public class FloatTest1 {
    public static void main(String[] args) {
        float f1 = 12.5874;
        double d1 = 4578.568245;
    }
}
```

但是主函数的第 1 句报错,如图 2-7 所示。

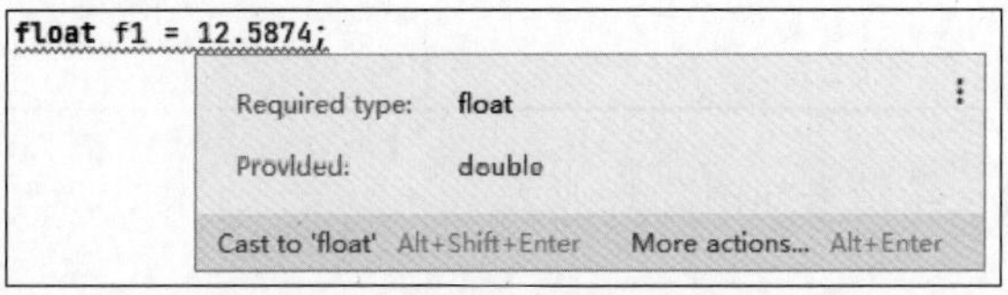

```
float f1 = 12.5874;
    Required type:   float                                    ⋮
    Provided:        double
    Cast to 'float' Alt+Shift+Enter    More actions... Alt+Enter
```

图 2-7　主函数的第 1 句报错

12.5874 并没有超出 float 的范围,为什么会报错呢?

如果一个小数写在源代码中,系统默认为 double 类型,double 的精度比 float 高,不能将高精度数直接赋给低精度变量。如果要解决这个问题,必须告诉系统该数是一个 float 类型。其方法是在该数后面加字母 F 或 f，如图 2-8 所示。

```
float f1 = 12.5874F;
```

图 2-8　加字母 F

代码变化如下。

FloatTest1. java

```java
public class FloatTest1 {
    public static void main(String[] args) {
        float f1 = 12.5874F;
        double d1 = 4578.568245;
        System.out.println("f1 的值是：" + f1);
        System.out.println("d1 的值是：" + d1);
    }
}
```

运行代码，控制台打印结果如图 2-9 所示。

```
f1的值是：12.5874
d1的值是：4578.568245
```

图 2-9　FloatTest1. java 的运行结果

说明

Java 支持指数表示法，如 1.078e+23f 表示 1.078×10^{23}。

2.2.3　字符型变量

在 Java 中字符型变量数据用 char 类型表示，用来存储字母、数字、标点符号等字符。Java 的字符占 2 字节，是 Unicode 编码的，可以表示中文和英文。字符要用单引号括起，如 'A'、'海'等。

示例中使用了字符型数据，代码如下。

CharTest1. java

```java
public class CharTest1 {
    public static void main(String[] args) {
        char c1 = 'C';
        char c2 = '中';
        System.out.println("c1 的值是：" + c1);
        System.out.println("c2 的值是：" + c2);
    }
}
```

运行代码，控制台打印结果如图 2-10 所示。

注意

（1）单引号不能写成中文全角的单引号，如图 2-11 所示的代码会报错。

（2）在 Java 中有些字符是很特殊的，如单引号。用户不能直接使用单引号，如图 2-12 所示的代码会报错。

图 2-10　CharTest1.java 的运行结果 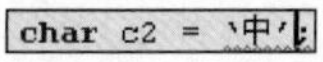　　　图 2-11　中文单引号报错 　　　图 2-12　单引号报错

这种特殊字符称为转义字符,要用另一种方式来表示。Java 中常见的转义字符如下。

① \n,表示换行。

② \t,表示制表符,相当于 Tab 键。

③ \',表示单引号。

④ \",表示双引号。

⑤ \\,表示一个斜杠"\"。

例如,要表示一个单引号,应该写成如图 2-13 所示。

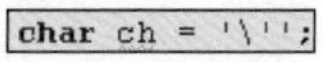

图 2-13　表示一个单引号

在 Java 中,字符在底层是作为一个整数保存的,因此字符和整数是相通的,示例代码如下。

CharTest2. java

```java
public class CharTest2 {
    public static void main(String[] args) {
        char c1 = 'C';
        int ic1 = c1;
        System.out.println("ic1 = " + ic1);
        int i1 = 65;
        char ci1 = (char)i1;
        System.out.println("ci1 = " + ci1);
    }
}
```

运行代码,控制台打印结果如图 2-14 所示。

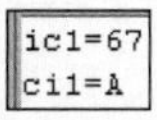

图 2-14　CharTest2.java 的运行结果

"int ic1＝c1;"说明可以将一个字符直接赋给整数。但是,"char ci1＝(char)i1;"说明不能将一个整数直接赋给字符,需要强制转换,否则会报错,如图 2-15 所示。这是由于精度转换的问题,将在后面章节详细讲解。

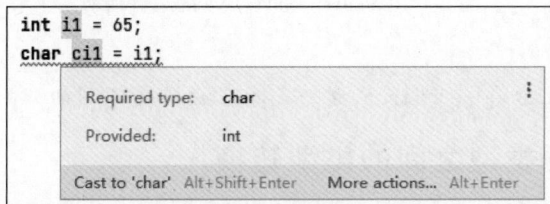

图 2-15　将整数直接赋给字符会报错

另外,在 Java 中多个字符可以组成字符串,字符串严格来讲不是基本数据类型。

字符串类型用 String 表示,字符串内容用一对双引号括起,里面可以含有转义字符,示例代码如下。

StringTest1. java

```java
public class StringTest1 {
    public static void main(String[] args) {
        String str1 = "软工学苑\n郭克华";
        System.out.println("str1 = " + str1);
    }
}
```

运行代码，控制台打印结果如图 2-16 所示。

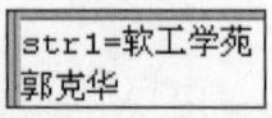

```
str1=软工学苑
郭克华
```

图 2-16　StringTest1. java 的运行结果

其中有换行，完全是因为\n 起到了作用。

2.2.4　布尔型变量

在 Java 中用 boolean 数据类型表示布尔类型变量，布尔值只有两个：true 和 false。示例中使用了布尔型数据，代码如下。

BooleanTest1. java

```java
public class BooleanTest1 {
    public static void main(String[] args) {
        boolean b1 = true;
        boolean b2 = false;
        System.out.println("b1 的值是:" + b1);
        System.out.println("b2 的值是:" + b2);
    }
}
```

运行代码，控制台打印结果如图 2-17 所示。

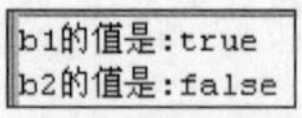

```
b1的值是:true
b2的值是:false
```

图 2-17　BooleanTest1. java 的运行结果

◁᛫注意

不能用"0"和"1"表示 false 和 true，这一点和 C 语言是不同的。

2.2.5　基本数据类型之间的类型转换

在编程过程中，经常会将一种数据类型的值赋给另一种不同数据类型的变量，有时会出现莫名其妙的错误，因此有必要讲解变量类型的转换。

数据类型转换一般存在于整数、浮点数、字符之间，规则如下。

1. 低精度的值可以直接赋给高精度的变量，直接转换成了高精度

精度高低一般认为 byte＜short＜char＜int＜long＜float＜double。

例如，图 2-18 所示的代码，系统认为是正确的，因为将低精度的 1 赋给了高精度的 f。

2. 高精度的值不可以直接赋给低精度的变量

例如，图 2-19 所示的代码会报错。因为高精度的值 f 不可以直接赋给低精度的变量 l。为了解决这个问题，需要进行强制转换，方法如下。

目标类型　变量＝(目标类型)值

例如，图 2-20 所示的代码没有问题。

```
float f = 10.5F;
long l = 34;
f = l;
```

```
float f = 10.5F;
long l = 34;
l = f;
```

```
float f = 10.5F;
long l = 34;
l = (long)f;
```

图 2-18　将低精度的 l 赋给　　图 2-19　将高精度的值 f 直接　　图 2-20　正确代码
　　　　　高精度的 f　　　　　　　　赋给低精度的变量 l

🔊**注意**

(1) 强制转换可能会丢失精度。

(2) 整型变量在赋值的时候有一些特殊情况。一个整数在默认情况下是 int 类型，但是在代码"byte b1＝10;"中 10 默认为 int 类型，此时将 int 直接赋值给 byte 类型变量 b1 系统不会报错。

在给整型变量赋值时，系统隐含地做了一个从 int 转向 byte 并不丢失精度的操作，如果不丢失精度则不报错。例如"byte b1＝10;"，10 在 byte 范围内，转换时不丢失精度，所以不报错。

对于代码"byte b1＝1000;"，系统隐含地做从 int 转向 byte 的操作，但发现要丢失精度，于是报错。同理，对于"char a＝65;"，虽然 65 是 int 类型，但是系统隐含地做了强制转换，系统不会报错。

上述说明仅局限于将常量赋值给变量的情况。例如，图 2-21 所示的情况不会报错。

```
byte b1;
b1 = 3 + 3;
```

图 2-21　不会报错的情况

但是，图 2-22 所示的情况则会报错。因为在变量求值时 byte、short、char 类型的变量值被自动转换为 int 型，结果"b2＋3"也成了 int 型，必须强制转换才能解决，如图 2-23 所示。

```
byte b1;
byte b2 = 3;
b1 = b2 + 3;

Required type:    byte
Provided:         int

Cast to 'byte'  Alt+Shift+Enter    More actions...  Alt+Enter
```

```
byte b1;
byte b2 = 3;
b1 = (byte)(b2 + 3);
```

图 2-22　会报错的情况　　　　　　　　图 2-23　强制转换解决问题

3. 不同类型变量混合运算之后得到的结果是精度最高的类型

图 2-24 所示的代码中最后一句代码报错，因为在"b1＋c1＋i1＋12.5;"中"12.5"是一个 double 类型，整个结果也就是 double 类型，比 float 的精度高，高精度不能赋值给低精度。

如果要解决这个问题，将代码修改为图 2-25 所示代码即可。

```
byte b1 = 123;
char c1 = 'A';
int i1 = 10;
float f1 = b1 + c1 + i1 + 12.5;
```

```
byte b1 = 123;
char c1 = 'A';
int i1 = 10;
float f1 = b1 + c1 + i1 + 12.5F;
```

图 2-24　最后一句代码报错　　　　图 2-25　修改后的代码

2.2.6　基本数据类型和字符串之间的转换

字符串虽然不属于基本类型，但是会经常使用。有时候需要将字符串转换成数值，例如，在网上银行转账时需要输入转账金额，这个金额在界面的文本框中以字符串存在，需要转换成数值；如果要显示自己账号的余额，余额本来是数值，显示在界面时可能要以字符串形式显示。下面讲解基本数据类型和字符串之间的转换。

◀》**注意**

以下内容涉及一些 Java 基本 API，了解即可。

1. 基本数据类型转换为字符串

基本数据类型转换为字符串可以利用 String 类型提供的 valueOf 函数方法，格式如下。

String.valueOf(各种基本类型)

此时得到一个字符串，示例代码如下。

TypeConvertTest1.java

```java
public class TypeConvertTest1 {
    public static void main(String[] args) {
        int age = 25;
        float money = 4524.8F;
        String strAge = String.valueOf(age);
        String strMoney = String.valueOf(money);
        System.out.println("strAge 的值是:" + strAge);
        System.out.println("strMoney 的值是:" + strMoney);
    }
}
```

运行代码，控制台打印结果如图 2-26 所示。

```
strAge的值是:25
strMoney的值是:4524.8
```

图 2-26　TypeConvertTest1.java 的运行结果

2. 字符串转换为基本数据类型

字符串转换为基本数据类型通常通过"基本类型封装类"进行转换，整型封装类是 Byte、Short、Integer、Long，浮点型封装类是 Float 和 Double，字符型封装类是 Character，布尔型封装类是 Boolean，它们都提供了将 String 类型转换为封装类所对应基本类型的函数。此处仅列举几种常见的情况。

（1）将字符串转换为 int 类型。

Integer.parseInt(字符串)

（2）将字符串转换为 float 类型。

`Float.parseFloat(字符串)`

（3）将字符串转换为 double 类型。

`Double.parseDouble(字符串)`

实际上，从命名可以看出还是有规律的，示例代码如下。

TypeConvertTest2.java

```java
public class TypeConvertTest2 {
    public static void main(String[] args) {
        String strAge = "25";
        String strMoney = "4524.8";
        int age = Integer.parseInt(strAge);
        float money = Float.parseFloat(strMoney);
        System.out.println("age 的值是:" + age);
        System.out.println("money 的值是:" + money);
    }
}
```

运行代码，控制台打印结果如图 2-27 所示。

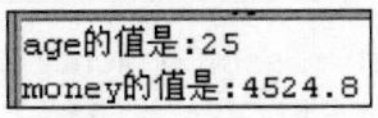

注意

代码"String strMoney = "4524.8";"不需要写成"String strMoney = "4524.8F";"，也就是一个小数后面写 F，只需要在常量赋值给变量时遵循即可，例如"float money = 4524.8F;"。

```
age的值是:25
money的值是:4524.8
```

图 2-27　TypeConvertTest2.java 的运行结果

2.2.7　变量的作用范围

在 Java 中，理论上讲变量可以定义在类内部的任何位置，必须先定义后使用。变量的作用范围一般在定义它的大括弧内，示例代码如下。

ScopeTest1.java

```java
public class ScopeTest1 {
    public static void main(String[] args) {
        {
            int age = 25;
        }
        System.out.println(age);
    }
}
```

主函数的最后一句代码报错。

2.3　注释的书写

如果代码复杂，为程序添加注释可以提高程序的可读性。注释可以用来说明某段程序的作用和功能。

Java 中的注释根据不同用途可分为 3 种类型。

2.3.1　单行注释

单行注释是在注释内容前面以"//"开头，且只能注释一行，示例代码如下。

CommentTest1. java

```
public class CommentTest1 {
    public static void main(String[ ] args) {
        int i = 23;                              //定义一个整数
    }
}
```

2.3.2　多行注释

多行注释可以注释多行，在注释内容前面以"/ * "开头，并在注释内容末尾以" * /"结束。示例代码如下。

CommentTest2. java

```
public class CommentTest2 {
    / * 以下是主函数
      主函数是程序的入口 * /
    public static void main(String[ ] args) {
        int i = 23;                              //定义一个整数
    }
}
```

2.3.3　文档注释

文档注释以"/ ** "开头，以" * /"结束，可以用于生成文档。在后面的章节中将详细讲解。

🔊**注意**

在软件开发的过程中，首先应该考虑代码的可读性。在代码中必须包含一些必要的注释，具体应该写哪些注释，请参考 Java 编程规范，由于篇幅限制此处不再赘述。好的程序，注释一般占到源代码的 30％左右。

2.4　Java 中的运算

变量用于存储数据，而对变量的操作即对变量进行运算。Java 中变量的运算大概分以下几种。

（1）算术运算。

（2）赋值运算。

（3）关系运算。

（4）逻辑运算。

当然还有一些其他运算,如移位运算,读者可以自行了解。

2.4.1 算术运算

算术运算是最常见的运算,遵循四则混合运算的规则,常见的算术运算符如表 2-3 所示,供读者参考。

表 2-3 常见的算术运算符

运 算 符	含 义	示 例	结 果
＋	正号	＋8	8
－	负号	i＝9;－i;	－9
＋	加	6＋3	9
－	减	7－8	－1
＊	乘	6＊2	12
/	除	10/5	2
％	求余数(仅限整数)	8％3	2

◣)注意

(1) 在进行算术运算时遵循四则混合运算法则,先求余数和乘除,后加减,优先括号内的运算。

(2) 整数相除将会自动去掉小数部分。例如 10/3,得到的结果为 3。

在算术运算中的几个特殊运算符。

1. "＋＋"和"－－"

"＋＋"用在变量的前面或者后面,表示将变量值加 1;"－－"用在变量的前面或者后面,表示将变量值减 1。"＋＋"和"－－"的使用方法相同,这里仅以"＋＋"为例进行讲解。

"＋＋"单独用于一个语句,不管放在变量前面还是后面,都是将变量值加 1。示例代码如下。

```
int age = 25;
age++;
```

运行代码,age 的值为 26。如果代码变化如下。

```
int age = 25;
++age;
```

运行代码,age 的值同样为 26。

如果"＋＋"用于一个混合运算语句,情况比较复杂。当"＋＋"用于变量后时,表示先将该变量进行其他运算,再加 1,示例代码如下。

```
int age = 25;
int newAge = age++;
```

运行代码,newAge 的值为 25,首先将 age 赋值给 newAge,然后将 age 的值加 1;运行代码，age 的值为 26。

当"++"用于变量前时，表示先将该变量加 1，再进行其他运算，示例代码如下。

```
int age = 25;
int newAge = ++age;
```

运行代码，newAge 的值为 26，首先将 age 的值加 1，再赋值给 newAge；运行代码，age 的值也为 26。

2. 字符串相连

在 Java 中使用"+"进行字符串相连。例如，"China"+"SEI"得到的结果为 "ChinaSEI"。值得一提的是，"+"用于字符串，可以自动将非字符串转换成字符串。例如，"年龄:"+25，得到的结果为"年龄:25"。

📢**注意**

有一个很有意思的情况，例如"System. out. println(25+34);"运行结果为"59"，而 "System. out. println(""+25+34);"运行结果为 2534。

以下用一个示例对以上问题进行总结，代码如下。

ComputeTest1. java

```java
public class ComputeTest1 {
    public static void main(String[] args) {
        int a = 10;
        int b = 3;
        System.out.println(a + b);
        System.out.println(a/b);
        System.out.println(a % b);
        System.out.println(a++);
        System.out.println(a);
        System.out.println("" + a + b);
    }
}
```

运行代码，控制台打印结果如图 2-28 所示。

```
13
3
1
10
11
113
```

图 2-28　ComputeTest1. java 的运行结果

2.4.2　赋值运算

赋值运算最常见的符号是"="。例如"a=3;"，表示将值"3"放入 a 中。

📢**注意**

可以把赋值语句连在一起，例如"x=y=z=8;"，表示 3 个变量都为"8"。

常见的赋值运算符分别是"+="、"-="、"*="、"/="和"%="，它们的使用方法类似，此处仅以"+="为例进行讲解。

"＋＝"称为加等于,使用方法如下。

a += b;

效果等价于

a = a + b;

示例代码如下。

```
int a = 3;
int b = 4;
a += b;
```

其中,"a＋＝b"相当于"a＝a＋b",运行结果 a 的值为"7"。

2.4.3 关系运算

关系运算用于比较两个值的大小,返回的结果是 boolean 类型。常见的关系运算符如表 2-4 所示。

表 2-4 常见的关系运算符

运 算 符	含 义	示 例	结 果
＝＝	等于	5＝＝4	false
！＝	不等于	4！＝4	false
＜	小于	4＜3	false
＞	大于	4＞3	true
＜＝	小于或等于	4＜＝3	false
＞＝	大于或等于	4＞＝3	true

⚑注意

不要将"＝＝"写成"＝",后者是赋值运算符。

以下用一个示例对以上问题进行总结,代码如下。

ComputeTest2. java

```
public class ComputeTest2 {
    public static void main(String[] args) {
        int a = 10;
        int b = 3;
        System.out.println(a == b);
        System.out.println(a > b);
        System.out.println(a <= b);
        System.out.println(a != b);
    }
}
```

运行代码,控制台打印结果如图 2-29 所示。

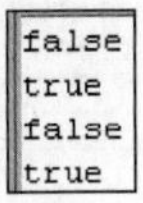

```
false
true
false
true
```

图 2-29 ComputeTest2.java 的运行结果

2.4.4　逻辑运算

逻辑运算用于对 boolean 类型结果的表达式进行连接，运算的结果也是 boolean 类型。常见的逻辑运算符如表 2-5 所示。

表 2-5　常见的逻辑运算符

运　算　符	含　义	示　例	结　果
&&	两端为 true，结果为 true；否则为 false	(5>3)&&(4>6)	false
||	一端为 true，结果为 true；否则为 false	(5>3)||(4>6)	true
!	将 true 变为 false，false 变为 true	!(5>3)	false

以下用一个示例对以上问题进行总结，代码如下。

ComputeTest3.java

```java
public class ComputeTest3 {
    public static void main(String[] args) {
        System.out.println((5>3)&&(4>6));
        System.out.println((5>3)||(4>6));
        System.out.println(!(5>3));
    }
}
```

运行代码，控制台打印结果如图 2-30 所示。

```
false
true
false
```

图 2-30　ComputeTest3.java 的运行结果

注意

&& 和 || 都是短路运算符。对于运算 A&&B，如果 A 的值为 false，B 就不再进行运算，结果为 false；对于 A||B，如果 A 的值是 true，B 就不再进行运算，结果为 true。

2.4.5　运算符的优先级

在 Java 中，运算符远远不止以上讲解的几种，只是上面讲解的几种使用较多。在运算符进行混合运算时具有一定的优先级。优先级顺序如表 2-6 所示，优先级顺序由上至下。

表 2-6　优先级顺序表

类　型	运　算　符
点号、括号、分号、逗号	.、[]、()、{}、;、,
算术运算符	++、--
	%、*、/
	+、-
移位运算符	<<、>>、>>>（移位）
关系运算符	<、>、<=、>=
	==、!=

类　　型	运　算　符
逻辑运算符	&& ||
赋值运算符	?: =、%=、*=、/=、+=、-=

（1）算术运算符优先于关系运算符，关系运算符优先于逻辑运算符。

（2）在某种运算符内部也有优先级区别，例如，在逻辑运算符中 && 优先于 \|\|。

📢注意

要充分利用括号，而不要盲目追求所谓的运算符优先级带来的优先运算效果。例如"a=b+++c"，读者可能会问到底是"a=(b++)+c;"还是"a=b+(++c);"？

答案是"a=(b++)+c;"。

但是，如果你是程序员，为什么要写"a=b+++c"这样的代码呢？为什么不多花一点时间写成"a=(b++)+c;"呢？

一般情况下，不推荐这样做，因为卖弄自己编程方面的技巧，以别人读不懂自己的程序为荣，毫不值得赞美。

习　题　2

1. 如果变量 a 中有一个值，变量 b 中有一个值，如何将两个变量中的值互换？

2. 用字符串打印一个表情图形/^_^\。

3. 汉字也对应着一些数字，定义一个字符'华'，打印其对应的数字，然后将这个数字加1，打印字符。

4. 已知：通过 Math.random() 来获取一个 0~100 的 double 类型随机数。要求如下。

（1）生成一个 0~100 的整型随机数。

（2）生成一个 50~100 的 double 类型随机数。

5. 求余数有一个很有意思的功能，能够将结果限制在某个范围之内。

如果不知道一个整数变量 a 的内容，如何通过运算，将该运算结果限制为 0~10，可以用 a%10 表示。如果需要限制为 10~20，如何表示？

第3章

程序设计基础——流程控制和数组

扫一扫

视频讲解

建议学时：2～4。

程序设计有3种结构，即顺序结构、选择结构和循环结构。本章详细介绍3种结构的用法，并讲解 break 和 continue 语句。讲解数组的定义、作用、性质和用法，以及二维数组的使用。

3.1　程序设计的结构

3.1.1　判断结构

前文中示例的程序一般都是顺序结构，顺序结构是程序从前向后一行一行执行，直到程序结束。

计算机软件是智能化的产品，可以根据需要按一定的情况进行判断。例如，在聊天软件中，当用户收到聊天信息时进行提示，这就需要软件进行判断，因此要用判断结构来实现提示功能。

在 Java 中，判断结构包括 if 结构和 switch 结构。

3.1.2　if 结构

if 是最常见的判断结构。

1. 最简单的 if 结构

if 结构最简单的格式如下。

```
if (条件表达式){
    代码块 A;
}
```

以上结构表示如果条件成立则执行代码块 A，否则不执行。

例如，输入一个客户的年龄，如果为0～100，则打印年龄，否则不打印，代码如下。

IfTest1. java

```
public class IfTest1 {
    public static void main(String[] args) {
        String strAge =
            javax.swing.JOptionPane.showInputDialog("输入客户年龄");
```

```
        int age = Integer.parseInt(strAge);
        if((age > = 0)&&(age < = 100)){
            System.out.println("年龄为:" + age);
        }
    }
}
```

运行代码,如图 3-1 所示。单击"确定"按钮,控制台打印结果如图 3-2 所示。

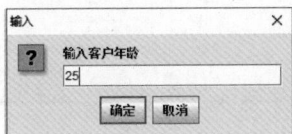

图 3-1　运行 IfTest1.java　　　　图 3-2　控制台打印结果

⌕ 注意

(1) 由于键盘输入比较复杂,在本代码中使用 javax. swing. JOptionPane. showInputDialog 函数进行输入,返回一个字符串。在后面章节将详细讲解,此处会用即可。

(2) 如果是一个 boolean 类型,例如 boolean b,若进行判断可写成 if(b == true)或者 if(b == false)。但是为了防止将"=="写成"=",一般用 if(b)代替 if(b == true),用 if(!b)代替 if(b == false)。

(3) 如果 if 后面只跟一条语句,大括号可以省略,示例代码如下。

```
if((age > = 0)&&(age < = 100))
    System.out.println("年龄为:" + age);
```

当程序复杂时可能会降低程序的可读性,因此建议都加上大括号。

(4) 在 if 判断之后不要直接加分号,这是初学者比较容易犯的错误,示例代码如下。

```
if((age > = 0)&&(age < = 100)); {//if 后加分号,if 判断在分号处结束
    System.out.println("年龄为:" + age);
}
```

2. if-else 结构

if-else 结构的格式如下。

```
if (条件表达式 1){
    代码块 A;
}else{
    代码块 B;
}
```

以上结构表示如果条件成立则执行代码块 A,否则执行代码块 B。

例如,输入一个客户的年龄,如果为 0~100,则打印"正确",否则打印"错误",代码如下。

IfTest2. java

```
public class IfTest2 {
```

```
public static void main(String[] args) {
    String strAge =
javax.swing.JOptionPane.showInputDialog("输入客户年龄");
    int age = Integer.parseInt(strAge);
    if((age >= 0) & &(age <= 100)){
        System.out.println("正确");
    }else{
        System.out.println("错误");
    }
}
}
```

运行并输入一个值，如"25"，单击"确定"按钮，控制台打印结果如图 3-3 所示。

正确

图 3-3　IfTest2.java 的运行结果

◁》注意

另外还有一种和 if-else 类似但是更加紧凑的写法，格式如下。

条件表达式?结果 1:结果 2

以上结构表示，如果条件表达式成立则返回结果 1，否则返回结果 2。

在上面的示例中，if 语句也可以写成

```
System.out.println((age >= 0)&&(age <= 100)?"正确":"错误");
```

效果相同。该结构有时候很有用处，示例代码如下。

```
x = x > 0?x: - x;
```

将 x 的值转换为其绝对值。

3. if-else if-else 结构

if-else 结构只能判断"是否"的关系，if-else if-else 可以判断更加复杂的情况，格式如下。

```
if (条件表达式 1){
  代码块 1;
}else if(条件表达式 2){
  代码块 2;
} … 多个 else if
else{
  代码块 n;
}
```

以上结构表示，如果条件 1 成立则执行代码块 1，否则判断条件 2；如果条件 2 成立则执行代码块 2……如果条件都不成立，则执行代码块 n。

例如，输入一个月份，打印该月份对应的天数。1、3、5、7、8、10、12 月为 31 天，2 月为 28 天，其他月为 30 天。如果输入的月份超出范围，则打印"错误"，代码如下。

IfTest3. java

```java
public class IfTest3 {
    public static void main(String[] args) {
        String strMonth =
            javax.swing.JOptionPane.showInputDialog("输入月份");
        int month = Integer.parseInt(strMonth);
        if(month == 1||month == 3||month == 5||
         month == 7||month == 8||month == 10||month == 12){
            System.out.println(month + "月有 31 天");
        }else if(month == 2){
            System.out.println(month + "月有 28 天");
        }else if(month == 4||month == 6||month == 9||month == 11){
            System.out.println(month + "月有 30 天");
        }else{
            System.out.println("错误");
        }
    }
}
```

运行并输入一个值,如"6",单击"确定"按钮,控制台打印结果如图 3-4 所示。

6月有30天

图 3-4　IfTest3. java 的运行结果

注意

if 后面可以接多个"else if",可以不接"else"。

4. if 嵌套使用

很显然,程序是丰富多彩的,在 if 语句中也可以包含 if 语句,示例代码如下。

```java
if (age >= 25){
    if(money > 100){
        System.out.println("可以登录");
    }else{
        System.out.println("不可以登录");
    }
}
```

注意

养成使用大括号的习惯,哪怕 if 成立后执行的只有一句代码,也不要写成如下形式。

```java
if (age >= 25)
    if(money > 100)
        System.out.println("可以登录");
else
        System.out.println("不可以登录");
```

实际上,最后一个 else 和最近的 if 配对,但很难判断,影响了程序的可读性。

3.1.3　switch 结构

switch 结构也可以进行判断,效果和 if-else if-else 类似,但是使用范围稍窄一些,其格式如下。

```
switch (变量名){
  case 值 1:
     代码块 1;
     break;
  case 值 2:
     代码块 2;
     break;
  …
  default:
     代码块 n;
}
```

以上结构表示，如果变量等于值 1，执行代码块 1；如果等于值 2，执行代码块 2……如果都不等于，执行代码块 n。

例如，输入一个月份，打印该月份对应的天数。1、3、5、7、8、10、12 月为 31 天，2 月为 28 天，其他月为 30 天。如果输入的月份超出范围，则打印"错误"，代码如下。

SwitchTest1.java

```java
public class SwitchTest1 {
    public static void main(String[] args) {
        String strMonth =
            javax.swing.JOptionPane.showInputDialog("输入月份");
        int month = Integer.parseInt(strMonth);
        switch(month){
            case 1:
            case 3:
            case 5:
            case 7:
            case 8:
            case 10:
            case 12:
                System.out.println(month + "月有 31 天");
                break;
            case 2:
                System.out.println(month + "月有 28 天");
                break;
            case 4:
            case 6:
            case 9:
            case 11:
                System.out.println(month + "月有 30 天");
                break;
            default:
                System.out.println("错误");
        }
    }
}
```

运行并输入一个值，如"6"，单击"确定"按钮，控制台打印结果如图 3-5 所示。

```
6月有30天
```

图 3-5　SwitchTest1.java 的运行结果

◁᳠注意

（1）default 语句是可选的。

（2）在"switch(month)"中，被判断的变量只能是 byte、char、short、int 类型。

（3）"break;"表示跳出这个 switch 结构。如果没有 break，程序会在 switch 结构内继续向下运行，所以 case 与 else if 还不是等价的。else if 是一旦条件成立则不执行后面的其他 else if 语句；在 switch 结构中碰到第一个匹配的 case 就会执行 switch 剩余的所有，而不管后面的 case 条件是否匹配，直到碰到 break 语句为止。

3.2　认识循环结构

3.2.1　循环结构

计算机和人相比优势有两个，一是精度高，二是运算快。但是运算再快也是按照人编制的程序进行的。如果要完成一项庞大的工作，如计算 1～1000 各整数的和，程序不能写成如下形式。

```
sum = 1 + 2 + 3 + 4 + 5 + … + 1000;
```

可以运用简单的分析，设计简单的程序，让计算机通过重复工作完成复杂的计算。

首先要让计算机进行重复工作，代码一定要有重复性，代码如下。

```
sum = 0, i = 1;
sum = sum + i; i++;
sum = sum + i; i++;
…
直到 i 加了 1000 次为止。
```

"sum＝sum＋i；i＋＋；"就是重复代码。此时告诉程序重复 1000 次即可结束，因此必须指定结束的条件。

在 Java 中，可以通过 while、do-while 和 for 结构来实现循环。

3.2.2　while 循环

while 语句是常见的循环语句，结构如下。

```
while (条件表达式){
    循环体;
}
```

以上结构表示如果条件成立则执行循环体，执行完毕后再判断条件是否成立；如果条件成立，执行循环体……周而复始，直到条件不成立为止。

例如，计算 1～1000 各整数的和，代码如下。

WhileTest1.java

```java
public class WhileTest1 {
    public static void main(String[] args) {
        int sum = 0, i = 1;
        while(i <= 1000){
            sum += i;
            i++;
        }
        System.out.println("结果为:" + sum);
    }
}
```

运行代码，控制台打印结果如图 3-6 所示。

结果为:500500

图 3-6　WhileTest1.java 的运行结果

◀》注意

（1）在该循环中，"i"称为控制变量，控制循环的运行。每循环一次，"i"加 1，"1"也称为"步长"。

（2）如果删掉"i++;"，每次循环时 i 的值均为"1"，"i<=1000"永远成立，循环将不会终止，称为死循环。

（3）while 判断之后不要直接加分号，这是初学者比较容易犯的错误。

```java
while(i <= 1000);{                          //while 后加分号,while 在此处不断空循环,造成死循环
    sum += i;
    i++;
}
```

（4）如果循环体中只有一条语句，大括号可以省略。但是当程序复杂时可能会降低程序的可读性，建议都加上大括号。

3.2.3　do…while 循环

do…while 也比较常见，其结构如下。

```java
do{
   循环体;
} while (条件表达式);
```

以上结构表示首先执行循环体，然后判断条件，如果条件成立则执行循环体，执行完毕后再判断条件是否成立；如果条件成立则执行循环体……周而复始，直到条件不成立为止。

和 while 循环不同的是，do-while 将首先执行循环体，再判断，所以循环体至少执行一次。

例如，计算 1～1000 各整数之和，代码如下。

DoWhileTest1. java

```java
public class DoWhileTest1 {
    public static void main(String[] args) {
        int sum = 0, i = 1;
        do{
            sum += i;
            i++;
        }while(i <= 1000);
        System.out.println("结果为:" + sum);
    }
}
```

运行代码,控制台打印结果如图 3-7 所示。

结果为:500500

图 3-7　DoWhileTest1. java 的运行结果

注意

在 do…while 中,while 判断之后的分号不能丢。这是初学者比较容易犯的错误。

```java
do{
    sum += i;
    i++;
}while(i <= 1000)                        //丢掉分号,出现语法错误
```

3.2.4　for 循环

一个循环一般有以下要素。

(1) 控制变量初始化,例如"int i=1;",表示 i 从"1"开始。

(2) 循环执行的条件,例如"i<=1000",表示 i≤1000 才循环。

(3) 循环运行,控制变量应该变化,例如"i++",表示每循环一次"i"加 1。

for 循环可以让用户将这 3 个语句写得更加紧凑,格式如下。

```
for (语句 1;语句 2;语句 3){
   循环体;
}
```

在以上结构中首先运行初始化语句(语句 1),然后判断条件是否成立(语句 2),如果条件成立则执行循环体,执行完毕后运行语句 3,再判断条件是否成立(语句 2);如果条件成立,执行循环体……周而复始,直到条件不成立为止。

for 循环和 while 基本可以互相转换。

例如,计算 1~1000 各整数的和,代码如下。

ForTest1. java

```java
public class ForTest1 {
    public static void main(String[] args) {
```

```
int sum = 0;
for(int i = 1; i <= 1000; i++){
    sum += i;
}
System.out.println("结果为:" + sum);
    }
}
```

运行代码，控制台打印结果如图 3-8 所示。

结果为:500500

图 3-8 ForTest1.java 的运行结果

📢**注意**

（1）在 for 循环之后不要直接加分号，这是初学者比较容易犯的错误。

```
for(int i = 1; i <= 1000; i++);{                    //逻辑错误, for 循环运行完毕, 没有执行 sum += i
    sum += i;
}
```

（2）了解了 for 循环中各语句的执行顺序就可以灵活地使用 for 循环，示例如下。

```
for(int i = 1; i <= 1000; sum += i, i++);
```

运行结果和本例相同。

3.2.5 循环嵌套

很显然，程序是丰富多彩的，循环、if 可以嵌套，以下示例用于打印一个九九乘法表，代码如下。

NineX.java

```
public class NineX {
    public static void main(String[] args) {
        for(int r = 1; r <= 9; r++){
            for(int c = 1; c <= r; c++){
                System.out.print(r + " * " + c + " = " + r * c + " ");    //打印不换行
            }
            System.out.println();            //换行
        }
    }
}
```

运行代码，控制台打印结果如图 3-9 所示。

```
1*1=1
2*1=2  2*2=4
3*1=3  3*2=6  3*3=9
4*1=4  4*2=8  4*3=12  4*4=16
5*1=5  5*2=10  5*3=15  5*4=20  5*5=25
6*1=6  6*2=12  6*3=18  6*4=24  6*5=30  6*6=36
7*1=7  7*2=14  7*3=21  7*4=28  7*5=35  7*6=42  7*7=49
8*1=8  8*2=16  8*3=24  8*4=32  8*5=40  8*6=48  8*7=56  8*8=64
9*1=9  9*2=18  9*3=27  9*4=36  9*5=45  9*6=54  9*7=63  9*8=72  9*9=81
```

图 3-9 NineX.java 的运行结果

3.2.6　break 语句和 continue 语句

1. break 语句

有时候需要在某个时刻终止当前循环,此时可以使用 break 语句,示例代码如下。

BreakTest1. java

```java
public class BreakTest1 {
    public static void main(String[] args) {
        for(int i = 1; i <= 1000; i++){
            System.out.println(i);
            if(i == 2){
                break;
            }
        }
    }
}
```

运行代码,控制台打印结果如图 3-10 所示。当 i 等于 2 时跳出 for 循环。

```
1
2
```

图 3-10　BreakTest1.java 的运行结果

注意

(1) break 语句可以跳出 switch 语句。

(2) 在嵌套情况下,break 默认跳出当前循环,不能跳出外层循环,示例代码如下。

```java
for( … ){
    for( … ){
        break;
    }
}
```

break 只能跳出内层循环,而不能跳出整个大的循环。如果要解决这一问题,可以利用标号。这样,break 就可以跳出外层循环。

```java
label:for( … ){
    for( … ){
        break label;
    }
}
```

经验

break 和死循环配合使用可以很好地解决“循环次数不确定”的问题。例如,输入客户年龄,如果输入数值不在 0~100,则再次出现输入框,直到输入正确显示该年龄,代码如下。

BreakTest2. java

```java
public class BreakTest2 {
```

```
public static void main(String[] args) {
    while(true){
        String strAge =
            javax.swing.JOptionPane.showInputDialog("输入客户年龄");
        int age = Integer.parseInt(strAge);
        if((age >= 0)& &(age <= 100)){
            System.out.println("年龄为:" + age);
            break;
        }
    }
}
```

将输入的工作放入死循环中，只有当输入正确格式时才会跳出死循环。

如果用 for 循环构造死循环，只需要写成"for(;;){循环体;}"即可。

2. continue 语句

和 break 语句相比，continue 语句的使用则少一些。continue 语句的作用是跳过当前循环的剩余语句块，接着执行下一次循环。

例如，打印 1~100 中的整数，5 的倍数除外，代码如下。

ContinueTest1. java

```
public class ContinueTest1 {
    public static void main(String[] args) {
        for(int i = 1; i <= 100; i++){
            if(i % 5 == 0){
                continue;
            }
            System.out.print(i + " ");
        }
    }
}
```

运行代码，控制台打印结果如图 3-11 所示。

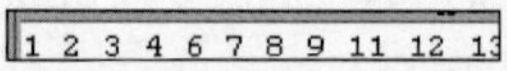

```
1 2 3 4 6 7 8 9 11 12 13
```

图 3-11　ContinueTest1. java 的运行结果

3.3　数　　组

3.3.1　数组原理

前文学习了变量，变量是在内存中存储的数据。如果要定义 100 个整数，保存 100 个用户的年龄，传统方法应该写成如下形式。

```
int age1,age2,age3, …,age100;
```

可见非常麻烦。如果定义的是 1000 个变量，将是几乎无法实现的事情。那么能否一次性定义 100 个变量呢？数组（Array）可以帮助用户完成。

3.3.2　定义数组

首先讲解最简单的数组——一维数组。一维数组的定义如下。

数据类型[ ]数组名 = new 数组类型[数组大小]；

示例如下。

```
int[ ] age = new int[100];
```

上述语句定义了 100 个 int 变量，变量的名称分别为 age[0]，age[1]，…，age[99]。

◄»说明

（1）变量名是 age[0]～age[99]，而不是 age[1]～age[100]。数组被定义之后，数组中的每一个变量叫数组的一个元素。

（2）数组的大小可以是整数变量，示例如下。

```
int size = 100;
int[ ] age = new int[size]
```

（3）数组的定义方法还可以写成“int [ ]age = new int[100];”和“int age[ ] = new int[100];”，但这种情况使用相对较少。

（4）“int[ ] age＝new int[100];”实际上可以看成两条语句。

```
int[ ] age;
age = new int[100];
```

第一句相当于定义了一个变量名 age 为一个数组类型，或称为数组引用，但是还没有给数组分配内存。第二句给数组分配了 100 个整数大小的内存。如果不分配内存，数组元素将无法访问。

（5）“int[ ] age＝new int[100];”定义之后，数组中各元素的默认值为“0”，示例如下。

```
int[ ] age = new int[100];
System.out.println(age[5]);
```

运行代码，结果为“0”。

（6）在定义时，可以给数组进行初始化，有以下两种方法。

```
int[ ] age1 = new int[]{1,2,3};
```

和

```
int[ ] age2 = {1,2,3};
```

不管采用哪一种方法，在定义时都不能给数组指定大小，大小由赋值个数决定。

3.3.3 使用数组

用户可以像使用变量一样来使用数组中的元素，示例如下。

```
int[] age = new int[100];
age[20] = 25;
System.out.println(age[20]);
```

运行代码，结果将会打印 age[20]的值。

为了方便对数组的访问，可以通过"数组名称.length"来获取数组长度。

例如，将 1~1000 中的各整数放入数组中，并打印它们的和，代码如下。

ArrayTest1.java

```
public class ArrayTest1 {
    public static void main(String[] args) {
        int[] arr = new int[1000];
        int sum = 0;
        for(int i = 0; i < arr.length; i++){
            arr[i] = i + 1;
        }
        for(int i = 0; i < arr.length; i++){
            sum += arr[i];
        }
        System.out.println("sum = " + sum);
    }
}
```

运行代码，控制台打印结果如图 3-12 所示。

sum=500500

图 3-12 ArrayTest1.java 的运行结果

◁»注意

（1）代码。

```
for(int i = 0; i < arr.length; i++){
    arr[i] = i + 1;
}
```

在运行时，每次循环都要求 arr.length，可以对其进行优化，arr.length 就只需要求一次。

```
int length = arr.length;
for(int i = 0; i < length; i++){
    arr[i] = i + 1;
}
```

（2）在高版本的 JDK 中，对数组（乃至集合）进行循环还有一种简化写法如下。

```
for(数组元素类型 变量名:数组名称){
    //使用变量
}
```

在循环时,数组中的元素依次放在变量中,变量类型必须和数组元素类型相同。例如,
ArrayTest1 的代码可以改写如下。

ArrayTest1. java

```
public class ArrayTest1 {
    public static void main(String[] args) {
        int[] arr = new int[1000];
        int sum = 0;
        for(int i = 0; i < arr.length; i++){
            arr[i] = i + 1;
        }
        for(int e:arr){
            sum += e;
        }
        System.out.println("sum = " + sum);
    }
}
```

3.3.4 数组的引用性质

简单数据类型变量名表示一个个的内存单元,示例如下。

```
int a = 5;
int b = 6;
a = b;
```

a 和 b 在内存中代表不同的整数空间。如果执行"a＝b;",相当于将变量 b 内存中的值
赋给 a。

但是,数组名称赋值却不是将数组中的内容进行赋值,只是将引用赋值,示例代码如下。

ArrayTest2. java

```
public class ArrayTest2 {
    public static void main(String[] args) {
        int[] arr1 = new int[]{1,2,3};
        int[] arr2 = new int[]{100,200,300};
        arr1 = arr2;
        arr1[0] = 5;
        System.out.println("arr2[0] = " + arr2[0]);
        System.out.println("arr2[1] = " + arr2[1]);
        System.out.println("arr2[2] = " + arr2[2]);
    }
}
```

运行代码,控制台打印结果如图 3-13 所示。

下面分析运行过程。

（1）"int[] arr1＝new int[]{1,2,3};"表示在内存中开辟一片空间,保存一个数组,如图 3-14 所示。

```
arr2[0]=5
arr2[1]=200
arr2[2]=300
```

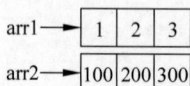

图 3-13　ArrayTest2.java 的运行结果　　　图 3-14　保存 arr1

（2）"int[] arr2＝new int[]{100,200,300};"表示在内存中开辟一片空间,保存一个数组,如图 3-15 所示。

（3）"arr1＝arr2;"表示将 arr2 引用赋值给 arr1,内存变成如图 3-16 所示的状态。

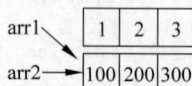

图 3-15　保存 arr2　　　　　　图 3-16　将 arr2 引用赋值给 arr1

此时 arr1 和 arr2 表示同一个数组,因此 arr1[0]变成了 5,arr2[0]也变成了 5。这就是数组的引用性质。

问答

问:arr1 原先指向的{1,2,3}到哪里去了?

答:arr1 原先指向的{1,2,3}在内存中成了"散兵游勇",最后被当成垃圾。

3.3.5　数组的应用

1. 使用命令行参数

主函数的定义如下。

public static void main(String[] args)

其中的"String[] args"是一个数组,表示在运行命令提示符时可以通过命令提示符给主函数一些参数。

如果编写了以下代码。

ArrayTest3.java

```java
public class ArrayTest3 {
    public static void main(String[] args) {
        for(String arg:args){
            System.out.println(arg);
        }
    }
}
```

在命令行下编译、运行该程序,结果如图 3-17 所示。

系统将 AAA 和 BBB 放入 args 数组中。

这有什么用呢? 有时候需要让程序运行时还进行一些参数输入,例如编写一个复制文件的类(如 FileCopy),将源文件复制到目的地,运行时就可以写成如图 3-18 所示形式。

系统能根据参数来读写文件,让程序更加灵活。

```
C:\Documents and Settings\Administrator>cd\

C:\>javac ArrayTest3.java

C:\>java ArrayTest3 AAA BBB
AAA
BBB
```

```
C:\>java FileCopy file1.txt file2.txt
```

图 3-17　编译、运行程序

图 3-18　复制文件

2. 数组中元素的排序

用户可以用 java. util. Arrays. sort 对数组进行排序(此处只需要了解即可),其代码如下。

ArrayTest4. java

```java
public class ArrayTest4 {
    public static void main(String[] args) {
        int[] arr = new int[]{5,3,7,2,8,3};
        java.util.Arrays.sort(arr);
        for(int a:arr){
            System.out.print(a + " ");
        }
    }
}
```

运行结果如图 3-19 所示。

```
2 3 3 5 7 8
```

图 3-19　ArrayTest4. java 的运行结果

3.3.6　多维数组

一维数组是线性的。在 Java 中其实没有多维数组,所谓的多维数组实际上是一维数组中的各元素又是数组,示例代码如下。

ArrayTest5. java

```java
public class ArrayTest5 {
    public static void main(String[] args) {
        int[][] arr = new int[][]{{1,2,3},
                                  {100},
                                  {15,26}};
    }
}
```

代码"int[][] arr"实际上定义了一个一维数组 arr,其中的每个元素是"int[]"类型,是一个个小的一维数组。第一个一维数组名为 arr[0],第二个名为 arr[1],第三个名为 arr[2]。如果要访问 arr[0]中的第一个元素,即为 arr[0][0],示例如图 3-20 所示。

打印各元素,代码如下。

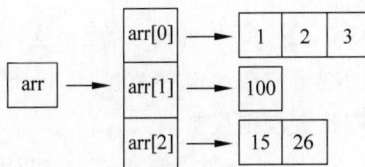

图 3-20　多维数组示例

ArrayTest5.java

```java
public class ArrayTest5 {
    public static void main(String[] args) {
        int[][] arr = new int[][]{{1,2,3},
                                  {100},
                                  {15,26}};
        for(int i = 0;i < arr.length;i++){
            for(int j = 0;j < arr[i].length;j++){
                System.out.print(arr[i][j] + " ");
            }
            System.out.println();
        }
    }
}
```

运行代码,控制台打印结果如图 3-21 所示。

```
1 2 3
100
15 26
```

图 3-21　ArrayTest5.java 的运行结果

注意

(1) 以上二维数组的定义方法还可以写成如下形式。

```java
int[][] arr = new int[3][];
arr[0] = new int[]{1,2,3};
arr[1] = new int[]{100};
arr[2] = new int[]{15,26};
```

其中的第一句还可以写成"int [][]arr = new int[3][];" "int []arr[] = new int[3][];"
"int arr[][] = new int[3][];"等。

(2) 用户也可以确定二维数组中每个一维数组的大小相同,示例如下。

```java
int[][] arr = new int[3][5];
```

上述语句定义一个二维数组,其中 3 个一维数组,每个一维数组中含有 5 个元素,实际上就
是一个 3 行 5 列的方阵。

习　题　3

1. 输入一个应收金额,输入一个实收金额,显示找零的各种纸币的张数,优先考虑面额
大的纸币。假如现有 100 元、50 元、20 元、10 元、5 元、1 元的人民币面额。如果实收金额小
于应收金额则报错。

2. 输入一个年份和月份,打印该年该月的天数。规定平年 2 月 28 天,闰年 2 月 29 天;
年份能被 4 整除却不能被 100 整除为闰年;能被 400 整除的年份也是闰年。

3. 制作一个模拟银行操作的流程。系统运行,出现输入框,用户可选择"0:退出 1:存

款 2:取款 3:查询余额"。初始余额为 0。

用户选择 1,输入金额数量,将款项存入余额;用户选择 2,输入金额数量,将款项从余额中扣除,但要保证余额足够;用户选择 3,打印当前余额;用户选择 0,程序退出。注意,只要没有退出,用户操作后,选择菜单重新显示。

4. 百鸡问题:公鸡一,值钱 3,母鸡一,值钱 2,小鸡三,值钱 1。今有百鸡百钱,问:公鸡、母鸡、小鸡各多少只?

5. 定义数组并完成以下要求。

(1) 定义一个一维数组,不排序,求数组内所有元素的最大值和最小值。

(2) 定义一个二维数组,将每一行进行排序,并输出所有元素。

(3) 判断一个整型数组中是否存在负数。如果存在,则打印相应消息。

第 3 部分
面向对象

第4章

面向对象编程（一）

扫一扫

视频讲解

建议学时：2~4。

本章详细介绍面向对象的基本原理和基本概念，包括类、对象、成员变量、成员函数、构造函数以及函数的重载。

4.1 认识类和对象

面向对象（Object Oriented）是一个编程理念，其发明者曾经获得图灵奖。对于初学者来说，应该从最直观的角度来理解什么是面向对象，因此本着负责的态度，我们将从最原始、最直观的角度来理解面向对象。从学院派的角度来评价不一定是完全严谨的，但是对于初学者，这样理解能够快速进入面向对象的世界。

在面向对象中，最重要的概念是类（Class）和对象（Object）。

4.1.1 类

前文学习了变量，如果要定义一个变量来保存客户的年龄，方法如下。

```
int age;
```

其中，int 是一个数据类型。

但是，实际的项目比想象更为复杂，简单的数据类型根本无法满足需要。例如要定义一些变量保存顾客的信息，包含姓名、性别、年龄等信息，传统方法写成如下形式。

```
String name;
String sex;
int age;
```

但是每次定义顾客，都要手工定义 3 个变量，并且这 3 个变量在定义时并不能表达它们之间的关系，也就是说看不出它们是为了保存顾客的信息。

那么能否像 int 一样"自创"一个数据类型（Customer）使用呢？示例如下。

```
Customer cus;
```

这样是否自动定义了 3 个变量呢？

答案是可以的，面向对象中的类（Class）就可以帮助用户完成。

4.1.2　定义类

首先讲解最简单的类的定义，定义一个类的语法如下。

```
class 类名{
    所含变量定义；
}
```

示例如下。

```
class Customer{
    String name;
    String sex;
    int age;
}
```

上述语句定义了一个新的数据类型 Customer，包含 3 个变量，此后就可以类似于使用简单数据类型来使用 Customer 类型。其中，name、sex 和 age 称为类的成员变量。

4.1.3　使用类实例化对象

以简单的数据类型为例，有了 int 类型，用户还无法使用，能使用的是 int 类型的变量；同样，在定义了类之后只是定义了数据类型，要想使用类必须用该类型定义相应的"变量"。

一般情况下，由类定义"变量"不叫"定义变量"，而叫"实例化对象（Object）"。通过类实例化对象的最简单的语法如下。

```
类名 对象名 = new 类名();
```

示例如下。

```
Customer zhangsan = new Customer();
```

上述语句通过 Customer 类型定义了一个名为 zhangsan 的对象，就好像"int i"一样，只不过 zhangsan 中包含 name、sex 和 age 3 个变量。

◁》说明

（1）对象的实例化还可以写成以下两句代码。

```
Customer zhangsan;
zhangsan = new Customer();
```

第一句相当于定义了对象 zhangsan，它是一个 Customer 类型，这称为对象引用，但是还没有给其分配内存,该引用指向空值(null),如图 4-1 所示。

第二句让 zhangsan 引用指向一个实际的对象,为其分配了相应内存,如图 4-2 所示。

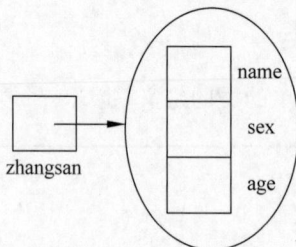

图 4-1　引用指向空值　　　　　图 4-2　引用指向一个实际的对象

如果不用关键字 new 分配内存,该对象为空值(null),不能使用。

(2) 在一些文献中,成员变量也称为字段(Field)、属性(Property)等。

4.1.4　访问对象中的成员变量

通过类实例化对象之后,如使用了"Customer zhangsan＝new Customer();"之后,如何通过对象名 zhangsan 来使用其中的成员变量 name、sex 和 age 呢?

通过对象名使用成员变量的最基本的方法如下。

对象名.成员变量名

例如,"zhangsan.age"表示访问对象 zhangsan 的成员变量 age,示例代码如下。

ObjectTest1.java

```java
class Customer {
    String name;
    String sex;
    int age;
}

public class ObjectTest1 {
    public static void main(String[] args) {
        Customer zhangsan = null;
        System.out.println("zhangsan = " + zhangsan);
        zhangsan = new Customer();
        System.out.println("zhangsan.name = " + zhangsan.name);
        System.out.println("zhangsan.sex = " + zhangsan.sex);
        System.out.println("zhangsan.age = " + zhangsan.age);
        zhangsan.name = "张三";
        zhangsan.sex = "男";
        zhangsan.age = 25;
        System.out.println("zhangsan.name = " + zhangsan.name);
        System.out.println("zhangsan.sex = " + zhangsan.sex);
        System.out.println("zhangsan.age = " + zhangsan.age);
    }
}
```

运行代码,控制台打印结果如图 4-3 所示。

```
zhangsan=null
zhangsan.name=null
zhangsan.sex=null
zhangsan.age=0
zhangsan.name=张三
zhangsan.sex=男
zhangsan.age=25
```

图 4-3 ObjectTest1.java 的运行结果

在没有赋值时,对象的成员变量中字符串型为空值(null)、int 类型为"0"。

◢注意

(1) 本例在 ObjectTest1.java 中定义了两个类: Customer 和 ObjectTest1,编译之后将会生成两个.class 文件,即 Customer.class 和 ObjectTest1.class。

(2) 用户可以将两个类分别存放在不同的文件中。

4.1.5 对象的引用性质

和数组名一样,对象名也是表示一个引用。对象名赋值并不是将对象中的内容进行赋值,只是将引用赋值,示例代码如下。

ObjectTest2.java

```java
class Customer {
    String name;
    String sex;
    int age;
}

public class ObjectTest2 {
    public static void main(String[] args) {
        Customer zhangsan = new Customer();
        zhangsan.age = 25;
        Customer lisi = new Customer();
        lisi = zhangsan;
        System.out.println("lisi.age = " + lisi.age);
        zhangsan.age = 35;
        System.out.println("lisi.age = " + lisi.age);
    }
}
```

运行代码,控制台打印结果如图 4-4 所示。

```
lisi.age=25
lisi.age=35
```

图 4-4 ObjectTest2.java 的运行结果

运行过程分析如下。

(1) 程序实例化了对象 zhangsan 和 lisi,如图 4-5 所示。

(2) "lisi = zhangsan;"表示将 zhangsan 引用赋值给 lisi,实际上是让引用 lisi 和 zhangsan 指向同一个对象,内存变成如图 4-6 所示的状态。

此时 zhangsan 和 lisi 表示同一个对象,因此 zhangsan.age 变成了 35,lisi.age 也变成了 35,这就是对象的引用性质。

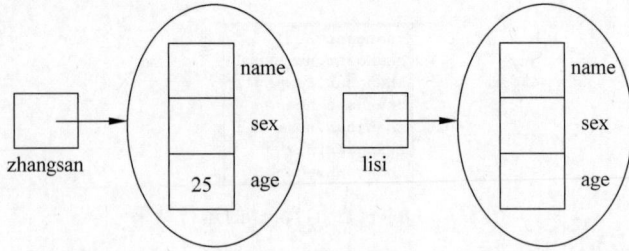

图 4-5　实例化对象

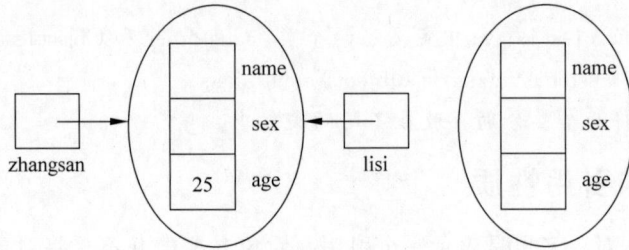

图 4-6　赋值后的内存状态

🔊问答

问：lisi 原先指向的对象到哪里去了呢？

答：在内存中成了"散兵游勇"，最后被当成垃圾。

4.2　认识成员函数

4.2.1　成员函数

观察下列代码。

```java
class Customer {
    String name;
    String sex;
    int age;
}

public class ObjectTest1 {
    public static void main(String[] args) {
        Customer zhangsan = new Customer();
        System.out.println("zhangsan.name = " + zhangsan.name);
        System.out.println("zhangsan.sex = " + zhangsan.sex);
        System.out.println("zhangsan.age = " + zhangsan.age);
        zhangsan.name = "张三";
        zhangsan.sex = "男";
        zhangsan.age = 25;
        System.out.println("zhangsan.name = " + zhangsan.name);
        System.out.println("zhangsan.sex = " + zhangsan.sex);
        System.out.println("zhangsan.age = " + zhangsan.age);
    }
}
```

在代码中,以下语句的功能类似,但是却写了两次。

```
System.out.println("zhangsan.name = " + zhangsan.name);
System.out.println("zhangsan.sex = " + zhangsan.sex);
System.out.println("zhangsan.age = " + zhangsan.age);
```

如果以后再使用,再重复编写,如果想改变打印格式,必须修改每段重复的这 3 句代码,如果修改错误或遗漏将造成错误。

能否将代码只编写一遍就可以多次使用呢?当然能,此时可以使用函数。

Java 中的函数编写在类中,一般称为成员函数。

4.2.2　定义和使用成员函数

1. 最简单的成员函数

最简单的成员函数的格式如下。

```
void 函数名称(){
    函数内容;
}
```

调用方法为"对象名.函数名();",示例代码如下。

ObjectTest3.java

```
class Customer {
    String name;
    String sex;
    int age;
    void display(){
        System.out.println("name = " + name);
        System.out.println("sex = " + sex);
        System.out.println("age = " + age);
    }
}

public class ObjectTest3 {
    public static void main(String[] args) {
        Customer zhangsan = new Customer();
        zhangsan.display();
        zhangsan.name = "张三";
        zhangsan.sex = "男";
        zhangsan.age = 25;
        zhangsan.display();
    }
}
```

运行代码,控制台打印结果如图 4-7 所示。

可见,在"zhangsan.display();"中是通过对象 zhangsan 来调用 display 函数的。

🔊注意

(1) 在类的内部,普通的成员函数可以直接使用同一个类中的成员变量,不需要加对象

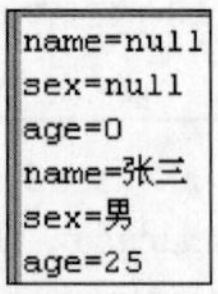

```
name=null
sex=null
age=0
name=张三
sex=男
age=25
```

图 4-7　ObjectTest3.java 的运行结果

名，例如"System.out.println("name＝"＋name);"。

（2）从原理上讲，当程序执行到"zhangsan.display();"时，程序会跳转到 display 函数的内部去执行，执行完毕后回到 main 函数，继续执行 main 函数中后面的代码。

2. 加入参数的成员函数

最简单的成员函数只能完成一些事情，在实际操作中可以给函数加入一些参数，让其根据参数来完成一些工作。加入参数的成员函数的格式如下。

```
void 函数名称(类型 1 参数名 1, 类型 2 参数名 2, …, 类型 n 参数名 n){
    函数内容;
}
```

调用方法为"对象名.函数名(参数值列表);"，示例代码如下。

ObjectTest4.java

```java
class Customer {
    String name;
    String sex;
    int age;
    void init(String n, String s, int a){
        name = n;
        sex = s;
        age = a;
    }
    void display(){
        System.out.println("name = " + name);
        System.out.println("sex = " + sex);
        System.out.println("age = " + age);
    }
}

public class ObjectTest4 {
    public static void main(String[] args) {
        Customer zhangsan = new Customer();
        zhangsan.display();
        zhangsan.init("张三", "男", 25);
        zhangsan.display();
    }
}
```

运行代码，控制台打印结果如图 4-8 所示。

🔊**注意**

（1）"void init(String n, String s, int a)"定义了函数 init，传入 3 个参数。这些参数只

```
name=null
sex=null
age=0
name=张三
sex=男
age=25
```

图 4-8 ObjectTest4.java 的运行结果

能在函数内部使用,属于局部变量,其中 n、s、a 又称为形式参数(简称形参)。

(2)"zhangsan.init("张三","男",25);"调用此成员函数,传入 3 个值给 n、s、a,其中"张三""男""25"又称为实际参数(简称实参)。

(3)如果 init 函数写成如下。

```
…
void init(String name,String sex,int age){
    name = name;
    sex = sex;
    age = age;
}
…
```

由于函数内部的变量和类中的成员变量重名,因此成员变量被屏蔽,得不到正常效果。此时可以用"this."来标识该变量属于类中的成员,而不是局部变量。

```
…
void init(String name,String sex,int age){
    this.name = name;
    this.sex = sex;
    this.age = age;
}
…
```

this 表示本对象的引用,可以理解为"本对象自己"。

3. 带返回类型的成员函数

有些函数完成工作之后还可以得到一个结果,这就是带返回类型的函数。该函数的格式如下。

```
返回类型 函数名称(类型 1 参数名 1, 类型 2 参数名 2,…,类型 n 参数名 n){
    函数内容;
    return 和函数返回类型一致的某个变量或对象;
}
```

调用该函数之后,其返回值可以进行下一步使用。如编写一个计算器类,传入一个整数,返回其绝对值,示例代码如下。

ObjectTest5.java

```
class Calc {
    int abs(int a){
        return a > 0?a: - a;
```

```
        }
    }

public class ObjectTest5 {
    public static void main(String[] args) {
        Calc c = new Calc();
        int result = c.abs( - 10);
        System. out. println("result = " + result);
    }
}
```

运行代码，控制台打印结果如图 4-9 所示。

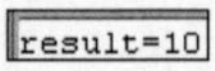

result=10

图 4-9　ObjectTest5.java 的运行结果

◁》注意

（1）"int abs(int a)"定义了函数 abs，返回一个整数类型的值。

（2）"int result＝c. abs(−10);"表示调用该函数，将返回值存入 result 变量。

（3）如果函数中途遇到 return 则跳出，示例如下。

```
class Calc {
    int abs( int a){
        if(a > 0){
            return a;
    }
    return - a;
    }
}
```

（4）没有返回类型的函数也可以使用 return，表示跳出该函数，但是不能 return 一个具体的值，示例如下。

```
void fun( int a){
    …
    return;                              //跳出该函数
    …
}
```

（5）在有些文献中，成员函数也称为成员方法（Method）。成员函数和成员变量等统称为成员。

4.2.3　函数参数的传递

当将实际参数传递到函数中时，根据参数的类别，情况各不相同。

1. 简单数据类型采用值传递

观察下列代码。

ObjectTest6. java

```java
class Calc {
    void fun( int a){
        a = a + 1;
    }
}

public class ObjectTest6 {
    public static void main(String[ ] args) {
        int a = 10;
        Calc c = new Calc();
        c.fun(a);
        System.out.println("a = " + a);
    }
}
```

运行代码,控制台打印结果如图 4-10 所示。

a=10

图 4-10　ObjectTest6. java 的运行结果

明明执行了"a＝a＋1;",为什么 a 还是保持原值"10"呢?

因为整数属于简单数据类型,当调用"c. fun(a);"时,a 和函数 fun 形参中的 a 不是同一个内存单元,相当于将 main 函数中的 a 值复制一份放到了 fun 函数的参数 a 中,称为值传递。

2. 引用数据类型采用引用传递

观察下列代码。

ObjectTest7. java

```java
class Calc {
    void fun( int[ ] arr){
        arr[0] = arr[0] + 1;
    }
}

public class ObjectTest7 {
    public static void main(String[ ] args) {
        int[ ] arr = {10};
        Calc c = new Calc();
        c.fun(arr);
        System.out.println("arr[0] = " + arr[0]);
    }
}
```

运行代码,控制台打印结果如图 4-11 所示。

arr[0]=11

图 4-11　ObjectTest7. java 的运行结果

为什么 arr[0]变成了 11 呢?因为数组属于引用类型,当调用"c. fun(arr);"时,arr 和函数 fun 形参中的 arr 虽然不是同一个内存单元,但却指向同一个数组内存空间,因此执行了 "arr[0]＝arr[0]＋1;",实参 arr 中的 arr[0]也变了。

同样,这个规律对象也适用,示例代码如下。

ObjectTest8. java

```java
class Number{
    int a;
}
class Calc {
    void fun(Number num){
        num.a = num.a + 1;
    }
}
public class ObjectTest8 {
    public static void main(String[] args) {
        Number num = new Number();
        num.a = 10;
        Calc c = new Calc();
        c.fun(num);
        System.out.println("num.a = " + num.a);
    }
}
```

运行代码,控制台打印结果如图 4-12 所示。

```
num.a=11
```

图 4-12　ObjectTest8. java 的运行结果

为什么 num. a 变成了 11 呢? 请读者自行分析。

4.2.4　函数重载

函数重载(Overload)是一个常见的功能。

以下用一个示例引入,在计算器类中需要求各种数值的绝对值,如求整数和 double 型数据的绝对值,此时必须编写以下两个函数。

```java
class Calc {
    int absInt(int a){
        return a > 0?a: - a;
    }
    double absDouble(double a){
        return a > 0?a: - a;
    }
}
```

给函数起不同的名字,让使用函数的人能够区别,那么能否给它们起相同的名字? 答案是可以,观察下列代码。

ObjectTest9. java

```java
class Calc {
```

```
    int abs(int a){
        return a > 0?a: - a;
    }
    double abs(double a){
        return a > 0?a: - a;
    }
}

public class ObjectTest9 {
    public static void main(String[ ] args) {
        Calc c = new Calc();
        System. out. println(c.abs(12.5));
        System. out. println(c.abs( - 10));
    }
}
```

运行代码,控制台打印结果如图 4-13 所示。

```
12.5
10
```

图 4-13 ObjectTest9. java 的运行结果

在代码中定义了两个名为 abs 的函数,在调用时系统能根据参数的不同来决定调用相应的函数。

但是不能盲目地将函数名定义为一样,必须满足以下条件之一。

(1) 函数参数的个数不同。

(2) 函数参数的个数相同,类型不同。

(3) 函数参数的个数相同,类型相同,但是在参数列表中出现的顺序不同。

◀》注意

函数重载也称为静态多态。

多态(Polymorphism)是面向对象编程的特征之一。多态,通俗来讲就是一个东西在不同情况下呈现不同形态。例如,函数 abs 在不同参数的情况下可以执行不同的代码,而调用者只需要记住一个函数名称。

为什么是静态的呢?因为虽然函数名只有一个,但是源代码中还得根据不同参数编写多个函数。

4.3 认识构造函数

4.3.1 构造函数

观察下列代码。

ConstructorTest1. java

```
class Customer {
    String name;
    String sex;
```

```
    int age;
    void init(String name,String sex,int age){
        this.name = name;
        this.sex = sex;
        this.age = age;
    }
    void display(){
        System.out.println("name = " + name);
        System.out.println("sex = " + sex);
        System.out.println("age = " + age);
    }
}

public class ConstructorTest1 {
    public static void main(String[] args) {
        Customer zhangsan = new Customer();
        zhangsan.init("张三", "男", 25);
        zhangsan.display();
    }
}
```

运行代码，控制台打印结果如图 4-14 所示。

在 main 函数中"zhangsan.init("张三","男",25);"对 zhangsan 进行了初始化。如果这句代码被忘记写了，程序运行结果将会如图 4-15 所示。

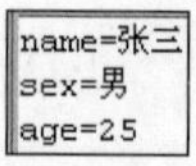

```
name=张三
sex=男
age=25
```

```
name=null
sex=null
age=0
```

图 4-14　ConstructorTest1.java 的运行结果 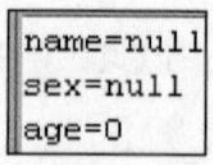　　图 4-15　没初始化的运行结果

有些对象的初始化是非常重要的工作，那么能否规定必须做初始化工作，否则就报错呢？

可以，只需将初始化工作写在构造函数中即可。

4.3.2　定义和使用构造函数

构造函数也是一种函数，但是定义时必须遵循以下原则。

（1）函数名称与类的名称相同。

（2）不含返回类型。

定义了构造函数之后，在实例化对象时必须传入相应的参数列表，否则会报错。其使用方法如下。

类名　对象名 = new 类名(传给构造函数的参数列表);

例如，将上面的代码改写如下。

ConstructorTest2.java

```
class Customer {
    String name;
    String sex;
    int age;
```

```
Customer(String name,String sex,int age){
    this.name = name;
    this.sex = sex;
    this.age = age;
}
void display(){
    System.out.println("name = " + name);
    System.out.println("sex = " + sex);
    System.out.println("age = " + age);
}
}

public class ConstructorTest2 {
    public static void main(String[] args) {
        Customer zhangsan = new Customer("张三", "男", 25);
        zhangsan.display();
    }
}
```

运行代码,控制台打印结果如图 4-16 所示。

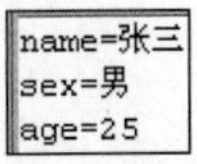

```
name=张三
sex=男
age=25
```

图 4-16 ConstructorTest2.java 的运行结果

语句"Customer zhangsan＝new Customer("张三","男",25);"实际调用了构造函数。

注意

(1) 当一个类的对象被创建时,构造函数就会被自动调用,可以在这个函数中加入初始化工作的代码。在对象的生命周期中,构造函数只会被调用一次。

(2) 构造函数可以被重载,也就是说在一个类中可以定义多个构造函数。在实例化对象时,系统根据参数的不同调用不同的构造函数。

(3) 在一个类中如果没有定义构造函数,系统会自动为这个类产生一个默认的构造函数,该函数没有参数,也不做任何事情。因此,只有在没有定义构造函数时才可以通过"类名 对象名＝new 类名();"实例化对象。

如果用户自己定义了含有参数的构造函数,系统将不提供默认的构造函数。

因此,在上面的示例中写"Customer zhangsan＝new Customer();",系统将会报错。

习 题 4

1. 现实世界中的物体是一个个类还是对象?

2. 从软件开发者的角度讲,先有类还是先有对象?

3. 定义一个类,包含 char 类型、float 类型、double 类型、boolean 类型的成员变量,实例化一个对象,不给成员变量赋值,查看各成员变量的默认值。

4. 在某个类中,编写一个函数 calc,传入一个整数数组,能够计算出该数组中的最大值、最小值、平均值、和,让主函数调用这个函数并获得这些求出的值。

5. 定义一个计算器类。

（1）编写若干 max 函数，负责计算两个 int、两个 float、两个 double 类型数据中的较大值。

（2）编写若干求和函数，分别传入 int 型数组、float 型数组、double 型数组，返回数组中所有元素的和。

6. 为 4.3.1 节中的 Customer 类再增加两个构造函数，一个初始化 name，另一个初始化 name 和 age。

7. 构造函数只会运行一次，是为了对对象进行初始化。但是我们觉得运行一次，限制太严，如何设计使初始化工作在对象生成时运行一次，并可以在后期调用？

第 5 章

面向对象编程（二）

扫一扫

视频讲解

建议学时：2～4。

本章详细讲解面向对象的基本概念。针对面向对象的应用，详细讲解一些比较高级的概念。首先讲解静态变量、静态函数、静态代码块，然后讲解封装、包和访问控制修饰符，最后讲解类中类的使用。

5.1 静态变量和静态函数

5.1.1 静态变量

一个类可以实例化很多对象，各对象分别占据自己的内存，示例代码如下。

StaticTest1. java

```
class Customer{
    String name;
}

public class StaticTest1 {
    public static void main(String[] args) {
        Customer zhangsan = new Customer();
        zhangsan. name = "张三";
        Customer lisi = new Customer();
        lisi. name = "李四";
    }
}
```

在 main 函数中定义了 zhangsan、lisi 两个对象，这两个对象具有不同的成员变量——name，内存示意图如图 5-1 所示。

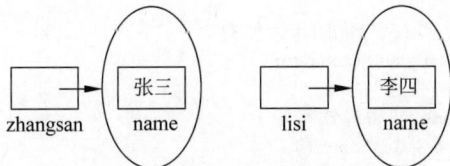

图 5-1 两个对象具有不同的成员变量

如果要保存 zhangsan 和 lisi 乃至 Customer 类中所有对象共有的信息，如该类用在某个银行系统中，要保存其所在的银行名称（如香港银行），而每个对象的银行名称都一样，应如何实现？

此时，如果代码写成如下。

StaticTest2. java

```
class Customer{
    String name;
    String bankName;
}

public class StaticTest2 {
    public static void main(String[] args) {
        Customer zhangsan = new Customer();
        zhangsan.name = "张三";
        zhangsan.bankName = "香港银行";
        Customer lisi = new Customer();
        lisi.name = "李四";
        lisi.bankName = "香港银行";
    }
}
```

内存情况如图 5-2 所示。

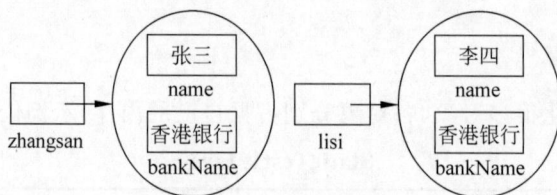

图 5-2　内存情况

同样的信息保存了两次，浪费空间。如果以后要改银行名称，需要一个一个地改，很麻烦。

在本例中能否让各对象共有的内容只用一个空间保存呢？可以，只要将 bankName 定义成静态变量即可，方法是在其定义前加上关键字 static，代码改写如下。

StaticTest2. java

```
class Customer{
    String name;
    static String bankName;
}

public class StaticTest2 {
    public static void main(String[] args) {
        Customer zhangsan = new Customer();
        zhangsan.name = "张三";
        zhangsan.bankName = "香港银行";
        Customer lisi = new Customer();
        lisi.name = "李四";
        System.out.println("lisi.bankName = " + lisi.bankName);
    }
}
```

运行代码,控制台打印结果如图 5-3 所示。

在以上代码中,main 函数调用之后的内存情况如图 5-4 所示。

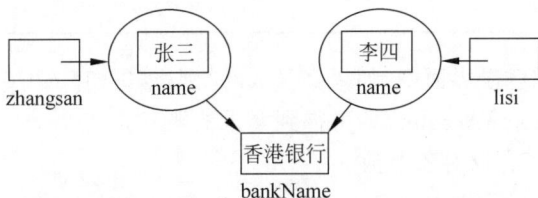

图 5-3　StaticTest2.java 的运行结果　　　图 5-4　main 函数调用后的内存情况

◀))注意

(1) 静态变量可以通过"对象名.变量名"来访问,例如"zhangsan.bankName",也可以通过"类名.变量名"来访问,例如"Customer.bankName"。一般情况下,推荐用"类名.变量名"的方法访问,而非静态变量是不能用"类名.变量名"的方法访问的。

(2) 从底层讲,静态变量在类被载入时创建,只要类存在,静态变量就存在,不管对象是否被实例化。

5.1.2　静态变量的常见应用

下面讲解静态变量的几个常见应用。

1. 保存跨对象信息

对象的通信是比较复杂的,例如,登录 QQ 时在登录界面中输入账号、密码,单击"登录"按钮,若登录成功到达聊天界面,如图 5-5 所示。那么聊天界面如何知道登录界面中输入的账号呢?

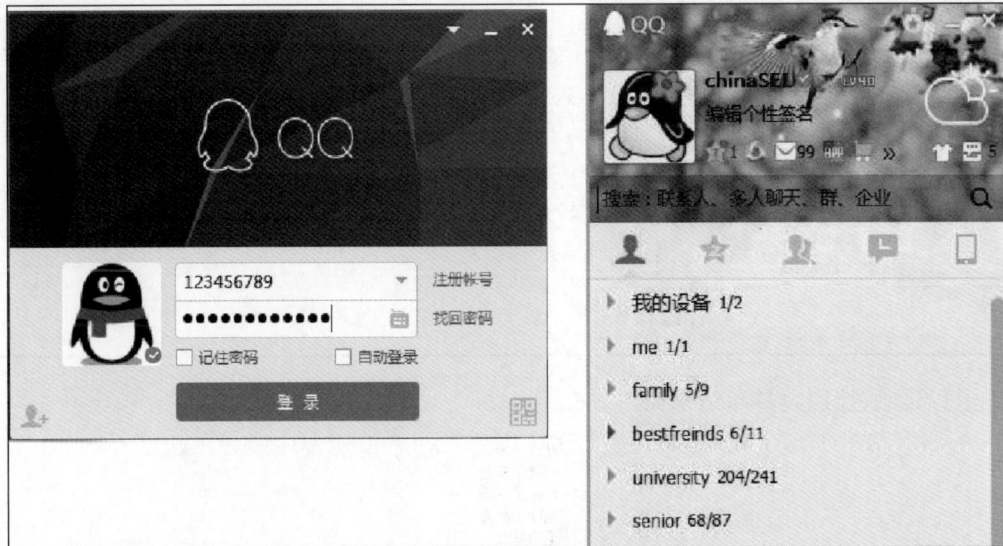

图 5-5　登录 QQ

有很多方法可以解决这个问题,其中有一种比较简单的方法,可以定义一个类,用静态变量保存登录账号,代码如下。

```
class Conf{
    static String loginAccount;
}
```

在登录界面中，如果登录成功，则将账号存入 Conf. loginAccount。在聊天界面中，访问 Conf. loginAccount 即可得到登录的账号。

2. 存储对象个数

有时候需要保存一个类已经实例化的对象个数。例如，某游戏是多人探险的游戏，在游戏的过程中有人阵亡，当存活的人数不足 3 人时屏幕上显示报警提示。那么，如何让系统知道当前存活的人数呢？此时可以将当前存活的人数定义为静态变量，代码如下。

StaticTest3. java

```
class Person{
    String name;
    static int number = 0;
    Person(String name){
        this. name = name;
        System. out. println("创建了" + name);
        number++;
    }
    void die(){
        System. out. println(name + "阵亡");
        number -- ;
        if(number < 3){
            System. out. println("警告!不足 3 人");
        }
    }
}
public class StaticTest3 {
    public static void main(String[] args) {
        Person p1 = new Person("张三");
        Person p2 = new Person("李四");
        Person p3 = new Person("王强");
        Person p4 = new Person("赵海");
        p3.die();
        p1.die();
    }
}
```

运行代码，控制台打印结果如图 5-6 所示。

```
创建了张三
创建了李四
创建了王强
创建了赵海
王强阵亡
张三阵亡
警告! 不足3人
```

图 5-6 StaticTest3. java 的运行结果

5.1.3　静态函数

有静态变量就有静态函数,静态变量和静态函数统称为静态成员。静态函数就是在普通函数的定义前加上关键字 static,示例代码如下。

StaticTest4.java

```
class Customer{
    String name;
    static String bankName;
    static void setBankName(String bankName){
        Customer.bankName = bankName;
    }
}

public class StaticTest4 {
    public static void main(String[] args) {
        Customer zhangsan = new Customer();
        zhangsan.name = "张三";
        Customer.setBankName("香港银行");
        Customer lisi = new Customer();
        lisi.name = "李四";
        System.out.println("lisi.bankName = " + lisi.bankName);
    }
}
```

运行代码,控制台打印结果如图 5-7 所示。

```
lisi.bankName=香港银行
```

图 5-7　StaticTest4.java 的运行结果

静态函数可以通过"类名.函数名"来访问,也可以通过"对象名.函数名"来访问,推荐用"类名.函数名"来访问。

注意

在静态函数调用时对象还没有创建,因此在静态函数中不能直接访问类中的非静态成员变量和成员函数,也不能使用关键字 this。例如,下面的代码报错(Cannot make a static reference to the non-static field name)。

```
class Customer{
    String name;
    static String bankName;
    static void setBankName(String bankName){
        Customer.bankName = bankName;
        System.out.println(name);              //报错
    }
}
```

5.1.4　静态代码块

构造函数对于每个对象执行一次,对每个对象进行初始化。那么有没有对所有对象的共同信息进行初始化，并对所有对象只执行一次的机制呢？有，它就是静态代码块（static block），示例代码如下。

StaticTest5. java

```java
class Customer{
    String name;
    static String bankName;
    static{
        bankName = "香港银行";
        System.out.println("静态代码块执行");
    }
}

public class StaticTest5 {
    public static void main(String[] args) {
        Customer zhangsan = new Customer();
        Customer lisi = new Customer();
    }
}
```

运行代码，控制台打印结果如图 5-8 所示。

静态代码块执行

图 5-8　StaticTest5. java 的运行结果

当类被载入时静态代码块被执行，且只被执行一次，静态代码块经常用来进行类属性的初始化。

5.2　认 识 封 装

5.2.1　封装

封装（Encapsulation）是面向对象的基本特征之一。为了理解封装，观察下列代码。

EncTest1. java

```java
class Customer {
    String name;
    String sex;
    int age;
}
public class EncTest1 {
    public static void main(String[] args) {
        Customer zhangsan = new Customer();
        zhangsan.age = 25;
        System.out.println("zhangsan.age = " + zhangsan.age);
    }
}
```

运行代码，控制台打印结果如图 5-9 所示。

在主函数中利用"zhangsan. age=25;"进行了赋值。

但是这样有一个问题,Customer 类被使用,其对象中的 age 成员可以被任意赋值,例如将"zhangsan. age=25;"改为"zhangsan. age=-100;"。运行代码,控制台打印结果如图 5-10 所示。

```
zhangsan.age=25
```
```
zhangsan.age=-100
```

图 5-9 EncTest1. java 的运行结果   图 5-10 更改值后的运行结果

显然不符合实际情况。因此需要在赋值时进行判断,只有符合常识的 age 才能被赋值,否则会报错,或者赋默认值(如"0")。

age 是 Customer 的一个成员,在给 age 赋值时应该在 Customer 内进行判断。这就如同使用手机发短信,短信是否已经成功发出是由手机来判断的,我们只需要知道结果就可以了。

此时,可以使用封装来完善对象的使用。

5.2.2 实现封装

实现封装有以下两个步骤。

(1) 将不能暴露的成员隐藏起来,例如 Customer 类中的 age,不能让其在类的外部被直接赋值。实现方法是将该成员定义为私有的,在成员定义前加上修饰符 private。

(2) 用公共方法来暴露对该隐藏成员的访问,可以给函数加上修饰符 public,将该方法定义为公共的。

修改之后的代码如下。

EncTest2. java

```java
class Customer {
    String name;
    String sex;
    private int age;
    public void setAge(int age){
        if(age < 0 || age > 100){
            System.out.println("age 无法赋值");
            return;
        }
        this.age = age;
    }
    public int getAge(){
        return this.age;
    }
}

public class EncTest2 {
    public static void main(String[] args) {
        Customer zhangsan = new Customer();
        zhangsan.setAge(25);
        System.out.println("zhangsan. age = " + zhangsan.getAge());
    }
}
```

运行代码,控制台打印结果如图 5-11 所示。

如果将"zhangsan. setAge(25);"改为"zhangsan. setAge(－100);"，控制台打印运行结果如图 5-12 所示。

```
zhangsan.age=25
```

```
age无法赋值
zhangsan.age=0
```

图 5-11　EncTest2. java 的运行结果　　　　图 5-12　更改值后的运行结果

注意

（1）私有成员只能在定义它的类的内部被访问，在类的外部不能被访问。例如，如果在主函数中调用"zhangsan. age＝－100;"将会报错，如图 5-13 所示。

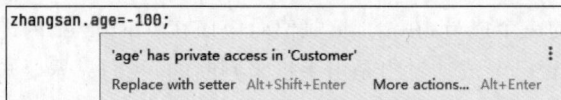

```
zhangsan.age=-100;
    'age' has private access in 'Customer'                        ⋮
    Replace with setter  Alt+Shift+Enter    More actions...  Alt+Enter
```

图 5-13　在外部访问报错

（2）一般情况下，可以将成员变量定义为 private 的，通过 public 函数（方法）对其进行访问。例如，要给一个成员赋值，可以使用 setter 函数，如上面的 setAge 函数；要获得该变量的值，可以使用 getter 函数，如上面的 getAge 函数。

（3）private 和 public 都是访问区分符，其他访问区分符将在后面章节讲解。

5.3　使　用　包

5.3.1　包

前面编写的代码，所有的类都写在一个.java 文件中，可能会使文件特别臃肿。在实际操作中，最好将类写在单独的文件中。

当系统庞大之后，类的数量很大，功能也分门别类，可以从操作系统管理文件的方法中得到启发。在操作系统中可能存在大量文件，将文件用文件夹进行管理，如图 5-14 所示。

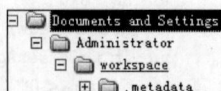

```
□ 🗁 Documents and Settings
   □ 🗁 Administrator
      □ 🗁 workspace
         ⊞ 🗁 .metadata
```

图 5-14　将文件用文件夹管理

在 Java 中使用类似的方法管理类，这就是包（Package）。

5.3.2　将类放在包中

如果定义了一个类，如何将其放在一个包中呢？

方法很简单，只要在类的定义文件头上加"package 包名;"即可。也可以在 IDEA 中快速建立一个包，右击项目中的 src 目录，选择 New→Package 命令，如图 5-15 所示。

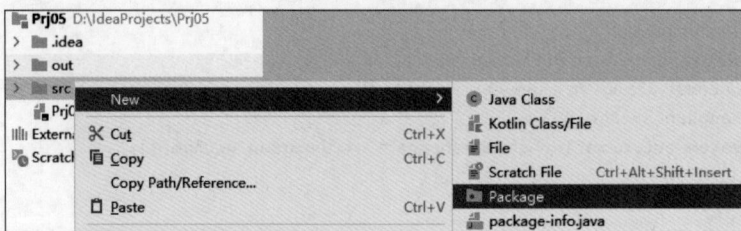

图 5-15　选择 Package 命令

弹出如图 5-16 所示的对话框。

输入包的名称,按回车键即可,项目结构变为图 5-17 所示。

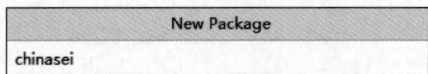

图 5-16　New Package 对话框

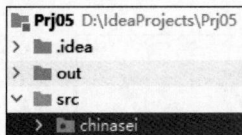

图 5-17　项目结构

可以在包里面建立一个类,代码如下。

Customer. java

```java
package chinasei;
class Customer {
    String name;
    String sex;
    private int age;
    public void setAge(int age){
        if(age < 0||age > 100){
            System. out. println("age 无法赋值");
            return;
        }
        this. age = age;
    }
    public int getAge(){
        return this. age;
    }
}
```

这相当于将 Customer 类放在了 chinasei 包中。

◆注意

(1) 在源代码中,"package chinasei;"表示该源文件中的所有类都位于包 chinasei 中。package 语句必须放在源代码文件的最前面,也可以不指定 package 语句,相当于将类放在默认包中,不过指定包,使用更加方便、可靠。

(2) 在 Java 中,推荐包名字的字母小写,例如 chinasei、bank 等,为了便于阅读,有时候还用"."隔开,例如 school. admin、school. stu 等。

(3) 在将类放入某个包中之后,包将会用专门的文件夹来表示,例如上面的 Customer 类,编译出来的. class 文件路径如图 5-18 所示。

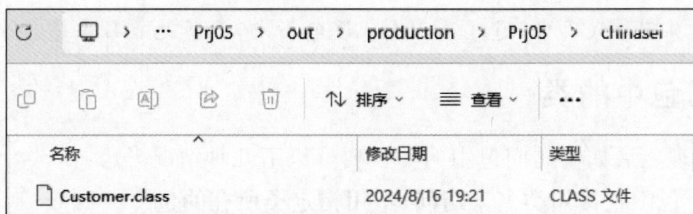

图 5-18　文件路径

如果在包名中用了"."，例如 Teacher 类放在包 school. admin 中，如图 5-19 所示。编译出来的结果如图 5-20 所示。

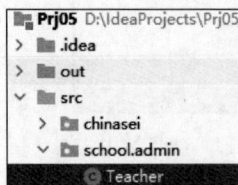

图 5-19　包名中用了"."

图 5-20　编译结果

当遇到"."时，系统会认为是要建立一个子文件夹。

（4）如果要用命令行来运行某个包中的类，必须首先到达包目录所在的上一级目录，例如本例中的 bin 目录，使用以下命令。

```
java  包路径.类名
```

例如，运行 school. admin 中的 Teacher 类，首先必须到达 bin 目录，然后输入以下命令。

```
java school.admin.Teacher
```

这样即可运行其中的主函数。

（5）使用命令行编译一个. java 文件，在默认情况下不会生成相应目录，例如将前面的 Customer. java 放在 C 盘根目录下，使用如图 5-21 所示的命令。

此时将在同一目录下生成. class 文件，如图 5-22 所示。

图 5-21　编译 Customer. java 文件

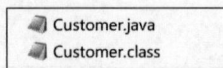

图 5-22　生成. class 文件

如果不将 Customer. class 文件放在相应包目录下则不能运行。

为了解决这个问题，可以用 javac 的-d 选项来生成相应的包目录，如图 5-23 所示。编译，则可以生成相应的包目录，如图 5-24 所示。

图 5-23　用-d 选项生成相应的包目录

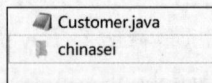

图 5-24　生成的包目录

（6）编写一个类，编译成. class 文件之后任意放在一个目录下，这并不等于就将该类放在包中。包名必须在源代码中，通过 package 语句指定，而不是靠目录结构来确定。

5.3.3　访问包中的类

将类用包管理之后如何访问包中的类？要分以下几种情况考虑。

1. 在同一个包中直接用类名来访问，不用指定类所在的包

例如，在 chinasei 包中有 Customer 类和 CustomerTest 类，如图 5-25 所示。

在 CustomerTest 类中访问 Customer 类，代码如下。

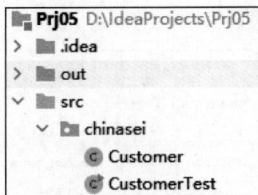

图 5-25　chinasei 包中的类

CustomerTest. java

```
package chinasei;
class CustomerTest {
    public static void main(String[] args) {
        Customer zhangsan = new Customer();
    }
}
```

运行代码不会报错，可以直接访问。

2. 两个类不在同一个包中的情况

在 chinasei 包中建立一个 TeacherTest 类，并在其中使用 school. admin 包中的 Teacher 类，如图 5-26 所示。

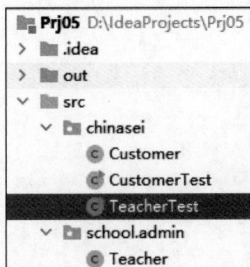

图 5-26　类不在同一个包中

Teacher 类的代码如下。

Teacher. java

```
package school. admin;
public class Teacher {}
```

TeacherTest 类的代码如下。

TeacherTest. java

```
package chinasei;
class TeacherTest {
    public static void main(String[] args) {
        Teacher teacher = new Teacher();
    }
}
```

运行代码则会报错,如图 5-27 所示。

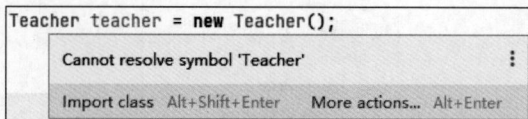

```
Teacher teacher = new Teacher();
Cannot resolve symbol 'Teacher'                          ⋮
Import class  Alt+Shift+Enter    More actions...  Alt+Enter
```

图 5-27　系统报错

解决这个问题的方法有以下两种。

（1）在使用类时指定类的路径,代码如下。

TeacherTest. java

```
package chinasei;
class TeacherTest {
    public static void main(String[] args) {
        school.admin.Teacher teacher = new school.admin.Teacher();
    }
}
```

（2）用 import 语句导入该类,代码如下。

TeacherTest. java

```
package chinasei;
import school.admin.Teacher;
class TeacherTest {
    public static void main(String[] args) {
        Teacher teacher = new Teacher();
    }
}
```

◀⑴注意

（1）如果一个包中的类很多,可以用"import 包名. *"导入该包中的所有类。

（2）在本例中,TeacherTest 类访问 Teacher 类,必须要保证 Teacher 是 public 类(定义时 class 前必须加关键字 public),这将在后面章节讲解。

（3）有时候,包名中有".",例如 school. admin,这并不是说 school 包中包含了 admin 包,school. admin 仅是一个包名而已。因此,"import school. *;"只是导入了 school 包中的类,并没有导入 school. admin 包中的类,如果要导入 school. admin 包中的类,必须使用"import school. admin. *;"。

5.4　使用访问控制修饰符

5.4.1　访问控制修饰符

前文讲解了两个访问控制修饰符,分别是 private 和 public,但是没有对它们进行详细讲解,本节将结合包的相关知识对访问控制修饰符进行详细讲解。

5.4.2　类的访问控制修饰符

在定义类时,有时会在类的前面加上关键字 public,示例代码如下。

```
public class Customer {
    String name;
    String sex;
    int age;
}
```

写与不写关键字 public 有何区别?

不写 public 的情况属于默认访问修饰,此时该类只能被同一包中的所有类识别。

如果写了 public,该类则是一个公共类,可以被包内、包外的所有类识别。

◀》注意

如果将一个类定义成 public 类,类名和文件名必须相同,因此在一个.java 文件中最多只能有一个 public 类。

5.4.3　成员的访问控制修饰符

对于成员来说,访问控制修饰符共有 4 个,分别是 private、default、protected、public,示例代码如下。

```
public class Customer {
    private String name;
    String sex;
    protected int age;
    public void display(){}
}
```

name 成员为 private 类型,sex 成员为 default 类型,age 成员为 protected 类型,display 成员为 public 类型。其中,default 类型的成员前面没有任何修饰符。

其特性如下。

（1）private 类型的成员只能在定义它的类的内部被访问。

（2）default 类型的成员可以在定义它的类的内部被访问,也可以被这个包中的其他类访问。

（3）protected 类型的成员可以在定义它的类的内部被访问,也可以被这个包中的其他类访问,还可以被包外的子类访问。关于子类,将在后面章节讲解。

（4）public 类型的成员可以在定义它的类的内部被访问,也可以被包内、包外的所有其他类访问。

很明显,从开放的程度上讲,private<default<protected<public。

5.5　使用类中类

类中类,顾名思义是在类中定义了类,也称为内部类。

为什么要在类中定义类呢？这是由实际需要决定的。例如有两个类 A 和 B，B 中要用到 A 中的一些成员，A 又要实例化 B，两者的关系错综复杂，此时编写成类中类比较紧凑，示例代码如下。

Outer. java

```
class Outer{
    int a;
    void funOuter(){
        Inner inner = new Inner();
    }
    class Inner{
        int b;
        void fun(){
            a = 3;
            this.b = 5;
        }
    }
}
```

用命令行编译，如图 5-28 所示。

```
C:\>javac Outer.java
```

图 5-28　用命令行编译

得到的 .class 文件如图 5-29 所示。

Outer$Inner.class	2017/2/17 10:57	CLASS 文件	1 KB
Outer.class	2017/2/17 10:57	CLASS 文件	1 KB

图 5-29　得到 .class 文件

很显然，以上代码在 Outer 类中定义了 Inner 类，内部类可以访问外部类中的成员。类中类编译成的 .class 文件的命名为"外部类 $ 内部类.class"。

◁》**注意**

（1）内部类中的成员只在内部类范围内才能使用，外部类不能像使用自己的成员变量一样使用它们。

（2）如果在内部类中使用 this，仅代表内部类的对象，因此也只能引用内部类的成员。

习　题　5

1. 编写一个 Customer 类，含有一个名为"编号"的成员变量。要求每实例化一个对象，对象的编号从"1"自动递增。

2. 我们经常使用 System. out. println()，思考 System 是什么？ out 是什么？ println 是什么？

3. 定义一个银行 Customer 类，含有 name 和 balance(余额)两个成员。余额不能随意赋值，必须通过存款或者取款活动才能进行变化。请编写存款和取款这两个函数。注意，取款时必须保证余额充足。

4. 定义一个"日期"类，含有"年""月""日"3 个成员变量，含有以下成员函数。

（1）输入年月日。保证月为 1～12，日要符合相应范围，否则报错。

（2）用"年-月-日"的形式打印日期。

（3）用"年/月/日"的形式打印日期。

（4）比较该日期是否在另一个日期的前面。

5. 将上题中的"日期"类放入 date 包。建立一个 main 包，包内放一个 TestDate 类，含有主函数，测试日期类。

6. 定义一个"时间"类，含有"小时""分钟""秒"3 个成员变量，含有以下成员函数。

（1）输入时、分、秒数据，所输入的数据要符合相应范围。

（2）用"时:分:秒"的形式打印时间。

（3）计算该时间和另一个时间相差的秒数。

7. 将上题中的"时间"类放入 time 包。在 main 包中编写一个 TestTime 类，含有主函数，测试"时间"类。

第6章

面向对象编程(三)

扫一扫

视频讲解

建议学时：2～4。

本章讲解面向对象的高级概念。首先讲解继承和覆盖；然后讲解多态性、抽象类和接口的应用；最后讲解其他问题，包括关键字 final、Object 类、jar 命令，以及 Java 文档的使用。

6.1　使　用　继　承

6.1.1　继承

首先以一个实际问题为例来讲解为什么需要继承。

假如要开发一个复杂的文字处理软件，类似 Word，其中含有很多对话框，如图 6-1 和图 6-2 所示。

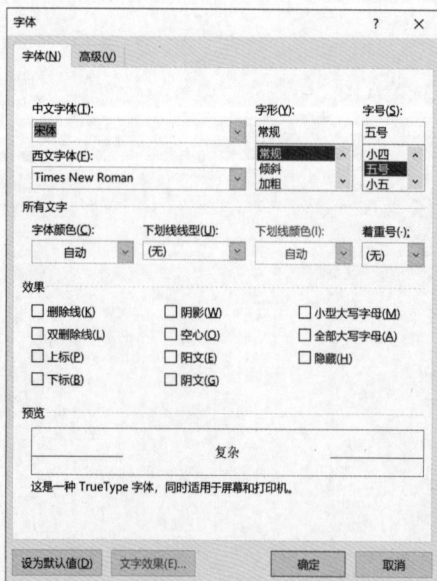

图 6-1　"字体"对话框

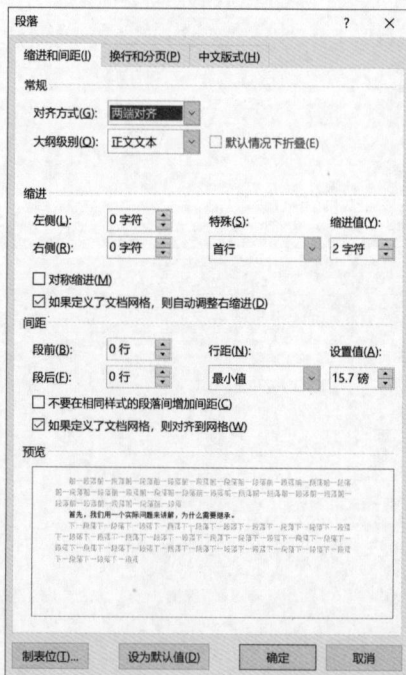

图 6-2　"段落"对话框

对话框的呈现需要通过编写代码来实现。如果一个对话框所有功能的实现平均需要 1000 行代码，那么在软件中要用到 1000 个对话框的总代码量为 100 万行。

但是，所有对话框都有一些类似的特征，例如，每个对话框都有宽度和高度、背景颜色、标题，都可以显示，都可以关闭，等等。那么能否将这些对话框中的共同功能写在一个类中，让每个对话框都来这里"继承"这个类中的功能？

如果每个对话框的平均代码量为 1000 行，但是对话框之间重复的功能代码占 600 行，那么每个对话框只需要编写大约 400 行代码，代码行数总共为 1000×400＋600，大约为 40 万行代码，使代码行数减少了一大半，并且可以有更好的可维护性。随着软件技术的发展，对话框需要变成三维的，每个对话框除了有宽度和高度之外，还需要有一个"深度"的成员变量，此时只需要在共有的那 600 行代码中增加相应成员即可被所有对话框继承。

◀》提示

通过上面的例子可以看出，对话框之间共同的代码越多，继承效果越好。实际上，两个面目全非的对话框共同的功能可能超过一半。这和生活常识是类似的，你觉得猫和狗这两个类是共同的地方多，还是不同的地方多呢？实际上，共同的地方比较多，如都有眼睛、尾巴、耳朵等，不同的只是各成员的内容而已。

这种策略叫继承（Inheritance）。继承是面向对象的重要特征。因此，在本例中可以将对话框共同的功能写成一个类——Dialog，让两个对话框 FontDialog（"字体"对话框）和 ParagraphDialog（"段落"对话框）继承它即可。

在 Java 中，被继承的类称为父类、基类或超类，与之对应的类称为子类或派生类。继承是通过关键字 extends 实现的，格式如下。

```
class 子类 extends 父类{}
```

6.1.2　实现继承

此处以"字体"对话框和"段落"对话框为例讲解如何实现继承。为了简化起见，假如"字体"对话框的特征有标题、字体名称，该对话框具有显示的功能；"段落"对话框的特征有宽度、高度、标题、段落间距，该对话框具有显示的功能。

显然，这两个对话框都有标题和显示功能，因此首先将两个类共同的部分写成一个类——Dialog，代码如下。

Dialog. java

```
package extends1;
public class Dialog {
    protected String title;
    public void show(){
        System. out. println(title + "对话框显示");
    }
}
```

◀》注意

如果一个成员要被子类继承之后使用，这个成员不能是 private 类型，因为私有的成员不能在类的外部使用，当然也不能被子类使用。一般情况下，成员变量定义为 protected 类型，成员函数定义为 public 类型。

编写"字体"对话框类 FontDialog，继承 Dialog 类，代码如下。

FontDialog. java

```
package extends1;
public class FontDialog extends Dialog{
    private String fontName;
    public FontDialog(String title,String fontName){
        this.title = title;
        this.fontName = fontName;
    }
}
```

从表面上看，该类只定义了一个成员变量 fontName，实际上还从父类继承了 title，可以当成自己的变量一样使用，从"this. title＝title；"就可以看出来。因此，不考虑特殊情况可以认为，子类从父类继承过来的成员可以当成自己的成员使用。

ParagraphDialog 的代码和 FontDialog 类似，此处不再赘述。

以下用一个主函数进行测试，代码如下。

Main. java

```
package extends1;
public class Main {
    public static void main(String[] args){
        FontDialog fd = new FontDialog("字体","宋体");
        fd. show();
    }
}
```

运行代码，控制台打印结果如图 6-3 所示。

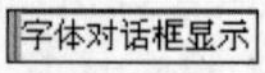

字体对话框显示

图 6-3 Main. java 的运行结果

显然，FontDialog 从父类继承了 show 方法，也能当成自己的方法一样来使用。

◁》注意

（1）Java 不支持多重继承，一个子类只能有一个父类，不允许出现以下情况。

class 子类 extends 父类 1,父类 2 {}

（2）在 Java 中可以有多层继承，如 A 继承了 B，B 又继承了 C。此时相当于 A 间接地继承了 C。

6.1.3 继承的底层本质

从本质上讲，子类继承父类之后实例化子类对象的时候，系统会首先实例化父类对象，示例代码如下。

Main. java

```
package extends2;
```

```
class Dialog {
    protected String title;
    public Dialog(){
        System.out.println("父类 Dialog 的构造函数");
    }
    public void show(){
        System.out.println(title + "对话框显示");
    }
}

class FontDialog extends Dialog{
    private String fontName;
    public FontDialog(String title,String fontName){
        System.out.println("子类 FontDialog 的构造函数");
        this.title = title;
        this.fontName = fontName;
    }
}

public class Main {
    public static void main(String[] args){
        FontDialog fd = new FontDialog("字体","宋体");
    }
}
```

运行代码，控制台打印结果如图 6-4 所示。

如果在 main 函数中出现两次实例化对话框的情况，例如：

```
…
    FontDialog fd1 = new FontDialog("字体","宋体");
    FontDialog fd2 = new FontDialog("字体","宋体");
…
```

运行代码，控制台打印结果如图 6-5 所示。

图 6-4　首先实例化父类对象 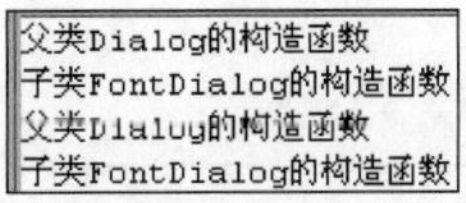　　　　图 6-5　两次实例化对话框

　　只要实例化子类对象，系统就会先自动实例化一个父类对象与之对应，当然此时调用的是父类没有参数的构造函数。

　　这就出现了一个问题——父类构造函数万一有参数呢？此时，系统必须要求在实例化父类对象时传入参数，否则会报错，示例代码如下。

Main. java

```
package extends3;
class Dialog {
    protected String title;
```

```
    public Dialog(String title){
        this.title = title;
    }
    public void show(){
        System.out.println(title + "对话框显示");
    }
}

class FontDialog extends Dialog{
    private String fontName;
    public FontDialog(String title,String fontName){//报错
        this.title = title;
        this.fontName = fontName;
    }
}

public class Main {
    public static void main(String[] args){
        FontDialog fd = new FontDialog("字体","宋体");
    }
}
```

系统在子类构造函数处报错，如图 6-6 所示。

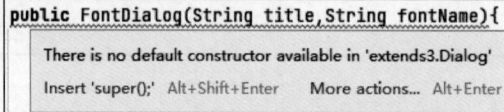

图 6-6　系统在子类构造函数处报错

其原因是父类没有不带参数的构造函数。解决该问题有以下两种方法。

（1）给父类增加一个不带参数的空构造函数，代码错误即可消失。

```
class Dialog {
    protected String title;
    public Dialog(){} //不带参数的构造函数
    public Dialog(String title){
        this.title = title;
    }
    …
}
```

（2）在子类的构造函数中，第一句用 super 给父类构造函数传参数，代码错误即可消失。

```
…
class FontDialog extends Dialog{
    private String fontName;
    public FontDialog(String title,String fontName){
        super(title);
        this.fontName = fontName;
    }
}
…
```

注意

"super(title);"必须写在子类构造函数的第一句,传入的参数必须和父类构造函数中的参数列表类型匹配。

6.2　成员的覆盖

6.2.1　成员覆盖

在子类继承父类时,如果出现子类成员和父类成员定义相同的情况会有什么现象发生?值得一提的是,我们通常讨论的是成员函数的定义相同,成员变量的定义相同一般很少使用。

子类中成员函数的定义和父类相同是指名称相同、参数列表相同、返回类型相同,示例代码如下。

Main. java

```java
package extends4;
class Dialog {
    protected String title;
    public void show(){
        System.out.println("Dialog.show()");
    }
}
class FontDialog extends Dialog{
    private String fontName;
    public FontDialog(String title,String fontName){
        this.title = title;
        this.fontName = fontName;
    }
    public void show(){
        System.out.println("FontDialog.show()");
    }
}
public class Main {
    public static void main(String[] args){
        FontDialog fd = new FontDialog("字体","宋体");
        fd.show();
    }
}
```

在父类和子类中都有函数 show(),子类对象调用"fd.show();",调用的是子类中的 show,还是父类中的 show呢? 运行代码,控制台打印结果如图 6-7 所示。

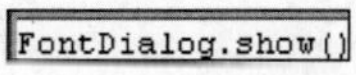

如果子类中的函数定义和父类相同,最后调用的是子类中的方法,称为覆盖或重写(Override)。

注意

(1) 将 Override 和 Overload 相区别。

```
FontDialog.show()
```

图 6-7　子类中的函数定义和
父类相同时的结果

（2）如果在子类中定义了一个名称和参数列表与父类相同的函数，但是返回类型不同，此时系统会报错。

（3）在重写时，子类函数的访问权限不能比父类的更加严格。例如，父类的成员函数的访问权限是 public，子类重写时就不能定义为 protected。

（4）在覆盖的情况下，如果一定要在子类中调用父类的成员函数，可以使用关键字 super，调用方法是"super. 函数名"，示例代码如下。

```java
…
class FontDialog extends Dialog{
    private String fontName;
    public FontDialog(String title,String fontName){
        this.title = title;
        this.fontName = fontName;
    }
    public void show(){
        super.show();                          //调用父类的 show 函数
        System.out.println("FontDialog.show()");
    }
}
…
```

6.2.2   成员覆盖的作用

从前文可以看出，成员覆盖好像是不小心引起的，实际不然。成员覆盖有着很大的作用，其最大的作用是在不改变源代码的情况下能够对一个模块的功能进行修改。例如，从网上下载了一个类，该类专门负责图像处理操作，包含 3 个功能，代码如下。

ImageOpe. java

```java
package extends5;
public class ImageOpe {
    public void read(){
        System.out.println("从硬件读取图像");
    }
    public void handle(){
        System.out.println("图像去噪声");
    }
    public void show(){
        System.out.println("显示图像");
    }
}
```

由于该类不是量身定做，因此功能可能无法完全满足需要。假如在使用时并不是从硬件中读取图像，而是从文件中读取图像，因此需要对 read 函数功能进行替换；而对于 handle 函数，希望图像去噪声之后还能进行锐化；功能 3 不变。

传统方法是修改 ImageOpe 源代码。但是，修改源代码意味着读懂源代码，代价很大，更何况可能得不到源代码。

此时可以充分通过覆盖来完成修改，代码如下。

MyImageOpe. java

```
package extends5;
public class MyImageOpe extends ImageOpe{
    public void read(){
        System.out.println("从文件读取图像");
    }
    public void handle(){
        super.handle();
        System.out.println("图像锐化");
    }
    public void show(){
        super.show();
    }
}
```

对 read 函数、handle 函数都进行了修改。接下来使用 MyImageOpe 即可，用一个主函数进行测试，代码如下。

Main. java

```
package extends5;
public class Main {
    public static void main(String[] args){
        MyImageOpe mio = new MyImageOpe();
        mio.read();
        mio.handle();
        mio.show();
    }
}
```

运行代码，控制台打印结果如图 6-8 所示。

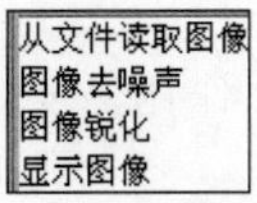

从文件读取图像
图像去噪声
图像锐化
显示图像

图 6-8　成员覆盖示例的运行结果

6.3　使 用 多 态

6.3.1　多态

多态（Polymorphism）是面向对象的基本特征之一，也是软件工程的重要思想。

🔊**注意**

前文讲解的函数重载也是一种多态，称为静态多态，本章讲解的多态特指动态多态。动态多态的理论基础是父类引用可以指向子类对象，示例代码如下。

Main. java

```
package poly1;
```

```
class Dialog {
    public void show(){
        System.out.println("Dialog.show()");
    }
}
class FontDialog extends Dialog{
    public void show(){
        System.out.println("FontDialog.show()");
    }
}
public class Main {
    public static void main(String[] args){
        Dialog dialog = new FontDialog();
        dialog.show();
    }
}
```

在 main 函数中，"Dialog dialog＝new FontDialog();"首先定义了一个 Dialog 类型的父类引用，却指向了一个子类对象。

在这种情况下，"dialog.show();"到底是调用父类的 show 函数还是子类的 show 函数呢？运行代码，控制台打印结果如图 6-9 所示。

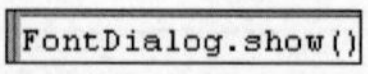

`FontDialog.show()`

图 6-9 多态示例的
运行结果

可以看出，调用的是子类的 show 函数。

🔊 注意

在本例中父类和子类都有 show 函数，如果子类中没有 show 函数，或者不小心将 show 函数写成了其他的，则会调用父类的 show 函数；如果父类中没有 show 函数，代码将会报错。

6.3.2 使用多态

到此为止，我们还看不出多态有什么作用。实际上，"父类引用可以指向子类对象"能够延伸到以下两方面。

1. 函数传入的形参可以是父类类型，而实际传入的可以是子类对象

示例代码如下。

```
...
public class Main {
    public static void fun(Dialog dialog){
        dialog.show();
    }
    public static void main(String[] args){
        fun (new FontDialog());
    }
}
```

在 fun 方法中，参数类型是父类引用，但在实际调用时传入的却是子类对象。当然，此时调用的也是子类对象的 show 方法。

　　下面用一个案例来强化该概念。在显示对话框时,如果要美观一些,最好将对话框显示在屏幕中央。因此,必须编写一个函数来计算当前屏幕的宽度和高度,并结合对话框的宽度和高度将其显示。对于 FontDialog,编写代码如下。

Main. java

```java
package poly2;
class Dialog {
    public void show(){
        System.out.println("Dialog.show()");
    }
}
class FontDialog extends Dialog{
    public void show(){
        System.out.println("FontDialog.show()");
    }
}
public class Main {
    public static void toCenter(FontDialog fd){
        System.out.println("计算屏幕数据");
        fd.show();
    }
    public static void main(String[] args){
        FontDialog fd = new FontDialog();
        toCenter(fd);
    }
}
```

　　运行代码,控制台打印结果如图 6-10 所示。

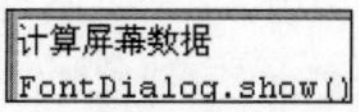

　　如此达到了相应的效果。但是,toCenter 函数存在一个问题,例如代码:

```
计算屏幕数据
FontDialog.show()
```

图 6-10　更美观地显示对话框

```java
public static void toCenter(FontDialog fd){
    System.out.println("计算屏幕数据");
    fd.show();
}
```

　　代码中 toCenter 函数传入的参数是 FontDialog 类型,如果是另一种对话框,如 ParagraphDialog,也要放在屏幕中央,就必须另外编写一个函数:

```java
public static void toCenter(ParagraphDialog pd){
    System.out.println("计算屏幕数据");
    pd.show();
}
```

　　如果系统中有非常多种类的对话框,那将是一项繁重的工作。如果出现一种新的对话框,又必须增加函数。

　　◀▶注意

　　为多种对话框编写多个 toCenter 函数实际上是函数重载,这也是静态多态的"静态"特点，需要编写多个函数。

那么，是否可以编写一个函数为所有的对话框服务呢？学习了多态，读者自然地会想到 toCenter 的参数可以不是某一种特定的对话框，而只要是它们共同的父类即可。

```
public static void toCenter(Dialog dialog){
    System.out.println("计算屏幕数据");
    dialog.show();
}
```

这样就真正实现了"以不变应万变"的效果，以后不管出现什么样的对话框，该函数都能为其服务，只要该对话框是 Dialog 类的子类即可，大幅提高了程序的灵活性。

2. 函数的返回类型是父类类型，而实际返回的可以是子类对象

示例代码如下。

```
…
public class Main {
    public static Dialog fun(){
        return new FontDialog();
    }
    public static void main(String[] args){
        Dialog dialog = fun();
        dialog.show();
    }
}
```

在 fun 方法中返回的是父类类型，而实际返回的是子类对象。当然，主函数中 dialog 调用的也是子类对象的 show 方法。

可以看出，在 main 函数中根本没有 FontDialog 类的痕迹，main 函数仅仅需要认识 Dialog 类就能够调用 Dialog 的所有不同子类的函数，而不需要知道这些函数是怎么实现的。如果 fun 函数中返回的对象由 FontDialog 改为 ParagraphDialog，main 函数不需要做任何修改。

6.3.3　父类和子类对象的类型转换

在多态的情况下，父类和子类之间的转换需要注意以下问题。

1. 子类类型对象转换成父类类型

根据多态原理，子类对象无须转换就可以赋值给父类引用，示例代码如下。

```
Dialog dialog = new FontDialog();
```

2. 父类类型对象转换成子类类型

严格来讲，父类类型对象无法转换成子类类型。例如，下面的代码是错的。

```
Dialog dialog = new Dialog();
FontDialog fd = dialog;
```

但是有一种特殊情况，如果父类类型对象原来就是某一种子类类型的对象，则可以转换成相应的子类类型对象，此时使用强制转换即可，示例代码如下。

```
Dialog dialog = new FontDialog();
FontDialog fd = (FontDialog)dialog;
```

◀)) 问答

问：如何知道一个对象是什么类型的？

答：可以使用 instanceof 操作符进行判断，格式为"对象名 instanceof 类名"，示例代码如下。

Main. java

```
package poly3;
class Dialog {
    public void show(){
        System.out.println("Dialog.show()");
    }
}
class FontDialog extends Dialog{
    public void show(){
        System.out.println("FontDialog.show()");
    }
}
public class Main {
    public static void main(String[] args){
        Dialog dialog1 = new Dialog();
        Dialog dialog2 = new FontDialog();
        FontDialog dialog3 = new FontDialog();
        System.out.println(dialog1 instanceof FontDialog);
        System.out.println(dialog2 instanceof Dialog);
        System.out.println(dialog2 instanceof FontDialog);
        System.out.println(dialog3 instanceof Dialog);
        System.out.println(dialog3 instanceof FontDialog);
    }
}
```

运行代码，控制台打印结果如图 6-11 所示。

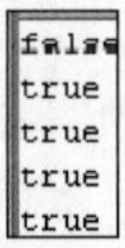

图 6-11　判断对象的实际类型

读者可以自行分析。

6.4　抽象类和接口

6.4.1　抽象类

首先观察前文实现多态的一个示例，代码如下。

Main. java

```java
package abstract1;
class Dialog {
    public void show(){
        System.out.println("Dialog.show()");
    }
}
class FontDialog extends Dialog{
    public void show(){
        System.out.println("FontDialog.show()");
    }
}
public class Main {
    public static void toCenter(Dialog dialog){
        System.out.println("计算屏幕数据");
        dialog.show();
    }
    public static void main(String[] args){
        FontDialog fd = new FontDialog();
        toCenter(fd);
    }
}
```

运行代码，控制台打印结果如图 6-12 所示。

```
计算屏幕数据
FontDialog.show()
```

图 6-12　多态示例的结果

在 Dialog 和 FontDialog 中都包含了一个 show 函数，但是每次调用都是调用子类的 show 函数，父类的 show 函数似乎没有什么作用，能否去掉呢？

如果将父类中的 show 函数去掉，系统会报错，如图 6-13 所示。

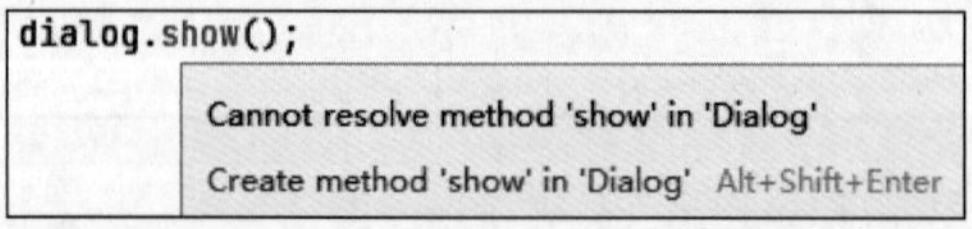

```
dialog.show();
    Cannot resolve method 'show' in 'Dialog'
    Create method 'show' in 'Dialog'   Alt+Shift+Enter
```

图 6-13　去掉父类中的 show 函数时系统报错

因此，父类的函数尽管没有调用，也必须写在那里。

子类的 show 函数是否可以去掉呢？ 在本例中，如果将子类的 show 函数去掉，则调用的是父类的 show 函数，如图 6-14 所示。

```
计算屏幕数据
Dialog.show()
```

图 6-14　去掉子类的 show 函数时的运行结果

显然，这不符合要求。

能否在父类中规定一个函数必须被重写，否则系统就会报错呢？

答案是能。可以将该函数定义为抽象函数，只需要在该函数定义前加上 abstract 即可，代码如下。

```
abstract class Dialog {
    public abstract void show();
}
```

这样,如果子类 FontDialog 没有重写该函数,系统将会报错,如图 6-15 所示。

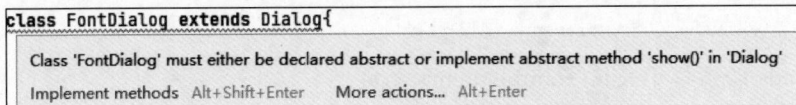

```
class FontDialog extends Dialog{
    Class 'FontDialog' must either be declared abstract or implement abstract method 'show()' in 'Dialog'
    Implement methods  Alt+Shift+Enter    More actions...  Alt+Enter
```

图 6-15 子类 FontDialog 没有重写函数时报错

含有抽象函数的类称为抽象类,抽象类必须用 abstract 修饰。

◀ꀯ注意

(1) 抽象类不能被实例化。例如上面的例子,"Dialog dlg=new Dialog();"是错误的。

(2) 抽象函数必须被重写,除非子类也是抽象类。

(3) 在抽象类中可以含有普通成员函数。

6.4.2 接口

在抽象类中可以含有普通成员函数,如果一个抽象类中的所有函数都是抽象的,也可以定义为接口(interface)。

在"继承接口"的情况下一般有另一种说法,叫"实现(implements)接口",子类也称为实现类。例如,上面的例子也可以写成如下代码。

Main. java

```
package interface1;
interface Dialog {
    public void show();
}
class FontDialog implements Dialog{
    public void show(){
        System. out. println("FontDialog.show()");
    }
}
public class Main {
    public static void toCenter(Dialog dialog){
        System. out. println("计算屏幕数据");
        dialog. show();
    }
    public static void main(String[] args){
        FontDialog fd = new FontDialog();
        toCenter(fd);
    }
}
```

◀ꀯ说明

(1) 接口中的方法不需要专门指明 abstract,系统默认其为抽象函数,在接口中只能包含常量和函数。

（2）接口中的成员函数默认都是 public 访问类型，成员变量默认是用 public static final 标识的，所以接口中定义的变量是全局静态常量。

（3）接口可以通过 extends 继承另一个接口，类通过关键字 implements 来实现一个接口。

（4）一个类可以在继承一个父类的同时实现一个或多个接口，多个接口用逗号隔开。格式如下。

```
class 子类 extends 父类 implements 接口 1,接口 2,…{}
```

关键字 extends 必须位于关键字 implements 之前。

6.5　其　　他

6.5.1　关键字 final

在 Java 中有时会遇到关键字 final。final 的应用如下。

1. 用 final 修饰一个类

该类不能被继承，示例代码如下。

```
final class FontDialog{}
```

2. 用 final 修饰一个函数

该类在被子类继承的情况下，show 函数不能被重写，示例代码如下。

```
class FontDialog{
    public final void show();
}
```

3. 用 final 修饰一个成员变量

该成员变量的值不允许被改变，即不允许重新赋值（哪怕是同一个值），因此一般用关键字 final 来定义一个常量，示例代码如下。

```
class Math{
    public final double PI = 3.145926;
}
```

注意

final 成员变量必须在声明时或在构造函数中显式赋值才能使用。一般情况下，在定义时就进行赋值。

6.5.2　Object 类

在 Java 中定义一个类时，如果没有用 extends 明确标明直接父类，那么该类默认继承 Object 类，因此 Object 类是所有类的父类，或者说 Java 中的任何一个类都是 Object 的子类。

在 Object 类中,常用 toString 和 equals 两个方法。

1. toString 方法

示例代码如下。

Customer. java

```java
package object;
public class Customer {
    private String name;
    public Customer(String name){
        this.name = name;
    }
    public static void main(String[] args){
        Customer cus = new Customer("张三");
        System.out.println(cus);
    }
}
```

运行代码,控制台打印结果如图 6-16 所示。

"System.out.println(cus);"打印的是一个对象,显示
的结果也很难看懂。

`object.Customer@de6ced`

图 6-16　Customer. java 的
　　　　　运行结果

如果需要在该代码运行时打印姓名,如何实现呢? 此时可以重写从 Object 继承的
toString 方法,代码如下。

Customer. java

```java
package object;
public class Customer {
    private String name;
    public Customer(String name){
        this.name = name;
    }
    public String toString(){
        return this.name;
    }
    public static void main(String[] args){
        Customer cus = new Customer("张三");
        System.out.println(cus);
    }
}
```

运行代码,控制台打印结果如图 6-17 所示。

"System.out.println(cus);"会自动调用其 toString
方法。

`张三`

图 6-17　重写继承的 toString
　　　　　方法的结果

2. equals 方法

如何判断两个 Customer 对象是否相等? 如果认为姓名相同就相等,用"=="可以实
现吗? 实际上,除非两个引用指向同一个对象,这两个引用用"=="判断才会相等,示例代
码如下。

Customer. java

```java
package object;
public class Customer {
    private String name;
    public Customer(String name){
        this.name = name;
    }
    public static void main(String[] args){
        Customer cus1 = new Customer("张三");
        Customer cus2 = new Customer("张三");
        System.out.println(cus1 == cus2);
    }
}
```

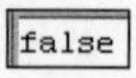

`false`

图 6-18　姓名相同的结果

运行代码，控制台打印结果如图 6-18 所示。

如果是自定义相等的条件，则需要重写从 Object 继承的 equals 方法，示例代码如下。

Customer. java

```java
package object;
public class Customer {
    private String name;
    public Customer(String name){
        this.name = name;
    }
    public boolean equals(Customer cus){
        if(name.equals(cus.name)){
            return true;
        }
        return false;
    }
    public static void main(String[] args){
        Customer cus1 = new Customer("张三");
        Customer cus2 = new Customer("张三");
        System.out.println(cus1.equals(cus2));
    }
}
```

运行代码，控制台打印结果如图 6-19 所示。

⏴注意

"if(name.equals(cus.name))"说明判断两个字符串相等也不能用"＝＝"，而用 equals 方法。

`true`

图 6-19　重写继承的 equals 方法的结果

6.6　工具的使用

6.6.1　将字节码打包发布

如果开发了一个项目，用户使用的将不是源代码，而是大量的 .class 文件。但是，大量的 .class 文件不好管理且占据空间，因此，在一般情况下将这些 .class 文件压缩成一个或若干文件，这个过程称为打包。

在 Java 中，可以使用 jar 命令打包，生成的包为.jar 文件。.jar 文件是一种压缩文件，当在另一个项目中导入这个.jar 文件之后，系统能够识别其中的类。

一般使用 jar 命令进行打包。对于该命令的详细信息，可以直接输入 jar 命令查看，如图 6-20 所示。

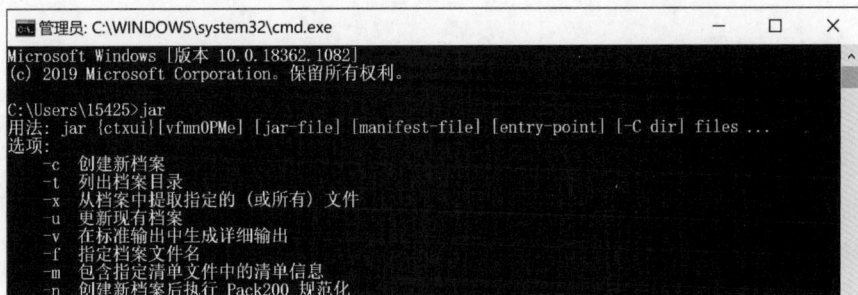

图 6-20　查看 jar 命令

下面讲解如何使用命令生成 jar 包。

例如，编写一个类 Customer，放在 C 盘的根目录中，代码如下。

Customer. java

```java
package object;
public class Customer {
    private String name;
    public Customer(String name){
        this. name = name;
    }
    public boolean equals(Customer cus){
        if(name. equals(cus. name)){
            return true;
        }
        return false;
    }
    public static void main(String[ ] args){
        Customer cus1 = new Customer("张三");
        Customer cus2 = new Customer("张三");
        System. out. println(cus1. equals(cus2));
    }
}
```

首先进行编译，如图 6-21 所示。

在 C 盘即生成一个目录，如图 6-22 所示。

C:\>javac -d . Customer. java

图 6-21　编译

object

图 6-22　在 C 盘生成一个目录

其中含有 Customer.class。接下来进行打包，如图 6-23 所示。

图 6-23　打包

在 C 盘的根目录下生成一个.jar 文件，如图 6-24 所示。

打包之后的.jar 文件如何使用？可以使用如图 6-25 所示的命令。

图 6-24　生成.jar 文件　　　　　图 6-25　使用.jar 文件

如果要将该.jar 文件解压缩，可以用 WinRAR 打开并解压缩；也可以用如图 6-26 所示的命令。

在 IDEA 中，对于该工作有比较简单的方法。

（1）单击项目菜单 File，选择 Project Structure，在弹出的窗口中选择 Artifacts，单击"＋"号，选择 JAR→Empty，如图 6-27 所示。

图 6-26　解压缩.jar 文件　　　　　图 6-27　选择 Add JAR 命令

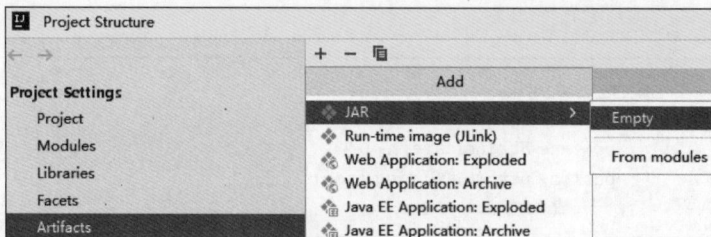

（2）修改 jar 包名字，单击 Output Layout 下的"＋"号，单击 File，选择要导出为 jar 包的.class 文件，如图 6-28 所示。

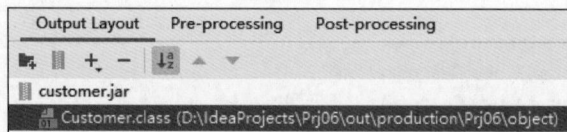

图 6-28　选择导出的.class 文件

（3）在项目菜单栏单击 Build，选择 Build Artifact，如图 6-29 所示。

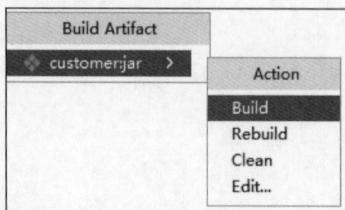

图 6-29　Build Artifact 窗口

（4）根据提示，在 Action 中选择 Build，即可完成打包，生成的 jar 包如图 6-30 所示。

如果要在另外一个项目中使用该 jar 包，应该如何实现呢？

在项目根目录下新建一个名为 lib 的文件夹，将该 jar 包复制到该文件夹下，如图 6-31 所示。

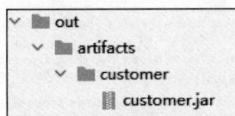

图 6-30　生成 jar 包 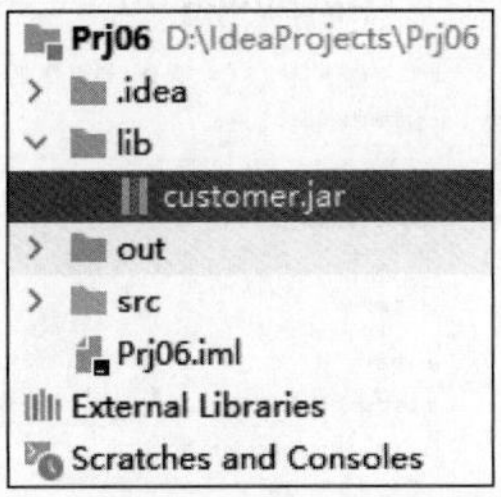　　　　　图 6-31　复制 jar 包到 lib 文件夹

右击复制的 jar 包，选择 Add as Library 命令，如图 6-32 所示。

选择后弹出如图 6-33 所示的对话框，单击 OK 按钮。

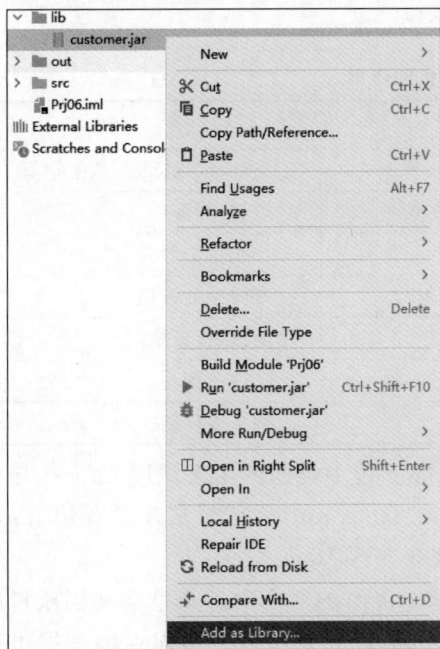

图 6-32　选择 Add as Library 命令 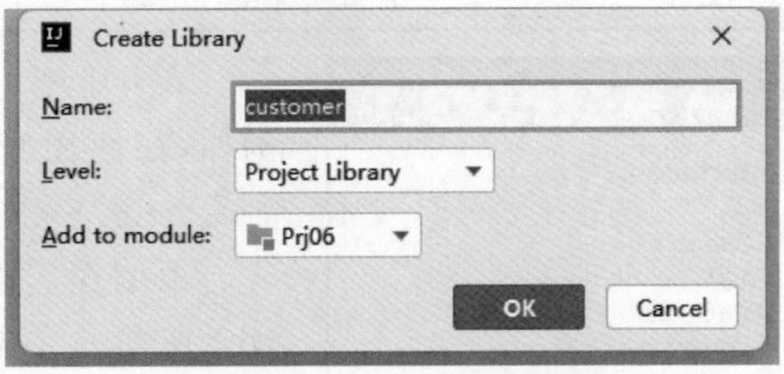　　　图 6-33　Create Library 对话框

此时已成功导入此 jar 包。

6.6.2　文档的使用

在开发过程中，文档的使用对于程序员来说非常重要，在本书后面章节的讲解中也将大量用到文档。在网上有大量的 Java 文档可以下载，最方便的是 CHM 格式的文档，本书使用如图 6-34 所示的文档。

双击即可打开文档，如图 6-35 所示。

图 6-34　本书使用的文档

在文档窗口列出了 Java SE 中的各包，这些包中的 API 是 Java SE 开发的基础，本书将重点围绕这些包进行讲解。其中，重要包的作用如表 6-1 所示。

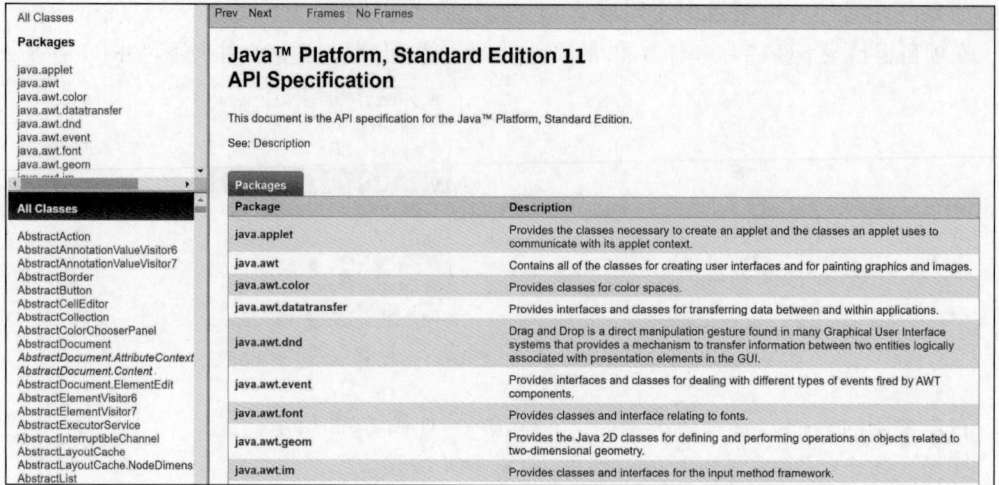

图 6-35　打开文档

表 6-1　JDK 中重要包的作用

包　名　称	内　　容	示　　例
java.lang	核心语言包，最基本的 API	System、Integer、数学运算
java.awt	抽象窗口工具包，生成图形用户界面	按钮、界面
java.awt.event	事件处理包	按钮单击事件
javax.swing	更加丰富的图形用户界面生成包	带图标的按钮
java.util	工具包	随机数、日期
javax.io	输入输出包	文件的读写
javax.net	网络编程支持包	网络的传输

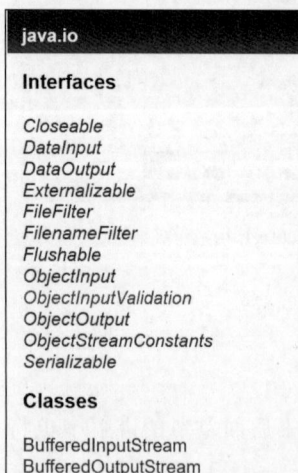

图 6-36　左下方窗口

表 6-1 中，java.lang 包中类的使用无须用 import 导入。例如，在使用"System.out.println()"时从来没有用 import java.lang.System 来导入 System 类。

本书在后面章节中讲解的所有内容都是从文档获得的。这主要是基于两点考虑，首先是让每个知识点都有据可查；其次是为了推行科学的学习方法。

打开文档，显示文档的常见窗口及其意义。在左上方窗口中显示了系统中所有的包，单击某个包的链接，则会在左下方显示该包中的所有类。例如，选择左上方窗口中的 java.io，则左下方窗口变为如图 6-36 所示。

右侧窗口显示了某个包或类的具体内容。对于包来说，一般可以观察其树形结构；对于类来说，一般观察其内容。在右侧窗口中有一个"树"（TREE）链接，可以显示某个包的树形结构。单击 TREE 链接，在右侧窗口中将会列出系统中所有的包，如图 6-37 所示。

任选一个包，就可以看到其树形结构。例如，单击 java.awt 包的链接，则显示的树形结构如图 6-38 所示。

图 6-37　单击 TREE 链接

```
o java.lang.Object
    o javax.accessibility.AccessibleContext
        o java.awt.Component.AccessibleAWTComponent (implements
            javax.accessibility.AccessibleComponent, java.io.Serializable)
            o java.awt.Button.AccessibleAWTButton (implements
                javax.accessibility.AccessibleAction, javax.accessibility.AccessibleValue)
            o java.awt.Canvas.AccessibleAWTCanvas
```

图 6-38　显示树形结构

　　另外，还可以查看一个类的基本内容。一般情况下，用户可以在左下方窗口中单击一个类的链接，则这个类的链接就显示在右侧窗口中。例如，选择 java.awt 包中的 Button 类（首先在左上方窗口中选择 java.awt，然后在左下方窗口中选择 Button），右侧窗口如图 6-39 所示。

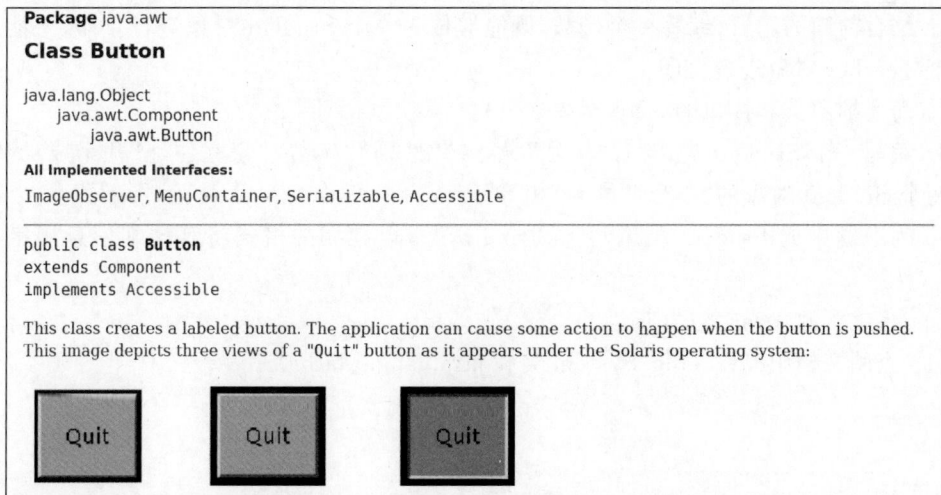

图 6-39　右侧窗口

　　在右侧窗口中首先列出了 Button 类的继承关系以及基本用法，用户可以在其中看到该类的成员，用如图 6-40 所示的标记标明。

构造函数用如图 6-41 所示的标记标明。

成员函数用如图 6-42 所示的标记标明。

Field Summary	*Constructor Summary*	*Method Summary*

图 6-40　标明类的成员　　　　图 6-41　标明构造函数　　　　图 6-42　标明成员函数

从父类继承的成员用如图 6-43 所示的标记标明。

Methods declared in class java.awt.Component

图 6-43　标明从父类继承的成员

读者可以仔细观察文档，根据一些链接得到自己所需要的内容。

习　题　6

1. 编写一个 Teacher 类，含有"职工号""姓名""性别""年龄""职称"几个成员变量，还含有一个打印详细资料的成员函数。

2. 编写一个 Student 类，含有"学号""姓名""性别""年龄""家庭住址"几个成员变量，还含有一个打印详细资料的成员函数。

3. 将上两题 Teacher 类和 Student 类中共同的内容编写为父类，让两个子类继承。

4. 在上题 Teacher 类和 Student 类的共同父类中，编写一个带参数的构造函数，然后在 Teacher 类和 Student 类中用 super 给父类构造函数传参数。

5. 某公司从另一个公司购买一个类，内包括 4 个功能：fun1、fun2、fun3、fun4。使用时，希望对类中的功能进行一定的修改，情况如下：将 fun1 功能替换成自己编写的功能；在 fun2 功能后面增加一个功能；将 fun3 功能屏蔽；fun4 功能保持原样。

6. 结合前面的题目，编写一个函数，既能够传入一个 Student 对象进行打印，又能够传入一个 Teacher 对象进行打印。

7. 简述抽象类和接口的区别（至少 3 个）。

8. 编写一个 Student 类，含有"学号""姓名""性别""年龄""家庭住址"几个成员变量。如果两个 Student 对象的"学号""姓名"相等，则认为相等，使用 equals 函数编写。

9. 为上题中的 Student 类编写 toString 函数，以漂亮的格式将其详细信息用字符串返回。

10. 将本章源代码打包发布。

11. 查阅文档中 java. lang. System 类和 java. lang. Math 类。

第 4 部分
工具 API

Java 异常处理

建议学时：2。

在软件开发中，程序语法没有错误，编译也能够通过，能否就说明软件没有任何问题了呢？答案是否定的。当一款软件产品交给客户之后，软件要在一个充满未知因素的环境中运行，而开发者不可能保证在开发的时候就能考虑到运行时的所有情况。假如一定要考虑所有情况，那么所开发的软件将无法在规定的时间交付。

Java 异常处理提供了一种机制，能够将程序运行过程中可能出现（能考虑到和无法考虑到）的问题"一网打尽"，并且在很安全的情况下得到处理。

7.1 认 识 异 常

7.1.1 生活中的异常

异常（exception）不仅仅出现在程序中，在人们的生活中也时有发生。

例如，极限滑板运动要求运动员在比赛的时候做出各种高难度的动作，如图 7-1 所示。这些炫目的动作往往令观众惊讶和欢呼，但有时候运动员难免会犯错误或遇到意外，这时候不仅完成不了比赛，甚至还可能受伤。这就是生活中遇到的"异常"。

生活中的异常多种多样，时刻都有可能发生，无从预测。但是，在生活中遇到异常之后往往都延续着下一个工作，那就是处理异常。

滑板运动员如遇意外受伤，会有医务人员对其进行包扎或送至医院治疗。他的滑板动作暂时停止。这就是处理异常的过程。

有趣的是，软件中的"异常"和生活中异常的出现机制、处理方法有很大的类似之处。

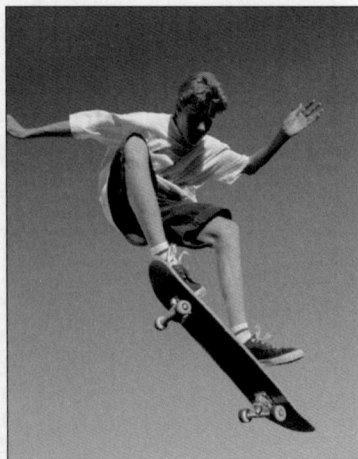

图 7-1　滑板运动

7.1.2 软件中的异常

这里以一个示例来引入异常。在计算器功能中可以进行一些常用的单位换算、算术运算等。

例如，编写一个程序，当用户输入一个圆的半径，则打印这个圆的面积，代码如下。

Calc1. java

```
package exception;
import javax.swing.JOptionPane;
public class Calc1 {
    public static void main(String[] args) {
        //半径输入框,返回字符串
        String str = JOptionPane.showInputDialog(null,"请您输入半径");
        /* 转换成 double */
        double r = Double.parseDouble(str);
        //计算
        double area = Math.PI * r * r;
        /* 打印结果 */
        System.out.println("该圆的面积是: " + area);
        System.out.println("程序运行完毕");
    }
}
```

运行程序，则出现如图 7-2 所示的输入框。

输入 10，则打印结果如图 7-3 所示。

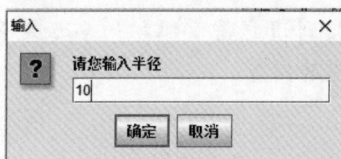

图 7-2　"输入"对话框

图 7-3　打印结果

以上程序能够打印正确结果，那么这个程序可以交给用户使用吗？

如果将这段程序比成滑板运动员，他在最正常的环境下可以做出炫目的动作，是不是就不用准备一些救护措施了呢？

很明显，正常环境下的正常发挥不代表放在大风大浪中也能表现良好。软件的风浪就是运行中的不确定因素。

例如，操作员在使用该软件时输入了如图 7-4 所示的内容（误将数字 0 输入为英文小写字母 o），单击"确定"按钮，程序打印结果如图 7-5 所示。

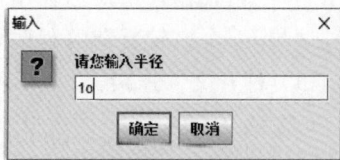

图 7-4　输入有误

图 7-5　输入有误时的打印结果

此时不但没有打印出圆的面积，而且程序根本没有运行到最后一行代码。

◀))问答

问：如何判断程序有没有运行到最后一行代码？

答：程序如果运行到最后一行代码，控制台会打印"程序运行完毕"。

问：从打印结果中能否判断是哪一行代码出现了问题？

答：可以，打印结果的最后一行显示 Calc1.java 的第 10 行产生了异常。Calc1.java 的第 10 行代码如下。

double r = Double.parseDouble(str);

又如，用户输入了正常数据 10，如图 7-6 所示，却单击了"取消"按钮，则控制台的打印结果如图 7-7 所示。

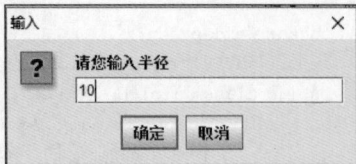

图 7-6　输入正常数据"10"

```
Exception in thread "main" java.lang.NullPointerException
        at sun.misc.FloatingDecimal.readJavaFormatString(Unknown Source)
        at java.lang.Double.parseDouble(Unknown Source)
        at exception.Calc1.main(Calc1.java:10)
```

图 7-7　同样有问题

同样没有打印出圆的面积，且程序并没有运行到最后一行代码。

当然，不能规定用户不要单击"取消"按钮，这也不现实。于是，该程序带来的结果是开发者不停地接到用户的维护电话。

🔊**经验**

维护是一件很累人的事情。试想，软件已经交付用户使用一段时间，原来开发软件的程序员已经接手其他的工作，而作为项目的组织者，接到用户需要维护的电话是多么束手无策。因此，在开发时应尽量考虑软件运行中可能出现的问题。

7.1.3　为什么要处理异常

前文中的程序在输入不正确格式的内容时发生了异常。

异常的出现是在程序编译通过的情况下，程序运行过程中出现一些突发情况造成的。如果任由异常出现而不予理会，则会给软件带来什么样的问题呢？

首先，没有给用户一个较为友好的界面。例如，用户不小心将 10 输成了 1o，此时应该提示用户"格式输入错误"，让用户重新输入，否则不能进行下一步操作。

试想，一个比较复杂的程序，要经历以下流程：

（1）打开文件连接。

（2）读文件。

（3）将文件中的字符串转换为数值。

（4）关闭文件。

如果在步骤（3）出现异常，则该文件的关闭不被执行，那么文件就一直处于打开状态，无法被其他程序使用。

7.1.4　异常的机理

要处理异常，首先必须清楚异常的机理。

异常是以什么机理出现的呢？观察前文异常出现的"症状"，其内容可以标示成如图 7-8 所示。

从打印结果中可以看出：

```
Exception in thread "main" java.lang.NumberFormatException: For input string: "1o"
        at sun.misc.FloatingDecimal.readJavaFormatString(Unknown Source)
        at java.lang.Double.parseDouble(Unknown Source)
        at exception.Calc1.main(Calc1.java:10)
```

图 7-8　出现异常

（1）异常类型为 java.lang.NumberFormatException。查看文档，找到该类，文档中非常详细地说明了该异常出现的原因，如图 7-9 所示。

```
Thrown to indicate that the application has attempted to convert a string to
one of the numeric types, but that the string does not have the appropriate
format.
```

图 7-9　异常出现的原因

翻译成中文是当你将一个不是数值格式的字符串转换成数值时出现该异常。

（2）异常的消息。显示了不能转换成数值的内容是 1o。

（3）异常出现的位置。显示了 3 行信息。特别是最后一行显示了在 Calc1.java 的第 10 行发生了异常。

◁)) 特别提醒

一般读者认为最后一行才显示异常出现的位置，实则不然。

在 Calc1 中的第 10 行调用了 Double.parseDouble(str) 函数，将 str（也就是 1o）传给了 parseDouble 函数，该函数在底层又调用了其他函数，实际上异常是在最底层产生的。

可以看出，异常首先在 sun.misc.FloatingDecimal.readJavaFormatString 中产生，然后传给 java.lang.Double.parseDouble，最后传给 exception.Calc1.main。

因此，当系统底层出现异常时，实际上是将异常用一个对象包装起来，传给调用方（客户端），俗称抛出（throw）。

例如，在程序里面发生了数字格式异常，这个异常在底层就被包装成为 java.lang.NumberFormatException 对象，由 sun.misc.FloatingDecimal.readJavaFormatString 抛给 java.lang.Double.parseDouble，然后抛给 exception.Calc1.main。

◁)) 经验

如果在测试过程中程序出现异常信息，可以首先查看异常的种类，根据文档查询该种异常出现的原因。然后查看异常消息和异常出现的位置，这样则可以顺利地解决编程中出现的问题。

7.1.5　常见异常

异常类一般都是 Exception 的子类，类名以 Exception 结尾。在 JDK 的每一个包中都几乎定义有一些异常，在以后的学习以及开发中，如果程序出错，建议通过提示信息在文档中查找异常原因。

例如，NullPointerException 是一种比较常见的异常，称为"未分配内存异常"。通常一个对象需要用 new 来分配内存，如果在没有分配内存的情况下访问，则会抛出这种异常，代码如下。

NullPointerTest1.java

```
package exception;
```

```
public class NullPointerTest1 {
    private static int[] arr;
    public static void main(String[] args) {
        arr[0] = 10;
    }
}
```

运行代码，结果如图 7-10 所示。

```
Exception in thread "main" java.lang.NullPointerException
        at exception.NullPointerTest1.main(NullPointerTest1.java:6)
```

图 7-10   出现异常

在文档中找到 java.lang.NullPointerException，查看其原因：当应用程序试图在需要对象的地方使用 null 时抛出该异常。结合前面的程序，发现原因是 arr 没有用 new 分配内存。代码修改如下，则不会出现异常。

NullPointerTest2. java

```
package exception;

public class NullPointerTest2 {
    private static int[] arr = new int[3];
    public static void main(String[] args) {
        arr[0] = 10;
    }
}
```

以上叙述了 NullPointerException 的发生原因以及解决方法。下面总结一些常见的异常及其发生的原因。

（1）ArithmeticException：算术异常，如除数为 0。

（2）ArrayIndexOutOfBoundsException：数组越界异常。

（3）ArrayStoreException：数组存储异常。

（4）ClassCastException：类型转换异常。

（5）IllegalArgumentException：无效参数异常。

（6）NegativeArraySizeException：数组尺寸为负异常。

（7）NullPointerException：未分配内存异常。

（8）NumberFormatException：数字格式异常。

（9）StringIndexOutOfBoundsException：字符串越界异常。

异常出现之后可以通过查看文档来了解其发生的原因，但是了解原因并不是最终目的，为了保证系统的正常运行，将异常进行处理才是我们所需要的。

7.2   异常的就地捕获

7.2.1   就地捕获

在前文所举示例中，如果滑板运动员受伤，对他救助的方法有两种，即现场救助和送至医院救助。其中,现场救助类似于"就地捕获",也可以理解为"在模块内部解决"。

当异常出现时,如何处理才能让界面更加友好、系统更加安全?

当程序出现异常时,程序跳转到一段处理程序,就好像滑板运动员受伤时,马上启动救助措施一样。如果滑板运动员没有受伤,同样要做好救助准备,只是不采取救助措施。

在编程时也要准备一段处理异常的代码。当程序发生异常时,则执行处理异常的代码,如果没有异常,则不执行。

这就是异常的就地捕获(catch)。当程序发生异常时系统捕获异常,执行异常处理代码。

7.2.2 就地捕获异常

那么,如何就地捕获异常呢? 其具体过程如下。

(1) 将可能出现异常的代码用 try 块包起来。

(2) 捕获异常并处理异常用 catch 块包起来。

(3) 不管异常是否出现都要运行的代码,用 finally 块包起来。

其格式如下。

```
try{
    /＊可能出现异常的代码＊/
}
catch(Exception1 ex1){
/＊捕获异常并处理异常＊/
}
finally{
    /＊不管异常是否出现都要运行的代码＊/
}
```

◀))特别提醒

Java 规定,在一个 try 块后面必须至少接一个 catch 块,可以不接 finally 块,但是最多只能有一个 finally 块。

此时,代码的运行机制变为当 try 块中的程序出现异常时,try 块中剩余的内容不执行,执行 catch 块,最后执行 finally 块,其机理如下。

```
try{
    代码 1
    …
    代码 2 出现异常,后面的代码 3 将不被执行,执行代码 4
    代码 3
}
catch(Exception1 ex1){
    执行代码 4 之后执行代码 5
}
finally{
    执行代码 5 之后执行代码 6
}
代码 6
```

因此，9.1 节中访问文件的例子也可以修改为

```
try{
    1: 打开文件连接
    2: 读文件
    3: 将文件中的字符串转换为数值
}catch(Exception1 ex1){
    /*处理异常*/
}finally{
    4: 关闭文件
}
```

如果在第 3 步出现异常，则执行该文件的关闭，保证了程序的安全性。

🔊经验

try-catch 有时可以帮助程序控制流程。例如，客户输入一个圆的半径，打印圆的面积。如果出现格式异常，程序则不断提示用户重新输入，直至输入正确为止，可以用以下流程实现。

```
while(true){
    try{
        //输入
        //转换
        //计算,显示结果
        break;
    }catch(Exception ex){
        //提示错误信息
    }
}
```

如果出现异常，不执行 try 块中的"break;"语句，循环会进入下一次，重新输入。

7.2.3 多种异常

代码中出现的异常可能会有很多种类，例如 Java 中常见的未分配内存异常、未找到文件异常等。如何尽可能地捕获程序中可能出现的异常呢？

利用 try 块后面接多个 catch 块，每个 catch 块用于捕获某种异常。当 try 块中出现异常时，程序将在 catch 块中寻找是否有相应的异常处理代码，有则执行异常处理。如果想让代码处理所有可能预见的异常，可以用以下方法。

```
try{
    /*可能出现异常的代码*/
}
catch(可预见的 Exception1 ex1){
    /*处理 1*/
}
catch(可预见的 Exception2 ex2){
    /*处理 2*/
}
...
finally{
    //可选
}
```

此时，该代码的机制变为：

当 try 块内的代码出现异常时，程序在 catch 块内寻找匹配的异常 catch 块进行处理，然后执行 finally 块。

以前文打开文件的代码为例，可以修改如下。

```
try{
    1：打开文件连接
    2：读文件
    3：将文件中的字符串转换为数值
}
catch(文件型异常 ex1){
    /＊处理文件型异常＊/
}
catch(字符串转换型异常 ex2){
    /＊处理字符串转换型异常＊/
}
finally{
    4：关闭文件
}
```

◀》问答

问：由于系统的复杂性，此时能够预见的异常有文件型异常和字符串转换型异常，还有无法预见的异常，怎样将异常"一网打尽"呢？

答：在异常处理机制中可以加入一个 catch 块来处理其他不可预见的异常，代码如下。

```
try{
    1：打开文件连接
    2：读文件
    3：将文件中的字符串转换为数值
}catch(文件型异常 ex1){
    /＊处理文件型异常＊/
}catch(字符串转换型异常 ex2){
    /＊处理字符串转换型异常＊/
}catch(Exception ex){
    /＊处理其他不可预见的异常＊/
}finally{
    4：关闭文件
}
```

◀》特别提醒

catch(Exception ex) 必须写在 catch 块的最后一个，以保证只有前面无法处理的异常才被这个块处理。

于是，计算圆面积的案例的代码修改如下。

Calc2. java

```
package exception;
import javax.swing.JOptionPane;
public class Calc2 {
    public static void main(String[] args) {
```

```
        //用 try 块将可能出现异常的代码包起来
        try{
            String str = JOptionPane.showInputDialog(null, "请您输入半径");
            double r = Double.parseDouble(str);
            double area = Math.PI * r * r;
            System.out.println("该圆的面积是: " + area);
        }
        //处理 NumberFormatException
        catch(NumberFormatException ex){
            System.out.println("格式错误");
        }
        //处理其他不可预见的异常
        catch(Exception ex){
            System.out.println("转换不成功");
        }
        finally{
            System.out.println("程序运行完毕");
        }
    }
}
```

运行程序，输入 10 则打印正确结果。如果用户不小心输入了
无法转换成数值的字符串，如 1o，结果如图 7-11 所示。

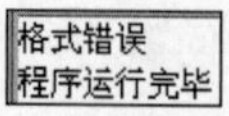

该界面友好，并能够在 catch 块中处理异常。

格式错误
程序运行完毕

图 7-11　输入了错误的内容

经验

对于以上代码有两点注意事项。

（1）将大量代码放入 try 块虽然可以保证安全性，但是系统开销较大，程序员务必在系统开销和安全性之间找到一个平衡。

（2）以上代码的 catch 块中是简单的打印提示信息。在实际系统中，用户要根据实际需求来使用不同的异常处理方法。

7.2.4　用 finally 保证安全性

在异常处理过程中，finally 块是可选的，是为了更大程度地保证程序的安全性。不管前面是否发生了异常，finally 块中的代码都会执行。

不过，细心的读者会发现其中隐含着另一个问题——finally 块似乎是可有可无的。

以计算器案例为例，代码如下。

Calc3. java

```
package exception;
import javax.swing.JOptionPane;
public class Calc3 {
    public static void main(String[] args) {
        //用 try 块将可能出现异常的代码包起来
        try{
            String str = JOptionPane.showInputDialog(null, "请您输入半径");
            double r = Double.parseDouble(str);
            double area = Math.PI * r * r;
            System.out.println("该圆的面积是: " + area);
```

```
        }
        catch(Exception ex){
            System.out.println("转换不成功");
        }
        finally{
            System.out.println("程序运行完毕");
        }
    }
}
```

运行程序,分别输入 10 和 1o,不管程序是否出现异常,运行结果都为"程序运行完毕"。如果将代码修改为

Calc4. java

```
package exception;
import javax.swing.JOptionPane;
public class Calc4{
    public static void main(String[] args) {
        //用 try 块将可能出现异常的代码包起来
        try{
            String str = JOptionPane.showInputDialog(null, "请您输入半径");
            double r = Double.parseDouble(str);
            double area = Math.PI * r * r;
            System.out.println("该圆的面积是: " + area);
        }
        catch(Exception ex){
            System.out.println("转换不成功");
        }
        System.out.println("程序运行完毕");
    }
}
```

运行程序,分别输入 10 和 1o,不管程序是否出现异常,运行结果都为"程序运行完毕"。

在这种情况下有 finally 块和没有 finally 块的结果是一样的,难道 finally 块是可有可无的?

当然不是,finally 块最大的特点就是在 try 块内即使跳出了代码块,甚至跳出了函数,finally 块内的代码仍然能够运行。

为了说明这个问题,观察以下代码。

FinallyTest1. java

```
package exception;
public class FinallyTest1 {
    public static void main(String[] args) {
        try {
            System.out.println("连接文件,读取文件");
            /* 跳出函数 */
            return;
        } catch (Exception ex) {
            System.out.println("处理异常");
        } finally {
```

```
            System.out.println("关闭文件");
        }
    }
}
```

该代码在 try 块内包含了一个 return 语句。运行程序，控制台打印结果如图 7-12 所示。如果将代码修改为

FinallyTest2. java

```
package exception;

public class FinallyTest2 {
    public static void main(String[] args) {
        try {
            System.out.println("连接文件,读取文件");
            /* 跳出函数 */
            return;
        } catch (Exception ex) {
            System.out.println("处理异常");
        }
        System.out.println("关闭文件");
    }
}
```

运行代码，运行结果如图 7-13 所示。

```
连接文件，读取文件
关闭文件
```

```
连接文件，读取文件
```

图 7-12　FinallyTest1. java 的运行结果　　　　图 7-13　FinallyTest2. java 的运行结果

"关闭文件"将不会打印，这说明 finally 块在保证系统的可靠性方面并不是可有可无的。因此，为了系统的安全考虑，必须充分利用 finally 块的优势。

7.3　异常的向前抛出

7.3.1　向前抛出

滑板运动员受伤之后，除了就地救治之外，还可以送往医院，让另一个机构——医院来救治。同样，复杂的软件可能由很多模块构成，模块之间存在着复杂的调用关系。当某个模块发生异常时，可以不在模块内处理异常，而是将异常抛给这个模块的调用方。

　👉经验

程序中的异常是就地处理比较好还是向客户端传递比较好？此时要遵循下列原则。

(1) 就地处理方法可以很方便地定义提示信息，对于一些比较简单的异常处理可以选用。

(2) 向客户端传递的方法的优势在于可以充分发挥客户端的能力。如果异常的处理依赖于客户端，或某些处理过程在本地无法完成，必须向客户端传递。如数据库连接代码可能出现异常，但是异常的处理最好传递给客户端，因为客户端在调用这块代码的同时可能要根

据实际情况进行比较复杂的处理。

7.3.2 向前抛出的方法

向前抛出的方法如下。

（1）为需要将异常向前抛出的函数加上一个标记，即 throws XXXException，表示可能向前抛出某种异常，例如：

```java
public void fun() throws NullPointerException {
    //该函数如出现 NullPointerException 则向前抛出
}
```

如果抛出多种异常，各种异常用逗号隔开，例如：

```java
public void fun() throws NullPointerException, NumberFormatException{
    //该函数如出现 NullPointerException 或 NumberFormatException 则向前抛出
}
```

如果抛出所有类型的异常可以写 throws Exception，例如：

```java
public void fun() throws Exception {
    //该函数如出现异常则向前抛出
}
```

（2）客户端可以就地处理，也可以继续抛出。其中，就地处理的代码框架如下。

```java
try{
    /*调用 fun()*/
    fun();
}catch(Exception ex1){
    /*处理异常*/
}finally{
    /*可选*/
}
```

于是，计算圆的面积案例的代码修改如下。

Calc5. java

```java
package exception;
import javax.swing.JOptionPane;
public class Calc5 {
    //该函数中如果出现异常则向前抛出
    public static void calcArea() throws Exception{
        String str = JOptionPane.showInputDialog(null, "请您输入半径");
        double r = Double.parseDouble(str);
        double area = Math.PI * r * r;
        System.out.println("该圆的面积是：" + area);
    }
    public static void main(String[] args) {
```

```
        //用 try 块将可能出现异常的代码包起来
        try{
            calcArea();
        }
        //处理 NumberFormatException
        catch(NumberFormatException ex){
            System.out.println("格式错误");
        }
        //处理其他不可预见的异常
        catch(Exception ex){
            System.out.println("转换不成功");
        }
        finally{
            System.out.println("程序运行完毕");
        }
    }
}
```

分别输入正常数据，如 10，以及错误数据，如 1o，可以得到相应的结果。

🔊**问答**

问：模块向前抛出异常，客户端可否不捕获？

答：可以。客户端可以选择继续将异常向前抛。如将 Calc5.java 修改为 Calc6.java。

Calc6.java

```
package exception;
import javax.swing.JOptionPane;
public class Calc6 {
    //如果该函数中出现异常，则向前抛出
    public static void calcArea() throws Exception{
        String str = JOptionPane.showInputDialog(null, "请您输入半径");
        double r = Double.parseDouble(str);
        double area = Math.PI * r * r;
        System.out.println("该圆的面积是: " + area);
    }
    public static void main(String[] args) throws Exception{
        calcArea();
    }
}
```

在该代码中，main 函数将异常继续向前抛出（给控制台打印）。

🔊**问答**

问：客户端可以既不将异常向前抛出，也不捕获吗？

答：如果原来的函数抛出的异常类型是 RuntimeException 的子类，则可以，代码如下。

Calc7.java

```
package exception;
import javax.swing.JOptionPane;
public class Calc7 {
    //如果该函数中出现异常，则向前抛出
    public static void calcArea() throws NumberFormatException{
        String str = JOptionPane.showInputDialog(null, "请您输入半径");
```

```
    double r = Double.parseDouble(str);
    double area = Math.PI * r * r;
    System.out.println("该圆的面积是: " + area);
}

public static void main(String[] args){
    calcArea();
}
}
```

因为 NumberFormatException 是 RuntimeException 的子类(可以查询文档),所以此时不会报错。不过,实际效果相当于 main 函数将其向前抛。

如果代码修改如下,则会报错。

Calc8. java

```
package exception;
import javax.swing.JOptionPane;
public class Calc8 {
    //如果该函数中出现异常,则向前抛出
    public static void calcArea() throws Exception{
        String str = JOptionPane.showInputDialog(null, "请您输入半径");
        double r = Double.parseDouble(str);
        double area = Math.PI * r * r;
        System.out.println("该圆的面积是: " + area);
    }

    public static void main(String[] args){
        calcArea();                    //此处报错: Unhandled exception type Exception
    }
}
```

📢**经验**

有时候调用某个函数或实例化某个对象会报错,代码如下。

ThrowsTest1. java

```
package exception;
public class ThrowsTest1 {
    public static void main(String[] args){
        //程序休眠 1 秒
        Thread.sleep(1000);            //报错
    }
}
```

"Thread.sleep(1000);"在底层定义时为可能抛出异常形态。查看文档 Thread 类会发现 sleep 函数定义如图 7-14 所示。

```
public static void sleep(long millis) throws InterruptedException
```

图 7-14　sleep 函数的定义

而 InterruptedException 不是 RuntimeException 的子类，因此该代码必须修改如下。

ThrowsTest2. java

```java
package exception;
public class ThrowsTest2 {
    public static void main(String[] args) throws InterruptedException{
        //程序休眠 1 秒
        Thread. sleep(1000);
    }
}
```

或者

ThrowsTest3. java

```java
package exception;
public class ThrowsTest3 {
    public static void main(String[] args) {
        //程序休眠 1 秒
        try {
            Thread. sleep(1000);
        } catch (InterruptedException e) {
            e. printStackTrace();
        }
    }
}
```

"e. printStackTrace();"是打印异常信息。

7.4 自定义异常

7.4.1 自定义异常的意义

异常的处理可以让软件界面更加友好，并且更加安全，但是异常的作用远不仅于此。

以计算圆的面积案例为例，如果输入错误的格式，例如 1o、dsf 等，用前面学习的异常处理技术可以让系统界面更加友好。

但是，为了减少错误输入的次数，不仅要保存异常消息，还需要保存异常发生的时间。那么，如何实现呢？利用传统方法实现的代码如下。

Calc9. java

```java
package exception;
import java. util. Date;
import javax. swing. JOptionPane;
public class Calc9 {
    //如果该函数中出现异常,则向前抛出
    public static void calcArea() throws Exception{
        String str = JOptionPane. showInputDialog(null, "请您输入半径");
        double r = Double. parseDouble(str);
        double area = Math. PI * r * r;
```

```
            System.out.println("该圆的面积是：" + area);
        }
        public static void main(String[] args) {
            try{
                calcArea();
            }
            catch(Exception ex){                    //处理异常
                System.out.println("发生了异常");
                System.out.println("时间为:" + new Date());
            }
        }
    }
```

注意

java.util.Date 封装了系统的当前时间，这将在后面的章节详细讲解。

运行程序，用户输入错误格式的半径，如图 7-15 所示。

单击"确定"按钮，控制台打印结果如图 7-16 所示。

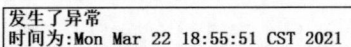

图 7-15 输入错误格式的半径　　　　图 7-16 输入错误格式半径时的运行结果

从专业角度而言，我们更希望将异常消息和异常时间封装在一个新的异常对象里面。如果那样，相当于给了异常更加丰富的功能，如果以后用户要在异常出现的时候保存其他内容，则直接封装在异常内部。

自定义异常可以帮助实现这个功能。

7.4.2　自定义异常的使用方法

自定义异常及其使用方法如下。

（1）建立一个自定义异常类，继承 Exception，在里面封装需要封装的信息。例如，上面的例子可以建立 InputException 类，代码如下。

InputException. java

```
package exception;
import java.util.Date;

public class InputException extends Exception{
    private Date date;
    public InputException (String message, Date date){
        super(message);
        this.date = date;
    }
    public Date getDate(){
        return this.date;
    }
}
```

```
}
```

经验

自定义异常类并不是一定要继承 Exception，也可以继承 Exception 的子类，还可以继承 java. lang. Throwable，只是继承 Exception 是最常用的方法。

super(message)是初始化父类构造函数。在 Exception 类的文档中可以发现它有一个构造函数，如图 7-17 所示。此处实际上是调用这个构造函数。

`public Exception(String message)`

图 7-17　构造函数

（2）在可能发生异常的函数后面添加 throws XXXException。例如，calcArea 函数可以修改如下。

```
public static void calcArea() throws InputException{
    // …
}
```

（3）在可能抛出异常的函数内实例化异常对象，用关键字 throw 抛出。例如，在 calcArea 函数中可以在输入不正常时，用以下语句抛出异常对象。

```
public static void calcArea() throws InputException{
    try{
        String str = JOptionPane. showInputDialog(null, "请您输入半径");
        double r = Double. parseDouble(str);
        double area = Math. PI * r * r;
        System. out. println("该圆的面积是: " + area);
    }catch(Exception ex){
        InputException ie =
            new InputException("发生了异常", new Date());
        //抛出该异常对象
        throw ie;
    }
}
```

（4）在调用方用 try-catch 捕捉异常对象，代码如下。

```
try{
    calcArea();
}catch(InputException ie){
    System. out. println(ie. getMessage());
    System. out. println("时间为:" + ie. getDate());
}
```

具体结构可见以下代码。

Calc10. java

```
package exception;
import java.util.Date;
import javax.swing.JOptionPane;
```

```
public class Calc10 {
    //如果该函数中出现异常,则向前抛出
    public static void calcArea() throws InputException{
        try{
            String str = JOptionPane. showInputDialog(null, "请您输入半径");
            double r = Double.parseDouble(str);
            double area = Math. PI * r * r;
            System. out. println("该圆的面积是: " + area);
        }catch(Exception ex){
            InputException ie =
                new InputException("发生了异常",new Date());
            //抛出该异常对象
            throw ie;
        }
    }
    public static void main(String[ ] args) {
        try{
            calcArea();
        }
        //处理异常
        catch(InputException ie){
            System. out. println(ie.getMessage());
            System. out. println("时间为:" + ie.getDate());
        }
    }
}
```

运行程序,运行结果完全相同。

习　题　7

1. 在网上搜索且结合文档,简述 Exception(异常)和 Error(错误)的区别。

2. 结合文档,完成以下要求。

(1) 编写一个程序,能够抛出 ArithmeticException。

(2) 编写一个程序,能够抛出 ArrayIndexOutOfBoundsException。

(3) 编写一个程序,能够抛出 ClassCastException。

(4) 编写一个程序,能够抛出 StringIndexOutOfBoundsException。

3. 编写一个评分系统,功能如下。

用 JOptionPane 输入 10 个 double 数值,分别是 10 个评委的亮分。如果输入的内容无法转换为 double,则重新出现输入框,并且在输入框上面显示"对不起,您输入的格式有误,请您重新输入"。最后显示最高分、最低分和平均分。

注意:用异常处理来解决格式的问题。

4. 有一个 try-catch-finally 块放在 for 循环内,如果 try 块内跳出该循环,finally 块是否会执行? 试编程举例。

5. 简述 Java 中关键字 throw 和 throws 的区别。

6. 有一个 Customer 类,包含一个 age 成员(int 类型),用 setAge 方法给 age 赋值。代

码如下。

```
class Customer{
    private int age;
    public void setAge(int age){
        this.age = age;
    }
}
```

要求完善代码，在 setAge 时，如果参数不在 0～100 范围内，则抛出一个自定义异常。

第 8 章

Java 常用 API

扫一扫

视频讲解

建议学时：2。

Java API 是 Java 程序中内置的一些类，在进行 Java 开发时经常需要使用。本章将讲解数值运算、字符串处理、数据类型转换和 Java 的集合框架。

本章重点讲解 java.lang 包和 java.util 包，其中 java.lang 包中的类在默认情况下是不用导入的。

8.1 数 值 运 算

8.1.1 用 Math 类实现数值运算

数值运算所用到的是 java.lang.Math 类。以下重点讲解 Math 类的用法。

Math 类提供了大量的方法来支持各种数学运算及其他有关运算。打开文档，找到 java.lang.Math 类，会发现这个类没有可用的构造函数。在这种情况下，这个类的成员函数一般用静态方法的形式对外公布，因此可以调用里面的静态函数或者访问静态变量。其主要功能如下。

（1）自然对数 e。

```
public static final double E = 2.718281828459045d
```

（2）圆周率。

```
public static final double PI = 3.141592653589793d
```

（3）计算绝对值。

```
public static double abs(double/float/int/long a)
```

（4）不小于一个数字的最小整数。

```
public static double ceil(double a)
```

（5）不大于一个数字的最大整数。

```
public static double floor(double a)
```

（6）两个数中的较大者。

```
public static double max(double/float/int/long a,double/float/int/long b)
```

（7）两个数中的较小者。

public static double min(double/float/int/long a,double/float/int/long b)

（8）开平方。

public static double sqrt(double a)

（9）求一个弧度值的正弦。

public static double sin(double a)

（10）求一个弧度值的余弦。

public static double cos(double a)

（11）求一个弧度值的正切。

public static double tan(double a)

（12）弧度转角度（180°等于 PI 弧度）。

public static double toDegrees(double angrad)

（13）角度转弧度。

public static double toRadians(double angdeg)

◀》**注意**

我们不可能列出所有的 API，因此比较好的学习方法是遇到问题去查文档。

这里使用一个案例进行测试，代码如下。

MathTest. java

```java
package math;
public class MathTest {
    public static void main(String[] args) {
        System.out.println("e = " + Math.E);
        System.out.println("pi = " + Math.PI);

        System.out.println("abs( - 12) = " + Math.abs( - 12));
        System.out.println("ceil( - 2.3) = " + Math.ceil( - 2.3));
        System.out.println("floor(2.3) = " + Math.floor(2.3));

        System.out.println("max(1,2) = " + Math.max(1,2));
        System.out.println("min(1,2) = " + Math.min(1,2));

        System.out.println("sqrt(16) = " + Math.sqrt(16));

        System.out.println("sin(PI) = " + Math.sin(Math.PI));
        System.out.println("cos(PI) = " + Math.cos(Math.PI));
        System.out.println("tan(PI) = " + Math.tan(Math.PI));

        System.out.println("弧度 PI 对应的角度是: " + Math.toDegrees(Math.PI));
        System.out.println("角度 180°对应的弧度是: " + Math.toRadians(180));
    }
}
```

运行代码,控制台打印结果如图 8-1 所示。

```
e=2.718281828459045
pi=3.141592653589793
abs(-12)=12
ceil(-2.3)=-2.0
floor(2.3)=2.0
max(1,2)=2
min(1,2)=1
sqrt(16)=4.0
sin(PI)=1.2246467991473532E-16
cos(PI)=-1.0
tan(PI)=-1.2246467991473532E-16
弧度PI对应的角度是: 180.0
角度180度对应的弧度是: 3.141592653589793
```

图 8-1　MathTest.java 的运行结果

◄))注意

sin(PI)和 tan(PI)从理论上讲等于 0,但是在打印中发现它们是一个和 0 非常接近的数值,这是由于离散化计算时所造成的误差引起的。

8.1.2　实现随机数

随机数在程序设计中非常重要。例如,飞机向一个随机的位置投放炸弹,系统产生一个随机的颜色,等等。那么,如何产生随机数呢?

在 Java 中产生随机数一般有以下两种方法。

1. 使用 Math 类的 random()方法

在 Math 类中有一个 random()方法,其作用是生成一个 0~1 的 double 随机数。

如果需要生成更大范围的随机数,可以将 Math.random()方法返回的随机数放大,示例代码如下。

RandomTest1.java

```java
package random;
public class RandomTest1 {
    public static void main(String[] args) {
        //产生 0~10 的随机整数
        System.out.println((int)(Math.random() * 10));
        //产生 10~20 的随机整数
        System.out.println((int)(Math.random() * 10) + 10);
    }
}
```

运行代码,控制台打印结果如图 8-2 所示。

2. 使用 java.util.Random 类

java.util.Random 类提供了生成随机数的方法。打开文档,找到 Random 类,该类最常见的构造函数如下。

```
5
10
```

图 8-2　RandomTest1.java 的运行结果

```java
public Random()
```

在生成对象之后就可以调用 Random 类中的成员函数来完成一些功能,最常见的函数是生成一个 0~bound(不包括 bound)的整型随机数。

```java
public int nextInt(int bound)
```

示例代码如下。

RandomTest2. java

```
package random;

import java.util.Random;

public class RandomTest2 {
    public static void main(String[] args) {
        Random rnd = new Random();
        //产生 0～10 的随机整数
        System.out.println(rnd.nextInt(10));
        //产生 10～20 的随机整数
        System.out.println(rnd.nextInt(10) + 10);
    }
}
```

运行代码，控制台打印结果如图 8-3 所示。

因为数字是随机生成的，所以读者在运行代码时
得到的结果可能不一样。

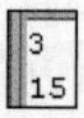

```
3
15
```

图 8-3　RandomTest2. java 的运行结果

8.2　用 String 类进行字符串处理

字符串是字符序列的集合，也可以将其看成字符数组。在 Java 中利用 java. lang. String 类对其进行表达，String 类将字符串保存在 char 类型的数组中，并对其进行有效的管理。

String 类提供了大量的方法来支持各种字符串操作。打开文档，找到 java. lang. String 类，会发现这个类有多个构造函数，常见的构造函数如下。

（1）传入一个字符串，初始化字符串对象。

public **String**(String original)

（2）传入一个字符数组，初始化字符串对象。

public **String**(char[ ] value)

（3）传入一个字节数组，初始化字符串对象。

public **String**(byte[ ] bytes)

对于它们的其他构造函数，读者可以参考 API 文档。

◀))注意

可以用以下方法生成一个字符串对象。

String str = "China";

对于该方法和利用构造函数生成字符串的方法的区别，在这里需要说明一下。

直接赋值的方法相当于在字符串池里面寻找是否有相同内容的字符串，如果有，则使用

池中已经存在的字符串；如果没有，则生成新对象放入池中。

而用 new 的方法实例化一个字符串对象会给这个对象分配新的内存。

观察以下代码。

```
String str1 = "China";                    //将实例化字符串对象放入池中
String str2 = "China";                    //使用池中的"China"对象,因为池中有"China"
String str3 = new String("China");        //实例化一个新对象
String str4 = new String("China");        //实例化一个新对象
System.out.println(str1 == str2);         //打印 true
System.out.println(str1 == str3);         //打印 false
System.out.println(str3 == str4);         //打印 false
```

不要盲目使用"＝＝"来判断两个字符串是否内容相等，一般情况下使用 equals 方法判断两个字符串内容是否相等。例如，str1.equals(str2)表示判断两个字符串内容是否相等。

用户可以调用 String 类里面的函数进行字符串操作，主要功能如下。

（1）返回某位置的字符。

public char charAt(int index)

（2）连接某个字符串，返回连接后的结果，效果和"＋"类似。

public String concat(String str)

（3）判断字符串是否以指定后缀结束，或以指定前缀开始。

public boolean endsWith(String suffix)/startsWith(String prefix)

（4）字符串内容是否相等，或在不区分大小写情况下是否相等。

public boolean equals(Object anObject)/equalsIgnoreCase(String anotherString)

（5）根据默认字符集转换为字节数组。

public byte[] getBytes()

（6）根据相应字符集转换为字节数组。

public byte[] getBytes(String charsetName)

（7）返回字符在串中的位置。

public int indexOf(int ch)/int indexOf(int ch, int fromIndex)

（8）返回字符串在串中的位置。

public int indexOf(String str)/int indexOf(String str, int fromIndex)

（9）获取字符串的长度。

public int length()

（10）替换字符串。

public String replace(char oldChar, char newChar)

（11）截取某段。

public String substring(int beginIndex)/substring(int beginIndex, int endIndex)

（12）将字符串转换为字符数组。

public char[ ] toCharArray()

（13）将字符串转换为小写或大写。

public String toLowerCase()/toUpperCase()

（14）删除字符串头尾的空白符。

public String trim()

（15）将各种类型转换为字符串。

public static String valueOf(各种类型)

这里使用一个案例进行测试，代码如下。

StringTest. java

```java
package string;
public class StringTest {
    public static void main(String[] args) {
        String str = "Chinese";
        System.out.println(str + "中第 2 个字符是: " + str.charAt(1));
        System.out.println(str + "连接 China 的结果是: " + str.concat("China"));
        System.out.println(str + "是否以 se 结尾: " + str.endsWith("se!"));
        System.out.println(str + "是否以 China 开头: " + str.startsWith("China"));
        System.out.println(str + "是否和 Chinese 相等: " + str.equals("Chinese"));
        System.out.println(str + "是否和 chinese 相等(不考虑大小写): "
                + str.equalsIgnoreCase("chinese"));
        System.out.println(str + "中 i 字母第一次出现的位置是: " + str.indexOf('i'));
        System.out.println(str + "中 ne 第一次出现的位置是: " + str.indexOf("ne"));
        System.out.println(str + "长度: " + str.length());
        System.out.println(str + "中,将 e 字母换成 E 的结果是: " + str.replace('e', 'E'));
        System.out.println(str + "中第 2 到第 5 个字符是: " + str.substring(1, 4));

        String chStr = " 中国人 ";
        String newStr = chStr.trim();
        System.out.println(chStr + "去除两端空格的结果是: " + newStr);
    }

}
```

运行代码，控制台打印结果如图 8-4 所示。

```
Chinese中第2个字符是: h
Chinese连接China的结果是: ChineseChina
Chinese是否以se结尾: true
Chinese是否以China开头: false
Chinese是否和Chinese相等: true
Chinese是否和chinese相等(不考虑大小写): true
Chinese中i字母第一次出现的位置是: 2
Chinese中ne第一次出现的位置是: 3
Chinese长度: 7
Chinese中,将e字母换成E的结果是: ChinEsE
Chinese中第2到第5个字符是: hin
 中国人 去除两端空格的结果是: 中国人
```

图 8-4　StringTest. java 的运行结果

8.3 用 StringBuffer 类进行字符串处理

和 String 类相比,java.lang.StringBuffer 类实际上是可变的字符串,既节省资源,又对字符串的操作提供了更加灵活的方法。

观察以下代码。

```
String str = "China";
str.replace('h', 'A');
System.out.println(str);
```

此时如果打印 str,得到的结果不是"CAina"而是"China"。

因为 String 内封装的是不可变字符串,如果要将其进行一些处理,就必须得到返回值。前面的代码可以修改如下。

```
String str = "China";
String newStr = str.replace('h', 'A');
System.out.println(newStr);
```

打印 newStr 才能得到结果。显然,这种情况为字符串的操作带来了诸多不便,因为新生成了一个对象 newStr,额外分配了内存。如果在一个很长的字符串内需要将一个字符替换成另一个字符,那必须新生成一个字符串才能奏效。

StringBuffer 类可以避免这个问题,在 Java 中利用 StringBuffer 类对可变字符串进行处理。

StringBuffer 类提供了大量的方法来支持可变字符串操作。打开文档,找到 java.lang.StringBuffer 类,会发现这个类有 3 个构造函数。常见的构造函数有以下两个。

(1)实例化一个空的 StringBuffer 对象。

public **StringBuffer**()

(2)传入一个字符串组成 StringBuffer 对象。

public **StringBuffer**(String str)

其他构造函数,读者可以参考 API 文档。

用户可以调用 StringBuffer 类里面的函数进行字符串操作,主要功能如下。

(1)在字符串末尾添加各种类型。

public StringBuffer append(各种类型)

(2)在某个位置添加各种类型。

public StringBuffer insert(int offset, 各种类型)

(3)删除字符或某一段字符串。

public StringBuffer delete deletCharAt(int index)/delete (int start, int end)

(4)包含的字符数。

```
public int length()
```

（5）返回某位置的字符。

```
public char charAt(int index)
```

（6）得到一段字符。

```
public void getChars(int srcBegin, int srcEnd, char[] dst, int dstBegin)
```

（7）反转调用该方法的 StringBuffer 对象的值。

```
public StringBuffer reverse()
```

（8）替换某个位置的字符。

```
public void setCharAt(int index, char ch)
```

（9）转换为字符串。

```
public String toString()
```

这里使用一个案例进行测试，代码如下。

StringBufferTest. java

```java
package stringbuffer;
public class StringBufferTest {
    public static void main(String[] args) {
        StringBuffer sb = new StringBuffer("Hello World!");
        System.out.println("sb 内容是：" + sb);
        sb.append("China");
        System.out.println("添加 China 之后，sb 内容是：" + sb);
        sb.append(Math.PI);
        System.out.println("添加 PI 之后，sb 内容是：" + sb);
        sb.delete(2,5);
        System.out.println("删除 2 - 5 位置的字符之后，sb 内容是：" + sb);
        sb.insert(2, "中国人");
        System.out.println("在第 2 个位置插入中国人之后，sb 内容是：" + sb);
        System.out.println("sb 对应的字符串是：" + sb.toString());
        System.out.println("sb 长度是：" + sb.length());
        sb.reverse();
        System.out.println("sb 倒转之后的内容是：" + sb);
    }
}
```

运行代码，控制台打印结果如图 8-5 所示。

```
sb内容是：Hello World!
添加China之后，sb内容是：Hello World!China
添加PI之后，sb内容是：Hello World!China3.141592653589793
删除2-5位置的字符之后，sb内容是：He World!China3.141592653589793
在第2个位置插入中国人之后，sb内容是：He中国人 World!China3.141592653589793
sb对应的字符串是：He中国人 World!China3.141592653589793
sb长度是：34
sb倒转之后的内容是：397985356295141.3anihC!dlroW 人国中eH
```

图 8-5　StringBufferTest. java 的运行结果

对于其他内容，可以参考 API 文档。

8.4 基本数据类型的包装类

8.4.1 认识包装类

Java 语言是一种面向对象的语言,各基本数据类型对应相应的类,具体如下。

(1) boolean 类型对应的包装类:java.lang.Boolean。

(2) byte 类型对应的包装类:java.lang.Byte。

(3) char 类型对应的包装类:java.lang.Character。

(4) double 类型对应的包装类:java.lang.Double。

(5) float 类型对应的包装类:java.lang.Float。

(6) int 类型对应的包装类:java.lang.Integer。

(7) long 类型对应的包装类:java.lang.Long。

(8) short 类型对应的包装类:java.lang.Short。

每个类的对象会将对应的基本类型的值包装在一个对象中,如一个 Integer 类型的对象包含了一个类型为 int 的成员变量。

8.4.2 通过包装类进行数据类型转换

下面以整数类型为例进行讲解,其他类型基本相同。

1. 如何将基本数据类型封装为包装类对象

一般情况下,可以通过包装类的构造函数将基本数据类型封装为包装类对象。例如,以下代码可以将一个整数进行封装。

```
Integer itg = new Integer(254);
```

2. 如何从包装类对象得到基本数据类型

一般情况下,可以通过包装类对象的 xxxValue 函数从包装类对象得到基本数据类型,在高版本的 JDK 中也可以直接赋值。例如,以下代码可以从对象 itg 得到相应的整数。

```
Integer itg = new Integer(254);
int i = itg.intValue();                       //或者直接用"int i = itg";
```

3. 利用包装类进行数据类型转换

利用包装类可以方便地进行数据类型转换,例如将字符串转换为各种类型。此内容在前面的章节已经提及,在此不再赘述。

8.5 认识 Java 集合

8.5.1 集合

在前面的章节中,已经学习了数组。但数组有如下两个问题。

（1）一旦定义，大小无法重新修改。

（2）存储的数据必须是同一种类型。

在实际项目中，经常无法预计数组中将要存储多少个元素。例如，在聊天室中用户数量是不确定的，如何存储其信息呢？如果数组定得太大，有可能很多位置得不到利用；如果定义得太小，用户太多时又可能装不下。

如何解决这个问题？是否有变长数组来解决这个问题呢？在 Java 中集合框架可以帮助用户解决这个问题。使用集合可以实现下面两个功能。

（1）集合中的元素个数是可变的。

（2）集合中可以存储不同类型的数据。

8.5.2　Java 中的集合

集合框架中的类用于容纳一些对象，以便于对象的访问和传输。可以将其看成可变的对象数组，但是集合具有更为强大的功能。在 Java 中集合框架提供了丰富的 API，主要有以下两类。

1．一维集合

在该类集合中存放的数据是一维的，类似于变长的一维数组。

在文档中，该系列的关系如图 8-6 所示。

```
o java.util.AbstractCollection<E> (implements java.util.Collection<E>)
    o java.util.AbstractList<E> (implements java.util.List<E>)
        o java.util.AbstractSequentialList<E>
            o java.util.LinkedList<E> (implements java.lang.Cloneable, java.util.Deque<E>,
              java.util.List<E>, java.io.Serializable)
        o java.util.ArrayList<E> (implements java.lang.Cloneable, java.util.List<E>,
          java.util.RandomAccess, java.io.Serializable)
        o java.util.Vector<E> (implements java.lang.Cloneable, java.util.List<E>,
          java.util.RandomAccess, java.io.Serializable)
            o java.util.Stack<E>
    o java.util.AbstractQueue<E> (implements java.util.Queue<E>)
        o java.util.PriorityQueue<E> (implements java.io.Serializable)
    o java.util.AbstractSet<E> (implements java.util.Set<E>)
        o java.util.EnumSet<E> (implements java.lang.Cloneable, java.io.Serializable)
        o java.util.HashSet<E> (implements java.lang.Cloneable, java.io.Serializable,
          java.util.Set<E>)
            o java.util.LinkedHashSet<E> (implements java.lang.Cloneable, java.io.Serializable,
              java.util.Set<E>)
        o java.util.TreeSet<E> (implements java.lang.Cloneable, java.util.NavigableSet<E>,
          java.io.Serializable)
```

图 8-6　一维集合的关系

可以看出，该系列顶级是 Collection 接口，在该接口下有 3 个子系列，即 List、Queue 和 Set。每个子系列中有一些类。

2．二维集合

该类集合具有容纳多个对象的功能，并且可以为每个对象指定一个 key 值，如图 8-7 所示。

如果为两个不同的对象指定同一个 key 值，后面的对象将会把前面的对象覆盖。对象在集合中没有顺序，因此存放的数据是二维的，相当于两列多行的变长二维数组。

key	value
学号	0001
姓名	郭克华
性别	男

图 8-7　二维集合示例

在文档中，该系列的关系如图 8-8 所示。

可以看出，该系列顶级是 Map 接口，在该接口下有若干子系列，每个子系列中有一

```
○ java.util.AbstractMap<K,V> (implements java.util.Map<K,V>)
    ○ java.util.EnumMap<K,V> (implements java.lang.Cloneable, java.io.Serializable)
    ○ java.util.HashMap<K,V> (implements java.lang.Cloneable, java.util.Map<K,V>,
      java.io.Serializable)
        ○ java.util.LinkedHashMap<K,V> (implements java.util.Map<K,V>)
    ○ java.util.IdentityHashMap<K,V> (implements java.lang.Cloneable, java.util.Map<K,V>,
      java.io.Serializable)
    ○ java.util.TreeMap<K,V> (implements java.lang.Cloneable, java.util.NavigableMap<K,V>,
      java.io.Serializable)
    ○ java.util.WeakHashMap<K,V> (implements java.util.Map<K,V>)
```

图 8-8　二维集合的关系

些类。

本章将针对这两个集合进行讲解。

8.5.3　认识泛型

在图 8-6 中,可以看到大量的<E>符号,这代表类中运用到了泛型。

虽然在集合中可以存储不同类型的对象,但是一般情况下使用的仍然是同一种对象。以只使用 String 对象为例,引入泛型之前,集合中存储的对象都处理为 Object 类型,在遍历时,每次都要将对象强制转换为 String 类型,比较麻烦,也额外消耗了系统资源。

使用泛型就可以解决这个问题。

🔊**注意**

泛型是 JDK 5.0 以后引入的新特性,因此使用泛型时要考虑版本的问题。

泛型(Generics)是对 Java 语言的类型系统的一种扩展,以支持创建可以按类型进行参数化的类。

引入泛型之后,在定义集合时,可以指定集合中必须存放什么类型的元素,方法是在集合接口、类后增加尖括号,尖括号内放一个数据类型,即表明该集合接口、类只能存储特定类型的对象。例如,在创建集合时使用 ArrayList < String >,则表明该 ArrayList 集合中只能存储 String 类型的对象。这样,在使用时就不必强制转换。

8.6　使用一维集合

8.6.1　一维集合

一维集合中,存放的数据是一维的,类似于变长的一维数组。该系列顶级是 collection 接口,在该接口下有 3 个子系列:List、Queue 和 Set。每个子系列中有一些类,其中使用较多的是 List 系列和 Set 系列的集合。

8.6.2　List 集合

List 集合的共同特点如下。

(1) 实现了 java.util.List 接口。

(2) 集合中的元素有顺序。

(3) 允许重复元素。

(4) 每个元素可以通过下标访问,下标从 0 开始。

List 集合中最有代表性的类如下。

（1）java.util.ArrayList。

（2）java.util.LinkedList。

（3）java.util.Vector。

以上 3 个类的使用基本相同，但是在底层实现上略有区别。例如，ArrayList 不是线程安全的，Vector 实现了线程安全，具体内容可以参考文档。

📢**经验**

一般情况下，如果要支持随机访问，而不必在除尾部以外的任何位置插入或删除元素，使用 ArrayList 较好。

如果要频繁地从集合的中间位置添加或删除元素，用 LinkedList 实现更好。

如果要实现线程安全，用 Vector 更好。对于线程的知识，将在后续章节进行讲解。

本节以 ArrayList 为例进行讲解。

ArrayList 类提供了容纳多个对象的功能，对象在 ArrayList 中具有顺序。打开文档，找到 java.util.ArrayList 类，最常见的构造函数如下。

```
public ArrayList()
```

用这个构造函数可以生成一个空的 ArrayList 对象。

用户可以调用 ArrayList 类里面的函数进行对象操作，主要功能如下。

（1）在末尾添加一个对象。

```
public void add(E e)
```

该方法传入的参数类型是 E（泛型），当 E 指定为 Object 时，集合中可以存储不同类型的数据。

（2）判断是否包含某个对象。

```
public boolean contains(Object o)
```

（3）将 ArrayList 转换为对象数组。

```
public Object[] toArray()
```

（4）得到某个位置的对象。

```
public E get(int index)
```

该方法返回的是 E，当 E 指定为 Object 时，需要通过强制转换才能得到实际的对象。

（5）返回某个对象的位置。

```
public int indexOf(Object o)
```

（6）在某位置插入一个对象，后面的对象后移。

```
public void add(int index, E element)
```

（7）判断集合是否为空。

```
public boolean isEmpty()
```

（8）清空集合。

```
public void clear()
```

（9）删除某个对象。

public boolean remove(Object o)

（10）删除某个位置的对象。

public E remove(int index)

（11）修改某个位置的对象。

public E set(int index,E element)

（12）返回集合大小。

public int size()

对于集合中元素的添加、删除和修改，在上面有了较为详细的罗列。由于可以通过下标来访问集合中的元素，所以集合的遍历可以由循环来实现。为了讲解这些 API，可以用以下代码进行测试。

ListTest1.java

```
package list;

import java.util.ArrayList;
public class ListTest1 {
    public static void main(String[] args) {
        ArrayList<String> al = new ArrayList<String>();
        //添加
        al.add("中国");
        al.add("美国");
        al.add("日本");
        al.add("韩国");
        //删除美国
        al.remove(1);
        //将 0 位置的元素修改为"China"
        al.set(0,"China");
        //遍历
        int size = al.size();
        for(int i = 0;i < size;i++){
            String str = al.get(i);
            System.out.println(str);
        }
    }
}
```

运行代码，控制台打印结果如图 8-9 所示。

```
China
日本
韩国
```

图 8-9　ListTest1.java 的运行结果

数据在集合中按照添加的顺序可以用下标访问。

8.6.3　Set 集合

Set 集合的共同特点如下。

（1）实现了 java. util. Set 接口。

（2）默认情况下，集合中的元素没有顺序。

（3）不允许重复元素，如果重复元素被添加，则覆盖原来的元素。

（4）元素不可以通过下标访问。

Set 集合中最有代表性的类是 java. util. HashSet，本节以 HashSet 为例进行讲解。

打开文档，找到 java. util. HashSet 类，最常见的构造函数如下。

```
public HashSet()
```

用这个构造函数可以生成一个空的 HashSet 对象。

用户可以调用 HashSet 类里面的函数进行对象操作，主要功能如下。

（1）添加一个对象。

```
public boolean add(E e)
```

（2）判断是否包含某个对象。

```
public boolean contains(Object o)
```

（3）判断集合是否为空。

```
public boolean isEmpty()
```

（4）清空集合。

```
public void clear()
```

（5）删除某个对象。

```
public boolean remove(Object o)
```

（6）返回集合大小。

```
public int size()
```

对于集合中元素的添加、删除和修改，在上面有了较为详细的罗列。由于不能通过下标来访问集合中的元素，所以集合的遍历不能直接由循环来实现。要想获取 HashSet 内的元素，一般方法是用 iterator()方法返回一个 Iterator 对象。

这里有必要讲解一下 Iterator 接口，Iterator 接口较为简单。打开 java. util. Iterator 的文档，里面有两个函数，分别如下。

（1）判断 Iterator 中是否还有元素。

```
public boolean hasNext()
```

（2）得到 Iterator 中的下一个元素。

```
public E next()
```

可以用 Iterator 对象的 hasNext()方法判断是否存在下一个元素，用 Iterator 对象的next()方法获取下一个元素，结合循环来实现。

◀》注意

实际上，List 也可以用这种方法来遍历，这是为了对集合的操作进行统一的一种方法。

为了讲解这些 API，可以用以下代码进行测试。

SetTest1. java

```java
package set;

import java.util.HashSet;
public class SetTest1 {
    public static void main(String[] args) {
        HashSet < String > hs = new HashSet < String >();
        //添加
        hs.add("中国");
        hs.add("美国");
        hs.add("日本");
        hs.add("韩国");
        //删除美国
        hs.remove("美国");
        //遍历
        java.util.Iterator < String > ite = hs.iterator();
        while(ite.hasNext()){
            String str = ite.next();
            System.out.println(str);
        }
    }
}
```

运行代码,控制台打印结果如图 8-10 所示。

在打印的结果中,并不是按照添加顺序,而是由哈希值
决定。

图 8-10　SetTest1.java 的
运行结果

◁))))问答

问：如何保证遍历时是按照添加的顺序呢?

答：将 HashSet 改为使用 java.util.LinkedHashSet 即可。

问：能否将 Set 内的元素排序?

答：能,将 HashSet 改为使用 java.util.TreeSet 即可。

TreeSet 的构造函数如下：

public **TreeSet**()

用此构造函数,TreeSet 中的内容升序排列。如果要降序排列,可以在构造函数中指定
降序。选择如下。

public **TreeSet**(Comparator <? super E > comparator)

其中,参数用 java.util.Collections 的 reverseOrder()方法返回。

可以用以下代码进行测试。

SetTest2. java

```java
package set;
import java.util.Collections;
import java.util.TreeSet;
public class SetTest2 {
    public static void main(String[] args) {
        TreeSet < String > ts = new TreeSet < String >(Collections.reverseOrder());
```

```
//添加
ts.add("3");
ts.add("2");
ts.add("4");
ts.add("1");
//遍历
java.util.Iterator<String> ite = ts.iterator();
while(ite.hasNext()){
    String str = ite.next();
    System.out.println(str);
}
    }
}
```

运行代码，控制台打印结果如图 8-11 所示。

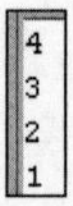

图 8-11　SetTest2.java 的运行结果

◀》注意

实际上，在 Java 高版本中可以统一用一种改进的 for 循环对集合进行遍历，代码如下。

```
for(String o : 集合名称){
    String str = o;
    System.out.println(str);
}
```

这种方法适合 List 集合和 Set 集合。

8.6.4　使用 Collections 类对集合进行处理

前文讲解排序时提到了一个类——java.util.Collections，该类具有一些很有意思的功能。

◀》注意

Collections 是类，不是接口，是一个为集合提供处理功能的工具类。初学者很容易将 Collections 类和 java.util.Collection 接口混淆。

（1）对 List 进行升序排序。

public static <T extends Comparable<? super T>> void sort(List<T> list)

如果要降序排列，可以在 sort 函数中指定降序。可以选择如下。

public static <T> void sort(List<T> list, Comparator<? super T> c)

其中，参数用 java.util.Collections 的 reverseOrder()方法返回。

（2）返回指定 Collection 中等于指定对象的元素数。

public static int frequency(Collection<?> c, Object o)

（3）判断两个指定 Collection 中是否有相同的元素。

```
public static boolean disjoint(Collection <?> c1, Collection <?> c2)
```

（4）寻找集合中的最大或最小值。

```
public static < T extends Object & Comparable <? super T >> T max/min(Collection <? extends T >
coll)
```

（5）对集合中的元素进行替换。

```
public static < T > boolean replaceAll(List < T > list, T oldVal, T newVal)
```

对于其他操作，读者可以参考相关文档。

例如，可以将一个 List 排序之后显示，代码如下。

CollectionsTest. java

```
package collections;
import java.util.ArrayList;
import java.util.Collections;
public class CollectionsTest {
    public static void main(String[] args) {
        ArrayList < String > al = new ArrayList < String >();
        //添加
        al.add("1");
        al.add("3");
        al.add("2");
        al.add("4");
        //排序
        Collections.sort(al, Collections.reverseOrder());
        //遍历
        int size = al.size();
        for(int i = 0;i < size;i++){
            String str = al.get(i);
            System.out.println(str);
        }
    }
}
```

运行代码，控制台打印结果如图 8-12 所示。

图 8-12 CollectionsTest. java 的运行结果

8.7 使用二维集合

8.7.1 Map 集合

在二维集合中使用最多的是 java. util. HashMap。

HashMap 类提供了二维集合的功能，最常见的构造函数如下。

```
public HashMap()
```

用这个构造函数可以生成一个空的 HashMap 对象。

在 HashMap 类中可以为每个对象指定一个 key 值。

如果为两个不同的对象指定同一个 key 值，后面的对象将会把前面的对象覆盖。另外，对象在 HashMap 中没有顺序。

用户可以调用 HashMap 类里面的函数来进行对象操作，主要功能如下。

（1）清空 HashMap。

public void clear()

（2）判断是否包含某个对象。

public boolean containsValue(Object value)

（3）判断是否包含某个 key 值。

public boolean containsKey(Object key)

（4）根据 key 值得到某个对象。

public V get(Object key)

该方法返回的是 V，当 key 值对应的对象存在时返回此对象，不存在时返回 null。

（5）判断 HashMap 是否为空。

public boolean isEmpty()

（6）添加一个对象并指定 key。

public V put(K key, V value)

（7）根据 key 删除一个对象。

public V remove(Object key)

（8）得到 HashMap 大小。

public int size()

（9）得到所有 key 值的集合。

public Set<K> keySet()

从上面可以知道，HashMap 无法通过下标来访问集合中的元素，因为元素是没有顺序的，因此集合的遍历不能由循环来实现。为了讲解这些 API，可以用以下代码进行测试。

MapTest1.java

```
package map;
import java.util.HashMap;
import java.util.Set;
public class MapTest1 {
    public static void main(String[] args) {
        HashMap<String,Object> hm = new HashMap<String,Object>();
        //添加
        // key 为姓名、value 为张三
        hm.put("姓名", "张三");
        hm.put("年龄", 25);
        hm.put("性别", "男");
```

```
        //通过 key 获得一个元素的值
        System.out.println("姓名为: " + hm.get("姓名"));
        //通过 key 修改一个元素的值
        hm.put("姓名", "王武");
        System.out.println("修改后的姓名为: " + hm.get("姓名"));
        //通过 key 删除
        hm.remove("姓名");
        System.out.println("删除后的姓名为: " + hm.get("姓名"));
        //得到所有的 key 和 value
        Set<String> keySet = hm.keySet();
        for(Object key:keySet){
            System.out.println(key + "->" + hm.get(key));
        }
    }
}
```

运行代码,控制台打印结果如图 8-13 所示。

在打印中,会发现先打印性别,再打印年龄,而对象添加进 HashMap 时,则是先添加年龄,后添加性别,这说明 HashMap 中的元素是没有顺序的。

```
姓名为: 张三
修改后的姓名为: 王武
删除后的姓名为: null
性别->男
年龄->25
```

图 8-13　MapTest1.java 的
　　　　　运行结果

🔊问答

问:如何保证遍历时是按照添加的顺序呢?

答:将 HashMap 改为使用 java.util.LinkedHashMap 即可。

问:能否将 HashMap 内的元素按照 key 值排序?

答:能,将 HashMap 改为使用 java.util.TreeMap 即可。

TreeMap 的构造函数如下。

public **TreeMap**()

用此构造函数,TreeMap 中的内容按照 key 值升序排列。如果按降序排列,可以在构造函数中指定降序。可以选择如下。

public **TreeMap**(Comparator<? super K> comparator)

其中,参数用 java.util.Collections 的 reverseOrder() 方法返回。其使用方法和 Set 颇为类似。

8.7.2　使用 Hashtable 和 Properties

在 java.util 包中还有一个类——Hashtable。该类的使用和 HashMap 基本相同,不过 HashMap 不是线程同步,而 Hashtable 是线程同步的。在对线程安全要求较高的场合推荐使用 Hashtable。

比较有意思的是 Hashtable 的子类——java.util.Properties。该类不仅具有 Hashtable 的功能,还具有访问文件的功能。

习　题　8

1. 定义一个数组:int[] arr = new int[100];,将 1~100 中的所有整数打乱顺序之后存放在该数组内。

2. 用 String 和 StringBuffer 实现如下要求。

（1）制作一个简单的"加密"程序，用输入框输入一个字符串，并且将每个字符对应的数值加"3"，显示新的字符串。

（2）统计一个字符串内有几个"中国"。

（3）去掉一个字符串中的所有空格。

3. 用 LinkedList 和 Vector 实现 8.6.2 节的例子。

4. 在一个 List 中存放一些数据，然后将其倒序显示。

5. 用 Iterator 对象来遍历 8.6.2 节的 List。

6. 编写一个通用的遍历函数 visit，该函数可以传入一个 List 或 Set，对其进行遍历，不用知道参数的具体类型。

7. 在一个 List 内按照顺序存放了 1~100 中的所有整数。查看 Collections 类文档，将数字顺序打乱。

8. 一个 List 包含了一些字符串，其中包含重复字符串。要求编写程序，删除重复的字符串后打印。

9. 从输入框输入一个字符串。要求统计每个字符出现的频率，并按照字母排序之后输出。频率＝字符出现的次数/字符总数。提示：可以用 HashMap。

10. 从输入框输入一个字符串。要求输出每个字符在字符串中的位置，如输入"HelloWorld"，则输出

H:1 e:2 l:3,4,9 o:5,7 W:6 r:8 d:10

第 9 章

Java 多线程开发

扫一扫

视频讲解

建议学时：2。

多线程(Thread)是软件开发中的重要内容。多线程最直观的说法是让应用程序同时处理好几件事情。例如，一个程序进行一个用时较长的计算，在进行计算的同时，程序还可以做其他事情。此时，多线程就显得比较有用。

本章详细讲解多线程的开发、线程的控制以及安全性。

9.1 认识多线程

9.1.1 多线程

在实际应用中经常会出现一个程序看起来同时做好几件事情的情况，例如：

(1) 聊天软件能够同时接收多个好友传送文件。

(2) 媒体播放器在播放歌曲的同时下载电影，或在下载的同时播放歌曲。

(3) 财务软件在后台进行财务汇总的同时进行前端的操作。

这类情况如何实现呢？

以上面举例的第 1 种情况为例进行说明。如果聊天软件能够同时接收 3 个文件的传送，每个文件传送需要 10 秒，怎样编写程序呢？

首先按照传统情况编写代码如下。

ThreadTest1. java

```
package thread;
public class ThreadTest1 {
    public static void main(String[] args) throws Exception {
            System.out.println("传送文件 1");
            Thread.sleep(1000 * 10);
            System.out.println("文件 1 传送完毕");

            System.out.println("传送文件 2");
            Thread.sleep(1000 * 10);
            System.out.println("文件 2 传送完毕");

            System.out.println("传送文件 3");
            Thread.sleep(1000 * 10);
            System.out.println("文件 3 传送完毕");
```

```
    }
}
```

▶ **注意**

（1）在本代码中用 Thread. sleep(long 毫秒数)函数进行模拟，让程序暂时停滞，模拟某个操作需要花费的时间。该函数参数传入的是 long 类型参数，表示停滞的毫秒数。1 秒＝1000 毫秒。Thread 类在 java. lang 包中，因此不用显式导入。

（2）Thread. sleep 函数的定义如下。

```
public static void sleep( long millis) throws InterruptedException
```

该函数使用时可能抛出异常，因此在本例中使用时必须用 try-catch 将其包围，或在主函数后面加上 throws Exception，否则会报错。

运行该程序，控制台打印结果如图 9-1 所示。

等待 10 秒，控制台显示结果如图 9-2 所示。

再等待 10 秒，控制台显示结果如图 9-3 所示。

```
传送文件1
```
图 9-1 ThreadTest1. java 的运行结果

```
传送文件1
文件1传送完毕
传送文件2
```
图 9-2 10 秒后的结果

```
传送文件1
文件1传送完毕
传送文件2
文件2传送完毕
传送文件3
```
图 9-3 20 秒后的结果

再等待 10 秒，程序运行完毕，整个程序的运行大约 30 秒。

很显然，本程序的执行是顺序的，并没有实现"程序看起来同时做好几件事情"的效果。如果用户使用了这个软件，则使用将非常不方便。

如果要解决这个问题，可以使用多线程。

▶ **注意**

线程(Thread)和进程(Process)的关系很紧密。进程和线程是两个不同的概念，进程的范围大于线程。通俗地说，进程就是一个程序，线程是这个程序能够同时做的每件事情。例如，媒体播放器运行时就是一个进程，而媒体播放器同时下载文件和播放歌曲就是两个线程。因此，可以说进程包含线程。

从另一个角度讲，每个进程都拥有一组完整且属于自己的变量，而线程共享一个进程内的这些数据。

9.1.2 继承 Thread 类开发多线程

如上所述，可以用多线程来解决"程序看起来同时做好几件事情"的效果。在本例中只需要将各文件传送的工作分别写入线程即可。

实现多线程有两种方法。这里讲解第 1 种方法，即通过继承 Thread 类实现多线程。该方法的步骤如下。

（1）编写一个类，继承 java. lang. Thread 类。

```
class FileTransThread extends Thread
```

（2）在这个类中重写 java. lang. Thread 类中的以下函数。

public void run( )

将线程需要执行的代码放入 run 函数。

```
class FileTransThread extends Thread{
    private String fileName;
    public FileTransThread(String fileName){
        this.fileName = fileName;
    }
    public void run(){
        System.out.println("传送" + fileName);
        try{
            Thread.sleep(1000 * 10);
        }catch(Exception ex){}
        System.out.println(fileName + "传送完毕");
    }
}
```

到此为止，线程编写完毕。

（3）实例化线程对象，调用其 start 函数启动该线程。

```
…
FileTransThread ft1 = new FileTransThread("文件 1");
ft1.start();
…
```

完整代码如下。

ThreadTest2. java

```
package thread;

class FileTransThread extends Thread{
    private String fileName;
    public FileTransThread(String fileName){
        this.fileName = fileName;
    }
    public void run(){
        System.out.println("传送" + fileName);
        try{
            Thread.sleep(1000 * 10);
        }catch(Exception ex){}
        System.out.println( fileName + "传送完毕");
    }
}

public class ThreadTest2 {
    public static void main(String[ ] args) throws Exception {
        FileTransThread ft1 = new FileTransThread("文件 1");
        FileTransThread ft2 = new FileTransThread("文件 2");
        FileTransThread ft3 = new FileTransThread("文件 3");
```

```
        ft1.start();
        ft2.start();
        ft3.start();
    }
}
```

运行代码，控制台上立即打印，结果如图 9-4 所示。说明 3 件事情"同时"在进行。

大约 10 秒之后，程序打印结果如图 9-5 所示。

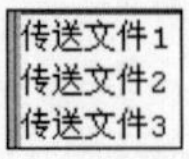

```
传送文件1
传送文件2
传送文件3
```

图 9-4　ThreadTest2.java 的运行结果

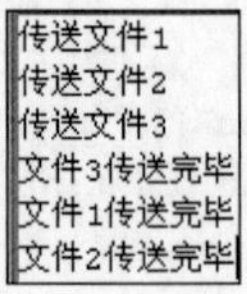

```
传送文件1
传送文件2
传送文件3
文件3传送完毕
文件1传送完毕
文件2传送完毕
```

图 9-5　大约 10 秒后的结果

整个程序的运行大约 10 秒，成功地实现了"程序看起来同时做好几件事情"的效果。

🔊 **注意**

（1）线程的启动一定要用线程对象的 start 函数，不能用 run 函数，否则就没有多线程的效果。

（2）在本例中启动了 3 个线程，即 ft1、ft2、ft3。实际上，主函数的运行也是一个线程，一般称为主线程。当程序加载到内存时，则启动主线程。

（3）线程的运行顺序，在默认情况下由操作系统决定，所以运行完毕的顺序不一定是启动的顺序。

（4）可以通过 Thread 的 setPriority(int newPriority) 函数给线程设置优先级，数值越大，优先级越高。读者可以参考文档。

线程为什么能够实现"程序看起来同时做好几件事情"的功能呢？这主要和操作系统的运行机制有关。多线程的机制实际上相当于 CPU 交替分配给不同的代码段来运行，也就是说，某一个时间片某线程运行，下一个时间片另一个线程运行，各线程都有抢占 CPU 的权利，至于决定哪个线程抢占则是操作系统需要考虑的事情。由于时间片的轮转非常快，用户感觉不出各个线程抢占 CPU 的过程，所以好像计算机在"同时"做好几件事情。

线程也可以用匿名对象来实现，示例代码如下。

```
public static void main(String[ ] args) throws Exception {
    new Thread(){
        public void run(){
            //线程执行代码
        }
    }.start();
}
```

因其较少使用，所以能够读懂即可。

9.1.3　实现 Runnable 接口开发多线程

下面讲解第 2 种方法，即实现 Runnable 接口开发多线程。

该方法的步骤如下。

（1）编写一个类，实现 java. lang. Runnable 接口。

```
class FileTransRunnable implements Runnable
```

（2）在这个类中重写 java. lang. Runnable 接口中的以下函数。

public void run( )

将线程需要执行的代码放入 run 函数。

```
class FileTransRunnable implements Runnable{
    private String fileName;
    public FileTransRunnable(String fileName){
        this.fileName = fileName;
    }
    public void run(){
        System. out. println("传送" + fileName);
        try{
            Thread. sleep(1000 * 10);
        }catch(Exception ex){}
        System. out. println(fileName + "传送完毕");
    }
}
```

到此为止，基本代码编写完毕。不过，此处编写的类并不是一个线程，只是线程要运行的代码。

（3）实例化 java. lang. Thread 对象，实例化以上编写的 Runnable 实现类，将后者传入 Thread 对象的构造函数，调用 Thread 对象的 start 函数来启动线程。

```
…
FileTransRunnable fr1 = new FileTransRunnable("文件 1");
Thread th1 = new Thread(fr1);
th1. start();
…
```

完整代码如下。

ThreadTest3. java

```
package thread;
class FileTransRunnable implements Runnable{
    private String fileName;
    public FileTransRunnable(String fileName){
        this.fileName = fileName;
    }
    public void run(){
        System. out. println("传送" + fileName);
        try{
            Thread. sleep(1000 * 10);
        }catch(Exception ex){}
```

```
            System.out.println(fileName + "传送完毕");
        }
    }
public class ThreadTest3 {
    public static void main(String[] args) throws Exception {
        Thread th1 = new Thread(new FileTransRunnable("文件 1"));
        Thread th2 = new Thread(new FileTransRunnable("文件 2"));
        Thread th3 = new Thread(new FileTransRunnable("文件 3"));
        th1.start();
        th2.start();
        th3.start();
    }
}
```

运行代码，其运行结果和第 1 种方法的结果类似，整个程序的运行时间大约 10 秒，成功地实现了"程序看起来同时做好几件事情"的效果。

在该方法中线程也可以用匿名对象来实现，示例代码如下。

```
public static void main(String[] args) throws Exception {
    new Thread(new Runnable(){
        public void run(){
            //线程执行代码
        }
    }).start();
}
```

由于其较少使用，所以能够读懂即可。

9.1.4　两种方法的区别

继承 Thread 的方法具有以下特点。

（1）每一个对象都是一个线程，其对象具有自己的成员变量，示例代码如下。

```
class FileTransThread extends Thread{
    private String fileName;
    public void run(){
        //...
    }
}
…
FileTransThread ft1 = new FileTransThread();
FileTransThread ft2 = new FileTransThread();
```

此时，线程 ft1 和 ft2 具有各自的 fileName 成员变量，除非将 fileName 定义为静态变量。

（2）Java 不支持多重继承，继承了 Thread 就不能继承其他类，因此该类主要完成线程工作，功能比较单一。

实现 Runnable 的方法具有以下特点。

（1）每一个对象不是一个线程，必须将其传入 Thread 对象才能运行，各线程是否共享

Runnable 对象成员视情况而定。例如有以下 Runnable 类。

```
class FileTransRunnable extends Runnable{
    private String fileName;
    public void run(){
        //...
    }
}
```

代码如下。

```
FileTransRunnable fr1 = new FileTransRunnable();
FileTransRunnable fr2 = new FileTransRunnable();
Thread th1 = new Thread(fr1);
Thread th2 = new Thread(fr2);
```

此时,线程 th1 和 th2 访问各自的 fileName 成员变量,因为它们传进来的 FileTransRunnable 是不同的,代码如下。

```
FileTransRunnable fr = new FileTransRunnable();
Thread th1 = new Thread(fr);
Thread th2 = new Thread(fr);
```

线程 th1 和 th2 访问的是同一个 fileName 成员变量,因为它们传进来的 FileTransRunnable 是同一个对象。

(2) Java 不支持多重继承,却可以支持实现多个接口。因此,有时可以给一些继承了某些父类的类,通过实现 Runnable 的方法增加线程功能,这将在后面的章节讲解。

9.2 控制线程的运行

9.2.1 控制线程运行的意义

线程的控制非常常见,如文件传送到一半时,需要暂停文件传送,或中止文件的传送,这实际上就是控制线程的运行。

◀ 注意

线程从创建、运行到死亡的过程称为线程的生命周期,用线程的状态(state)表明线程处在生命周期的哪个阶段。线程有创建、可运行、运行中、阻塞、死亡 5 种状态,通过线程的控制与调度可使线程在这几种状态间转换。线程 5 种状态的详细描述如下。

(1) 创建状态:使用运算符 new 创建一个线程。

(2) 可运行状态:使用 start()方法启动一个线程后系统分配了资源。

(3) 运行中状态:执行线程的 run()方法。

(4) 阻塞状态:运行的线程因某种原因停止运行。

(5) 死亡状态:线程结束。

9.2.2 传统方法的安全问题

查看 java.lang.Thread 的文档，可以发现 Thread 类中提供了对线程生命周期进行控制的函数。

（1）stop()：停止线程。

（2）suspend()：暂停线程的运行。

（3）resume()：继续线程的运行。

（4）destroy()：让线程销毁。

但这几个函数因为有安全问题则不能使用。

文档中关于 resume 方法不推荐使用的描述如图 9-6 所示。

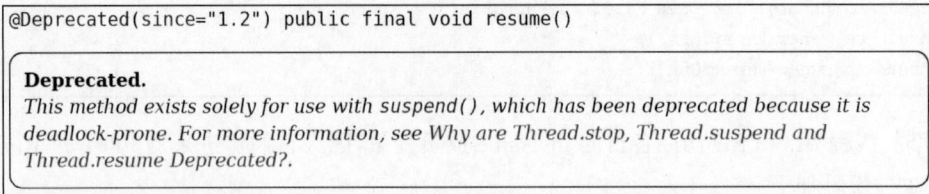

```
@Deprecated(since="1.2") public final void resume()
```

Deprecated.
This method exists solely for use with suspend(), which has been deprecated because it is deadlock-prone. For more information, see Why are Thread.stop, Thread.suspend and Thread.resume Deprecated?.

图 9-6 关于 resume 方法不推荐使用的描述

◀》问答

问：为什么不推荐使用这些函数呢？

答：线程暂停或终止时可能对某些资源的锁并没有释放，它所保持的任何资源都会保持锁定状态。以线程暂停为例，在调用 suspend() 的时候，目标线程会暂停，但仍然持有在这之前获得的资源锁定，此时其他任何线程都不能访问锁定的资源。如果锁定到达一定的严重程度，可能会造成死锁。

针对这个问题，在 Java 1.2 中将 Thread 的 stop()、suspend()、resume() 以及 destroy() 方法定义为"已过时"方法，不再推荐使用。

9.2.3 控制线程运行的方法

如前文所述，对于线程的暂停和继续早期采用 suspend() 和 resume() 方法，但是容易发生死锁。

这里举一个简单的例子。假如某文件的传输时间需要 10 秒（每秒传输 10%），使其传输到某个时刻暂停传输，随之继续，直到传输完成为止。

使用实现 Runnable 的方法来开发，首先是文件传输的 Runnable 类（为了简化省去文件名称的变量），代码如下。

ThreadControlTest1.java

```java
package threadcontrol;

public class ThreadControlTest1 implements Runnable{
    private int percent = 0;
    public void run(){
        while(true){
            System.out.println("传输进度:" + percent + " % ");
```

```
        try{
            Thread.sleep(1000);
        }catch(Exception ex){}
        percent += 10;
        if(percent == 100){
            System.out.println("传输完毕");
            break;
        }
    }
}
public static void main(String[] args) throws Exception {
    ThreadControlTest1 ft = new ThreadControlTest1();
    Thread th = new Thread(ft);
    th.start();
}
}
```

运行代码,控制台上将打印文件传输的模拟过程,如图 9-7 所示。

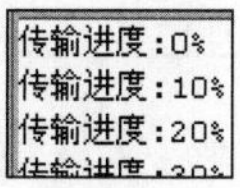

从上面的代码可以看出,如果将该类对象以线程运行,while 循环会执行 10 次,然后退出。

但是,如果需要在某个时刻(如 5 秒之后)暂停线程的运行(如暂停 1 分钟),但又不能使用 Thread 的相关函数,那么怎么办?

解决该问题的规则如下。

(1)当需要暂停时,使用线程的 run()方法结束运行以释放资源(实际上是让该线程永久结束)。

(2)若线程需要继续时,则新开辟一个线程继续工作。

如何让 run()方法结束呢? 由于 run()方法中有一个 while 循环,将该循环的执行标志由 true 改为 false 即可。

🔊注意

这实际上是通过一个标志告诉线程什么时候退出自己的 run()方法来中止执行。因此,上面的代码可以修改如下。

图 9-7　ThreadControlTest1.java 的运行结果

ThreadControlTest2.java

```
package threadcontrol;

public class ThreadControlTest2 implements Runnable{
    private int percent = 0;
    private boolean RUN = true;                //标志位
    public void run(){
        while(RUN){
            System.out.println("传输进度:" + percent + " % ");
            try{
                Thread.sleep(1000);
            }catch(Exception ex){}
            percent += 10;
            if(percent == 100){
                System.out.println("传输完毕");
                break;
```

```
            }
        }
    }
    public static void main(String[ ] args) throws Exception {
        ThreadControlTest2 ft = new ThreadControlTest2();
        Thread th = new Thread(ft);
        th.start();

        Thread.sleep(5000);                      //5 秒之后
        ft.RUN = false;                          //相当于 th1 暂停
        System.out.println("暂停 1 分钟");
        Thread.sleep(1000 * 60);                 //等待 1 分钟之后
        ft.RUN = true;
        th = new Thread(ft);                     //新线程开始
        th.start();
    }
}
```

运行代码，文件传输一段时间之后线程暂停(实际上是结束)，如图 9-8 所示。1 分钟之后，新线程运行至传输完毕。

```
传输进度:0%
传输进度:10%
传输进度:20%
传输进度:30%
传输进度:40%
暂停1分钟
```

图 9-8　ThreadControlTest2.java 的运行结果

提示

(1) 从程序可以看出，暂停实际上是结束线程。继续传输实际上是运行新线程。

(2) 在终止线程时一定要注意线程保护，以便线程继续运行时能够根据已有线程继续运行线程。例如在本例中，下一个线程运行时必须知道前面线程的传输进度。

9.3　线程协作安全

9.3.1　线程协作

在有些情况下，多个线程合作完成一件事情的几个步骤，此时线程之间实现了协作。如果一个工作需要若干步骤，各步骤又都比较耗时，不能因为它们的运行影响程序的运行结果，最好的方法就是将各步用线程实现。

但是，由于线程随时都有可能抢占 CPU，可能在前面一个步骤没有完成时后面的步骤线程已经运行，这种安全隐患将造成系统运行的程序得不到正确的结果。

9.3.2　线程协作的问题案例

这里给出一个案例。线程 1 负责完成一个复杂运算(比较耗时)；线程 2 负责得到结果，并将结果进行下一步处理。

例如，在某个科学计算系统中，线程 1 负责计算 1～100 000 的所有整数各数字的和(暂且认为它非常耗时)；线程 2 负责得到结果且写入数据库。

读者首先想到的是将耗时的计算放入线程，这是正确的想法。首先用传统线程方法来编写，代码如下。

ThreadCooperateTest1. java

```java
package threadcooperate;
public class ThreadCooperateTest1{
    private long sum = 0;
    class CalThread extends Thread{          //负责计算的线程
        public void run(){
            for(int i = 1;i <= 100000;i++){
                sum += i;
            }
        }
    }
    class SaveThread extends Thread{          //负责保存的线程
        public void run(){
            System.out.println("写入数据库:" + sum);
        }
    }
    public void work(){
        CalThread ct = new CalThread();
        SaveThread st = new SaveThread();
        ct.start();
        st.start();
    }
    public static void main(String[] args) {
        new ThreadCooperateTest1().work();
    }
}
```

运行代码,控制台打印结果如图 9-9 所示。

很明显,该程序的运行结果是错的,并且每次运行的结果都不一样,这是为什么呢?

观察 work()函数中的代码,当线程 ct 运行后线程 st 运行,此时线程 st 随时可能抢占 CPU,而不一定要等线程 ct 运行完毕。此时,在求和还没开始做或只完成一部分时就打印 sum,导致得到不正常的结果。

写入数据库:970921

图 9-9　ThreadCooperateTest1. java 的运行结果

9.3.3　线程协作的解决方案

那么,如何解决这个问题呢? 方法是在运行线程 ct 时命令线程 st 等待线程 ct 运行完毕,才能抢占 CPU 进行运行。

在 Java 语言中,调用线程 ct 的 join()方法,就可以让系统等其运行完毕再运行之后的代码,修改代码如下。

ThreadCooperateTest2. java

```java
package threadcooperate;
public class ThreadCooperateTest2{
    private int sum = 0;
    class CalThread extends Thread{          //负责计算的线程
        public void run(){
            for(int i = 1;i <= 100000;i++){
                sum += i;
            }
        }
```

```
}
class SaveThread extends Thread{                    //负责保存的线程
    public void run(){
        System.out.println("写入数据库:" + sum);
    }
}
public void work() throws Exception{
    CalThread ct = new CalThread();
    SaveThread st = new SaveThread();
    ct.start();
    ct.join();
    st.start();
}
public static void main(String[] args) throws Exception {
    new ThreadCooperateTest2().work();
}
}
```

运行代码，控制台打印结果如图 9-10 所示。

运行正常。

写入数据库:5000050000

图 9-10　ThreadCooperateTest2.java 的运行结果

注意

该程序相当于摒弃了"线程就是为了程序看起来同时做好几件事情"的思想，将并发程序又变成了顺序的程序，如果线程 ct 没有运行完毕，程序会在 ct.join() 处堵塞。如果 work() 函数耗时较长，程序将一直等待。

如何解决这个问题呢？一般的方法是将 work() 函数放在另一个线程中，这样既不会堵塞主程序，又能够保证数据的安全性。

9.4　线程同步安全

9.4.1　线程同步

在默认情况下线程都是独立的，而且异步执行，线程中包含了运行时所需要的数据或方法，而不需要外部的资源或方法，也不必关心其他线程的状态或行为。但是在多个线程运行时共享数据的情况下，就需要考虑其他线程的状态和行为，否则不能保证程序运行结果的正确性。在某些项目中经常会出现线程同步的问题，即多个线程在访问同一资源时会出现安全问题。本节基于一个简单的案例，针对线程的同步问题进行阐述。

注意

同步（synchronize）是发出一个功能调用时，在没有得到结果之前该调用不返回，同时其他线程也不能调用这个方法。通俗地讲，一个线程是否能够抢占 CPU，必须考虑另一个线程中的某种条件，而不能随便让操作系统按照默认方式分配 CPU，如果条件不具备，就应该等待另一个线程运行，直到条件具备。

9.4.2　线程同步的问题案例

给出一个案例。有若干张飞机票，两个线程去售卖它们，要求在没有票时能够提示"无票"。以最后剩 3 张票为例，首先用传统方法编写代码如下。

ThreadSynTest1. java

```java
package threadsyn;
class TicketRunnable implements Runnable{
    private int ticketNum = 3;                //以最后剩 3 张票为例
    public void run(){
        while(true){
            String tName = Thread.currentThread().getName();
            if(ticketNum <= 0){
                System.out.println(tName + "无票");
                break;
            }
            else{
                ticketNum -- ;                //代码行 1
                System.out.println(tName + "卖出一张票,还剩" + ticketNum +
                    "张票");
            }
        }
    }
}

public class ThreadSynTest1 {
    public static void main(String[] args){
        TicketRunnable tr = new TicketRunnable();
        Thread th1 = new Thread(tr,"线程 1");
        Thread th2 = new Thread(tr,"线程 2");
        th1.start();
        th2.start();
    }
}
```

```
线程1卖出一张票,还剩2张票
线程1卖出一张票,还剩1张票
线程1卖出一张票,还剩0张票
线程1无票
线程2无票
```

图 9-11　ThreadSynTest1.java
的运行结果

运行代码,控制台打印结果如图 9-11 所示。

这段代码看似没有问题,但是它是很不安全的,并且这种不安全性很难被发现,会给项目造成隐患。

观察程序中的代码行 1 处的注释。当只剩下一张票时,线程 1 卖出了最后一张票,接着要运行 ticketNum——,但在 ticketNum——还没来得及运行的时候,线程 2 有可能抢占 CPU 来判断当前是否有票可卖,此时由于线程 1 还没有运行 ticketNum——,票数还是 1,线程 2 判断还可以卖票,这样最后一张票被卖出了两次。当然,在上面的程序中没有给线程 2 卖票的机会,实际上票都由线程 1 卖出,所以看不出其中的问题。为了能看清这个问题,以下模拟线程 1 和线程 2 交替卖票的情况,代码修改如下。

ThreadSynTest2. java

```java
package threadsyn;
class TicketRunnable implements Runnable{
    private int ticketNum = 3;                //以最后剩 3 张票为例
    public void run(){
        while(true){
            String tName = Thread.currentThread().getName();
            if(ticketNum <= 0){
```

```
                    System.out.println(tName + "无票");
                    break;
                }
                else{
                    try{
                        Thread.sleep(1000);         //程序休眠 1000 毫秒
                    }catch(Exception ex){}
                    ticketNum -- ;                  //代码行 1
                    System.out.println(tName + "卖出一张票,还剩" + ticketNum +
                            "张票");
                }
            }
        }
    }
}

public class ThreadSynTest2 {
    public static void main(String[] args){
        TicketRunnable tr = new TicketRunnable();
        Thread th1 = new Thread(tr,"线程 1");
        Thread th2 = new Thread(tr,"线程 2");
        th1.start();
        th2.start();
    }
}
```

在该代码中增加了一行,程序休眠 1000 毫秒,让另一个线程来抢占 CPU。运行代码,控制台打印结果如图 9-12 所示。

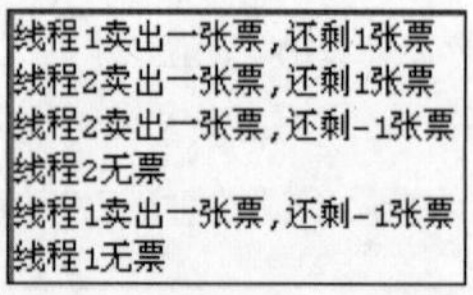

最后一张票被卖出两次,系统不可靠。

```
线程1卖出一张票,还剩1张票
线程2卖出一张票,还剩1张票
线程2卖出一张票,还剩-1张票
线程2无票
线程1卖出一张票,还剩-1张票
线程1无票
```

图 9-12 ThreadSynTest2.java
的运行结果

◀》**注意**

更为严重的是,该问题的出现很有随机性。例如,有些项目在实验室运行阶段并没有问题,因为哪个线程抢占 CPU 是由操作系统决定的,用户并没有权利干涉,也无法预测,所以项目可能在商业运行阶段才出现问题,等到维护人员检查问题的时候,由于问题出现的随机性,问题可能不再出现。这种情况往往给维护带来巨大的代价。

以上案例是多个线程消费有限资源的情况,在该情况下还有很多其他案例,例如多个线程向有限的空间写数据,线程 1 写完数据,空间满了,但没来得及告诉系统;此时另一个线程抢占 CPU,也来写,不知道空间已满,造成溢出。

9.4.3 线程同步的解决方案

那么,如何解决这个问题呢?很简单,就是让一个线程卖票时其他线程不能抢占 CPU。根据定义,相当于要实现线程的同步。通俗地讲,可以给共享资源(在本例中为"票")加一把锁,而这把锁只有一把钥匙。哪个线程获取了这把钥匙,才有权访问该共享资源。

有一种比较直观的方法,可以在共享资源(如"票")每一个对象内部都增加一个新成员,标识"票"是否正在被卖中,其他线程访问时必须检查这个标识,如果这个标识"票"正在被售卖中,线程不能抢占 CPU。这种设计在理论上当然可行,但由于线程同步的情况并不是很普遍,仅为了这种小概率事件在所有对象内部都开辟另一个成员空间,将带来极大的空间浪费,增加编程难度,所以一般不采用这种方法。现代编程语言的设计思路都是把同步标识加在代码段上,确切地说,是把同步标识放在"访问共享资源(如'卖票')的代码段"上。

在 Java 语言中,关键字 synchronized 可以解决这个问题,语法形式如下。

```
synchronized(同步锁对象) {
    //访问共享资源需要同步的代码段
}
```

synchronized 后的"同步锁对象",必须是可以被各线程共享的,如 this、某个全局标量等,而不能是一个局部变量。

其原理为当某一线程运行同步代码段时,在"同步锁对象"上设置一标记,运行完这段代码,标记被消除。其他线程要想抢占 CPU 运行这段代码,必须在"同步锁对象"上先检查该标记,只有标记处于消除状态才能抢占 CPU。在上面的例子中,this 是一个"同步锁对象"。

因此,在上面的案例中可以将卖票的代码用 synchronized 代码块包围起来,"同步锁对象"取 this,代码如下。

ThreadSynTest3.java

```java
package threadsyn;

class TicketRunnable implements Runnable {
    private int ticketNum = 3;                //以最后剩 3 张票为例
    public void run() {
        while (true) {
            String tName = Thread.currentThread().getName();
            //将需要独占 CPU 的代码用 synchronized(this)包围起来
            synchronized(this) {
                if (ticketNum <= 0) {
                    System.out.println(tName + "无票");
                    break;
                } else {
                    try {
                        Thread.sleep(1000); //程序休眠 1000 毫秒
                    } catch (Exception ex) {
                    }
                    ticketNum--;              //代码行 1
                    System.out.println(tName + "卖出一张票,还剩" +
                            ticketNum + "张票");
                }
            }
        }
    }
}

public class ThreadSynTest3 {
    public static void main(String[] args) {
        TicketRunnable tr = new TicketRunnable();
        Thread th1 = new Thread(tr, "线程 1");
        Thread th2 = new Thread(tr, "线程 2");
```

```
    th1.start();
    th2.start();
    }
}
```

运行代码，可以得到如图 9-13 所示的结果。

这说明程序运行完全正常。

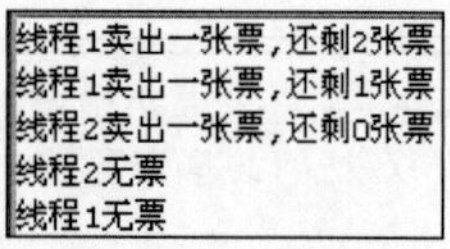

从以上代码可以看出，该方法的本质是将需要独占
CPU 的代码用 synchronized(this)包围起来。一个线程进
入这段代码之后就在 this 上加了一个标记，直到该线程将
这段代码运行完毕才释放这个标记。如果其他线程想要
抢占 CPU，先要检查 this 上是否有这个标记，若有则必须等待。

| 线程1卖出一张票,还剩2张票 |
| 线程1卖出一张票,还剩1张票 |
| 线程2卖出一张票,还剩0张票 |
| 线程2无票 |
| 线程1无票 |

图 9-13　ThreadSynTest3.java
的运行结果

但是该代码实际上运行较慢，因为一个线程的运行必须等待另一个线程将同步代码段
运行完毕。因此从性能上讲，线程同步是非常耗费资源的一种操作。用户要尽量控制线程
同步的代码段范围，从理论上说，同步的代码段范围越小、段数越少越好，因此在某些情况下
推荐将小的同步代码段合并为大的同步代码段。

◀》**注意**

在 Java 中，还可以把关键字 synchronized 直接加在函数的定义上，这也是一种可以推
荐的方法，代码如下。

```
public synchronized void f1() {
    //f1 代码段
}
```

效果等价于

```
public void f1() {
    synchronized(this){
        //f1 代码段
    }
}
```

如果不能确定整个函数都需要同步，那就要尽量避免直接把关键字 synchronized 加在函
数定义上的做法。如前文所述，要控制同步粒度，同步的代码段越小越好，关键字 synchronized
控制的范围越小越好，否则会造成不必要的系统消耗。所以，在实际开发中要十分小心，因
为过多的线程等待可能造成系统性能下降，甚至造成死锁。

9.4.4　线程死锁

如果不当地使用代码段的同步会出现什么情况呢？

例如，当一段同步代码被某线程运行时，其他线程可能进入堵塞状态（无法抢占 CPU），
而刚好在该线程中访问了某个对象，这个对象又处于另一个线程的锁定状态。

如果出现一种极端情况，一个线程等候另一个对象，而另一个对象又在等候下一个对
象，以此类推。这个"等候链"如果进入封闭状态，也就是说最后那个对象等候的是第一个对

象,此时所有线程都会陷入无休止的相互等待状态,造成死锁。尽管这种情况很少出现,但一旦出现,程序的调试将变得异常艰难。

🔊**提示**

死锁(DeadLock)是指两个或两个以上的线程在执行过程中因争夺资源而造成的一种互相等待的现象,此时称系统处于死锁状态,这些永远在互相等待的线程称为死锁线程。

产生死锁的 4 个必要条件如下。

(1)互斥条件:资源每次只能被一个线程使用,如前面的"线程同步代码段"就是只能被一个线程使用的典型资源。

(2)请求与保持条件:一个线程请求资源,但因为某种原因该资源无法分配给它,于是该线程阻塞,此时它对已获得的资源保持不放。

(3)不剥夺条件:线程已获得的资源在未使用完之前不管其是否阻塞都无法强行剥夺。

(4)循环等待条件:若干线程之间互相等待,形成一种首尾相接的循环等待资源的关系。

以上 4 个条件是死锁的必要条件,只要系统发生死锁,这些条件必然成立;只要上述条件之一不满足,则不会发生死锁。

在这里给出一个死锁的案例,代码如下。

DeadLockTest1.java

```java
package deadlock;

public class DeadLockTest1 implements Runnable {
    static Object S1 = new Object(), S2 = new Object();

    public void run() {
        if (Thread.currentThread().getName().equals("th1")) {
            synchronized(S1) {
                System.out.println("线程 1 锁定 S1");        //代码段 1
                synchronized(S2) {
                    System.out.println("线程 1 锁定 S2");    //代码段 2
                }
            }
        } else {
            synchronized(S2) {
                System.out.println("线程 2 锁定 S2");        //代码段 3
                synchronized(S1) {
                    System.out.println("线程 2 锁定 S1");    //代码段 4
                }
            }
        }
    }

    public static void main(String[] args) {
        Thread t1 = new Thread(new DeadLockTest1(), "th1");
        Thread t2 = new Thread(new DeadLockTest1(), "th2");
        t1.start();
        t2.start();
    }
}
```

运行代码,结果如图 9-14 所示。

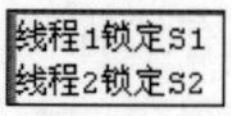

两个线程陷入无休止的等待。观察 run 函数中的代码,当 th1 运行后进入代码段 1,锁定了 S1,如果此时 th2 运行,抢占 CPU,进入代码段 3,锁定 S2,那么 th1 就无法运行代码段 2,但是又没有释放 S1,此时 th2 也就不能运行代码段 4,造成互相等待。

> 线程1锁定S1
> 线程2锁定S2

图 9-14　DeadLockTest1.java 的运行结果

死锁是一个很重要的问题,它能导致整个应用程序慢慢终止,尤其是当开发人员不熟悉如何分析死锁环境的时候,很难被分离和修复。

那么,如何解决死锁呢? 就语言本身来说,尚未直接提供防止死锁的帮助措施,需要开发人员通过谨慎的设计来避免死锁。一般情况下,主要针对死锁产生的 4 个必要条件进行破坏,用来避免和预防死锁。在系统设计、线程开发等方面,注意如何不让这 4 个必要条件成立,如何确定资源的合理分配算法,避免线程永久占据系统资源。

解决死锁没有简单的方法,这是因为线程产生死锁各有各的原因,而且往往具有很高的负载。从技术上讲,可以用以下方法进行死锁的排除。

(1) 可以撤销陷于死锁的全部线程。

(2) 可以逐个撤销陷于死锁的线程,直到死锁消失。

(3) 从陷于死锁的线程中逐个强迫放弃所占用的资源,直到死锁消失。

◁))提示

关于死锁的检测与解除有很多重要算法,如资源分配算法、银行家算法等。

9.5　认识定时器

9.5.1　定时器的作用

在很多情况下需要让程序每隔一个固定的时间就完成某个功能。Java 提供了定时器,能够简化操作。

定时器在许多特定的应用中非常有用,它的主要作用是安排工作的运行时间和频率。定时器的功能实际上可以用多线程来实现,只是在对时间和频率的掌握上定时器可以做得更加方便。本节将利用定时器来完成:在屏幕上不断打印当前时间,每隔 1 秒打印一次。

9.5.2　定时器的使用

定时器效果的实现依赖于下面两个类。

(1) 定时器所做的具体工作类:java.util.TimerTask。

打开文档,找到 java.util.TimerTask 类,可以发现它没有可用的构造函数,也无法得到其对象,实际上这个类是为了让我们进行继承的,在里面最重要的成员函数如下。

```
public abstract void run()
```

这个函数是抽象函数,一定要进行重写,这样就可以将定时器所做的工作写在这个函数内。在 TimerTask 中定义了相应功能,代码如下。

```
class Task extends TimerTask{
```

```
        public void run(){
            Date d = new Date();
            System.out.println(d);
        }
    }
```

（2）定时器活动控制类：java.util.Timer。

java.util.Timer 类，打开文档，找到 java.util.Timer 类，最常见的是以下构造函数。

public **Timer**()

通过这个构造函数可以实例化 Timer 对象，用它来控制 TimerTask 对象的运行。

接下来应该将 Timer 对象和 TimerTask 对象绑定。在 Timer 类中有以下成员函数。

（1）某时刻触发 TimerTask 的 run 函数。

public void **schedule**(TimerTask task,Date time)

示例代码如下。

```
Timer timer = new Timer();
timer.schedule(new Task(), new Date());
```

表示从现在开始运行 Task 类中的 run 函数一次。

（2）某段时间之后触发一次 TimerTask 的 run 函数。

public void **schedule**(TimerTask task,long delay)

示例代码如下。

```
Timer timer = new Timer();
timer.schedule(new Task(), 1000);
```

表示 1000 毫秒之后运行 Task 类中的 run 函数一次。

（3）某段时间之后触发 TimerTask 的 run 函数开始执行，指定重复执行的周期，单位是毫秒。

public void **schedule**(TimerTask task,long delay,long period)

示例代码如下。

```
Timer timer = new Timer();
timer.schedule(new Task(), 1000, 500);
```

表示 1000 毫秒之后运行 Task 类中的 run 函数，每 500 毫秒一次。

（4）某个时刻开始执行 TimerTask 的 run 函数，指定重复执行的周期，单位是毫秒。

public void **schedule**(TimerTask task,Date firstTime,long period)

示例代码如下。

```
Timer timer = new Timer();
```

```
timer.schedule(new Task(), new Date(),1000);
```

表示从现在开始运行 Task 类中的 run 函数，每 1000 毫秒一次。

在这个案例内可以使用这 4 个 schedule 函数中的最后一个，第 2 个参数取当前时间，第 3 个参数取 1000 毫秒。

另外，在定时器中还有一个函数。

```
public void cancel()
```

它可以终止定时器的运行。注意，Timer 终止之后必须重新实例化 Timer 对象和 TimerTask 对象，重新调用 schedue 函数来运行。

因此可以编写代码如下。

TimerTest1.java

```java
package timer;
import java.util.Date;
import java.util.Timer;
import java.util.TimerTask;
class Task extends TimerTask {
    public void run() {
        Date d = new Date();
        System.out.println(d);
    }
}
public class TimerTest1 {
    public static void main(String[] args) {
        Timer timer = new Timer();
        timer.schedule(new Task(), new Date(), 1000);
    }
}
```

运行代码，控制台打印结果如图 9-15 所示。

```
Mon Mar 22 18:36:28 CST 2021
Mon Mar 22 18:36:29 CST 2021
Mon Mar 22 18:36:30 CST 2021
```

图 9-15 TimerTest1.java 的运行结果

注意

(1) 和多线程相比，利用定时器时 TimerTask 类中没有写循环，其时间和频率的控制完全靠 Timer 对象，简化了编程。

(2) javax.swing.Timer 也能实现类似的功能，这将在后面的章节中讲解。

习 题 9

1. 用两种方法实现程序，需要每隔 1 毫秒在界面上打印一个"Hello"。与此同时，程序也在计算 1+2+3+…+10000，算完之后输出。要求：两者互不干涉。

2. 现有一个程序，需要每隔 1 毫秒在界面上打印一个"Hello"。与此同时，程序也在计算 1+2+3+…+10000，算完之后输出。要求：在将加法结果输出之后，Hello 不再打印（相当于在一个线程里面停止另一个线程）。

3. 将 9.3.3 节例子中的 work 函数写在另一个线程内,在主函数中调用。

4. 将 9.4.3 节例子中的同步代码写成同步函数。

5. 定义一个数组,大小为 10。两个线程,都向这个数组中存放数据,当数组满时要求能够提示。分析是否有数组溢出的安全隐患,并提出解决方案。

6. 用 Timer 实现程序,需要每隔 1 毫秒在界面上打印一个"Hello"。与此同时,程序也在计算 $1+2+3+\cdots+10000$,算完之后输出。要求:在将加法结果输出之后,Hello 不再打印。

第 10 章

Java IO 操作

扫一扫

视频讲解

建议学时：2。

IO 操作是 Java 语言的重要内容。本章将对文件的操作、字节流的读写和字符流的读写进行讲解，并对 RandomAccessFile 类和 Properties 类进行介绍。

10.1　认识 IO 操作

几乎所有的高级语言都支持 IO 操作。

什么是 IO 操作？"I"是 Input 的简称，表示输入；"O"是 Output 的简称，表示输出。

以下是典型的输入例子。

(1) 从网络上接收数据。

(2) 从键盘输入数据。

以下是典型的输出例子。

(1) 将数据输出到打印机打印。

(2) 将数据保存到硬盘上。

对于 I 和 O，从概念上比较容易理解，但对于初学者在现实和程序设计中往往无法分辨其区别。例如，将数据进行打印，为什么是输出呢？明明是将数据输入给打印机呀！

这里必须澄清一个概念，我们讲解的输入和输出全部是站在程序的角度，或者说站在"内存"的角度。如果是从其他地方获取数据到内存叫输入，将数据从内存送到别处叫输出。一个操作，从我方角度是输出，站在对方的角度就变成了输入。因此，保存文件站在硬盘的角度就是输入，但是站在内存的角度又是输出。因此，IO 概念的立足点是内存。

在 Java 中，IO 操作的支持 API 一般保存在 java.io 包中。本章内容主要基于 java.io 包进行讲解。

10.2　File 类操作

10.2.1　File 类

用 Java 语言如何进行文件操作？如删除文件、创建文件、列出某个目录下的所有文件。通常使用 java.io.File 类进行文件操作。

File 类提供了文件操作功能，打开文档，找到 java.io.File 类，最常见的构造函数如下。

`public File(String pathname)`

其传入一个路径，实例化 File 对象。

📢**注意**

（1）对于路径，Windows 系统中规定的分隔符是"\"，如果写成常量，则使用"\\"表示，例如 C:\\test.txt。在 UNIX 等系统中，分隔符是"/"。

即使在 Windows 下，在编程时仍然使用"/"作分隔符，File 类也能够接受。

（2）在 Java 中，目录也用 File 类封装。

用户可以调用 File 类里面的函数进行文件操作，主要功能如下。

（1）返回绝对路径字符串。

`public String getAbsolutePath()`

（2）判断文件（目录）是否存在。

`public boolean exists()`

（3）判断 File 对象是否为目录。

`public boolean isDirectory()`

（4）判断 File 对象是否为文件。

`public boolean isFile()`

（5）返回文件的长度。

`public long length()`

如果此对象表示一个目录，则返回值不确定。

（6）创建文件。

`public boolean createNewFile() throws IOException`

（7）创建目录。

`public boolean mkdir()`

（8）删除文件。

`public boolean delete()`

如果此对象表示一个目录，则此目录必须为空才能删除。

（9）以字符串数组列出目录下的所有文件。

`public String[] list()`

（10）以 File 数组列出目录下的所有文件。

`public File[] listFiles()`

（11）重命名。

`public boolean renameTo(File dest)`

📢**注意**

在该包内没有"复制文件""移动文件"等功能。

对于其他内容，可以参考文档。

10.2.2　File 类操作文件

使用 File 类操作文件：输入一个文件路径，如果文件存在，则显示大小并删除，否则提示文件不存在，代码如下。

FileTest1. java

```java
package file;
import java.io.File;
import javax.swing.JOptionPane;
public class FileTest1 {
    public static void main(String[] args) throws Exception {
        String fileName = JOptionPane.showInputDialog("输入文件路径");
        File file = new File(fileName);
        if(file.exists()){
            System.out.println("文件大小:" + file.length());
            file.delete();
            System.out.println("文件已删除");
        }
        else{
            System.out.println("文件不存在");
        }
    }
}
```

运行代码，输入一个存在的文件名，如图 10-1 所示。
单击“确定”按钮，控制台打印结果如图 10-2 所示。

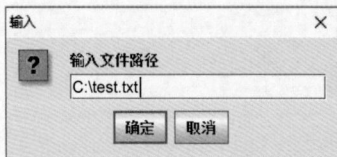

图 10-1　输入存在的文件名　　　图 10-2　FileTest1. java 的运行结果

注意

（1）文件大小是用字节表示的。

（2）为什么在“输入”对话框的“输入文件路径”文本框中输入的是 C:\test. txt 而不是 C:\\test. txt？ 这是因为通过对话框输入的方法内容保存在 fileName 中，不需要转义字符，如果直接在源代码中将路径赋值给变量 fileName，则必须写成 fileName＝"C:\\test. txt"。所以，这里可以输入 C:\\test. txt 或 C:/test. txt。

（3）此处的删除不是将文件移到回收站中，而是永久删除。

10.2.3　File 类操作目录

使用 File 类操作目录：输入一个目录路径，如果文件存在，则显示该目录下的所有文件名,否则提示目录不存在,代码如下。

FileTest2. java

```
package file;
import java.io.File;
import javax.swing.JOptionPane;
public class FileTest2 {
    public static void main(String[] args) throws Exception {
            String fileName = JOptionPane.showInputDialog("输入目录路径");
            File file = new File(fileName);
            if(file.exists()&&file.isDirectory()){
                File[] files = file.listFiles();
                for(File f:files){
                    System.out.println(f.getAbsolutePath());
                }
            }
            else if(!file.isDirectory()){
                System.out.println("不是目录或者目录不存在");
            }
    }
}
```

运行代码,输入一个存在的目录路径,如图 10-3 所示。

单击"确定"按钮,控制台打印结果如图 10-4 所示。

图 10-3　输入存在的目录路径

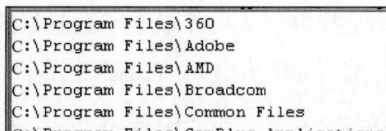

图 10-4　FileTest2. java 的运行结果

10.3　字节流的输入与输出

10.3.1　字节流

在 Java 中,输入与输出主要针对两类数据——字节和字符。Java 早期版本仅针对字节,后来随着 Java 使用范围的扩大,字节操作对一些中文、日文等双字节字符不太方便,因此又增加了和字符输入与输出相关的 API。

🔊**问答**

问:字节和字符有何区别?

答:字符是由字节组成的。在 Java 中将所有字符用 Unicode 编码,占 2 字节。例如,如果将"A"以字节输出,则对方收到的内容为"A",占 1 字节;如果将"中"以字节输出,则对方收到的内容为 2 字节,但可能是乱码。如果将"A"以字符输出,则对方收到的内容为"A",占 2 字节;如果将"中"以字符输出,则对方收到的内容为"中",也占 2 字节。

字符和字节的输入与输出都使用"流(Stream)"进行操作。

什么是流?以文件的输入与输出为例,可以将硬盘文件比作一个水池,内存要进行输入

（读）操作，需要用一根水管连到水池，数据通过"水管"从硬盘进入内存，这个水管就是输入流；反之，内存要进行输出（写）操作，需要用一根水管连到水池，数据通过"水管"从内存进入硬盘，此时这个水管就是输出流。

在 Java 中，所有字节输入流的父类是 java.io.InputStream，所有字节输出流的父类是 java.io.OutputStream。

这两个类都是抽象类，一般使用它们的子类来完成相应的功能。读者可以在文档中查看它们的子类。

10.3.2　字节流读写文件

1. 读文件

InputStream 的子类 java.io.FileInputStream，可以用字节的形式将内容从文件读入。

打开文档，找到 java.io.FileInputStream 类，常见的构造函数如下。

public **FileInputStream**(String name) throws FileNotFoundException

其传入一个路径，实例化 FileInputStream 对象。

该类还有一个构造函数。

public **FileInputStream**(File file) throws FileNotFoundException

其传入一个 File 对象，实例化 FileInputStream 对象。

用户可以调用 FileInputStream 类里面的函数进行文件操作，主要是各 read 函数，其中使用较多的是将内容从文件以字节数组形式读入。

public int read(byte[] b) throws IOException

该函数的参数是一个字节数组，但必须先为字节数组开辟空间。

还有一些函数，也是将一些数据以字节形式读入，读者可以参考文档。

这里举一个简单的例子：从 C:\info.txt 中读入内容，代码如下。

FileInputTest1.java

```java
package fileio;
import java.io.File;
import java.io.FileInputStream;
public class FileInputTest1 {
    public static void main(String[] args) throws Exception {
        File file = new File("C:/info.txt");
        FileInputStream fis = new FileInputStream(file);
        byte[] data = new byte[(int)file.length()];
        fis.read(data);
        fis.close();
        String msg = new String(new String(data));
        System.out.println(msg);
    }
}
```

运行代码，控制台打印结果如图 10-5 所示。

2. 写文件

OutputStream 的子类 java.io.FileOutputStream，可以用字节的形式将内容输出到

文件。

打开文档,找到 java.io.FileOutputStream 类,最常见的构造函数如下。

图 10-5　FileInputTest1.java
　　　　的运行结果

```
public FileOutputStream(String name) throws FileNotFoundException
```

其传入一个路径,实例化 FileOutputStream 对象,如果文件不存在,则创建;如果存在,则删除之后再创建。

该类还有一个构造函数。

```
public FileOutputStream(String name,boolean append) throws FileNotFoundException
```

第 2 个参数如果选择 true,则表示在原有文件末尾添加新的内容。

用户可以调用 FileOutputStream 类里面的函数进行文件操作,主要是各 write 函数,其中使用较多的是将一个字节数组写入文件。

```
public void write(byte[] b) throws IOException
```

还有一些函数,也是将一些可以用字节形式表达的数据写入文件,读者可以参考文档。

这里举一个简单的例子:将字符串"郭克华_Chinasei"保存到 C:\info.txt 中,代码如下。

FileOutputTest1.java

```java
package fileio;
import java.io.FileOutputStream;
public class FileOutputTest1 {
    public static void main(String[] args) throws Exception {
        FileOutputStream fos = new FileOutputStream("C:\\info.txt");
        String msg = "郭克华_Chinasei";
        fos.write(msg.getBytes());
        fos.close();
    }
}
```

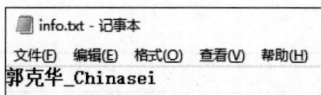

info.txt - 记事本
文件(F)　编辑(E)　格式(O)　查看(V)　帮助(H)
郭克华_Chinasei

图 10-6　info.txt 文件

运行代码,不打印任何结果。此时 info.txt 已经建立,打开文件,如图 10-6 所示。

◀》问答

问:为什么字符串中有中文,以字节形式写到文件中却没有乱码?

答:因为在本 JDK 环境下 msg.getBytes()自动将中文以中文编码转换成字节数组。如果将 msg.getBytes()改为 msg.getBytes("ISO-8859-1"),则保存文件的中文是乱码,其原因是以 ISO-8859-1 编码转换成的字节数组,系统无法将其识别为中文。

◀》注意

"fos.close();"表示关掉输出流。在文件操作完毕后要关闭流,否则文件有可能被锁定,其他程序无法访问。

在某些特定的场合不一定要频繁关闭。例如,程序每隔一段时间产生日志,将日志信息保存到文件就不用频繁关闭。此时该程序独占这一日志文件。

从底层讲,为了防止频繁读写,数据的输出将会先送到缓冲区,当达到一定数量之后才存到硬盘，close()函数会强制将缓冲区中的数据存入硬盘。如果不想进行 close 操作，又要将缓冲区中的数据存入硬盘，则可以调用输出流的 flush()函数。

3. 用 PrintStream 写文件

用 java.io.PrintStream 写文件更加简便。

打开文档，找到 java.io.PrintStream 类，和写文件相关，最常见的构造函数如下。

```
public PrintStream(OutputStream out)
```

传入一个 OutputStream 对象，实例化 PrintStream 对象，而根据多态性，传入的 OutputStream 对象又可以是一个 FileOutputStream 对象。

🔊**注意**

（1）在 JDK 1.5 之后也可以直接传入一个文件路径，不过通常认为上面介绍的构造函数的功能更加强大。

（2）常用的 System.out 是 PrintStream 类型。

用户可以调用 PrintStream 类里面的函数进行输出操作，其功能主要是各 print 函数和 println 函数，使用方法和 System.out 类似，读者可以参考文档。

这里举一个简单的例子：将字符串"郭克华_Chinasei"保存到 C:\info.txt 中，代码如下。

PrintStreamTest1. java

```java
package fileio;
import java.io.FileOutputStream;
import java.io.PrintStream;
public class PrintStreamTest1 {
    public static void main(String[] args) throws Exception {
        PrintStream ps = new PrintStream(new FileOutputStream("C:\\info.txt"));
        String msg = "郭克华_Chinasei";
        ps.println(msg);
        ps.close();
    }
}
```

运行代码，不打印任何结果。info.txt 已经建立，打开文件，如图 10-7 所示。

🔊**小知识**

FileOutputStream 已经可以将内容保存到文件了，为什么还要发明 PrintStream 呢？

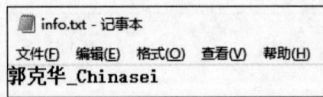

图 10-7　info.txt 文件

实际上，这是一种设计模式——装饰模式的应用。

如果需要将内容保存到文件，FileOutputStream 的作用已经够了，但是它只支持字节数组。如果需要很方便地将字符串进行输出呢？

一种方法是修改 FileOutputStream 的源代码，增加字符串输出的功能。但这种方法有以下问题。

（1）FileOutputStream 源代码可能不断膨胀。

（2）"需要很方便地将字符串进行输出"这个工作不仅针对文件保存，还可能针对网络数据传输、打印机输出,假如由类 NetOutputStream 和 PrinterOutputStream 分别负责这两个工作,那么在这两个类中也增加"字符串输出"功能就面临着大量的代码重复。

怎么办?将"需要很方便地将字符串进行输出"专门写在一个类中,让它可以为FileOutputStream、NetOutputStream、PrinterOutputStream 服务。而这个类就是 PrintStream类,其构造函数格式如下。

```
public PrintStream(OutputStream out)
```

其传入的不是 FileOutputStream、NetOutputStream、PrinterOutputStream,而是它们的父类 OutputStream。

该功能类似于日常生活中向水池中灌水,用管子可以实现,但是比较慢。于是在管子上接一个漏斗,这样就可以大桶大桶地灌水。此时,管子就相当于 FileInputStream,漏斗就是PrintStream。

这也是设计模式中"装饰模式"的一个应用,有兴趣的读者可以参考相关资料。

10.3.3　字节流读写对象

前文讲解的是将一个普通的字符串保存到文件后读入。在实际操作中有可能要对某个对象进行读写,如何实现呢?

java.io.ObjectOutputStream 和 java.io.ObjectInputStream 可以实现这个功能。

◆注意

如果一个对象需要被输入或输出(如输出到文件、网络等),该对象对应的类必须实现java.io.Serializable 接口。

1. 读对象

InputStream 的子类 java.io.ObjectInputStream,可以用对象的形式读入内容。

打开文档,找到 java.io.ObjectInputStream 类,最常见的构造函数如下。

```
public ObjectInputStream(InputStream in) throws IOException
```

其传入一个 InputStream 对象,实例化 ObjectInputStream 对象。如果传入的是FileInputStream 对象,则表示从文件读入。

用户可以调用 ObjectInputStream 类里面的函数进行对象操作,其中使用较多的是将内容以对象形式读入。

```
public final Object readObject() throws IOException, ClassNotFoundException
```

其返回类型是 Object,可能面临着强制转换。

还有一些函数,读者可以参考相关文档。

这里举一个简单的例子:从 C:\info.txt 中读入 Customer 对象,并打印详细信息,代码如下。

ObjectInputTest1.java

```
package objectio;
import java.io.File;
import java.io.FileInputStream;
import java.io.ObjectInputStream;
```

```
import cus.Customer;
public class ObjectInputTest1 {
    public static void main(String[] args) throws Exception {
        Customer cus = null;
        File file = new File("C:\\info.txt");
        FileInputStream fis = new FileInputStream(file);
        ObjectInputStream ois = new ObjectInputStream(fis);
        cus = (Customer)ois.readObject();
        fis.close();
        ois.close();
        cus.display();
    }
}
```

运行代码，控制台打印结果如图 10-8 所示。

说明可以正确读入。

```
账号:0001
密码:郭克华
姓名:男
```

图 10-8   ObjectInputTest1.java 的运行结果

◁))问答

问：如果一个文件中有很多对象，一个一个地读取对象，如何知道读到最后了？

答：ObjectInputStream 的 readObject 函数一个一个地读取对象，读到最后一个之后如果再读，抛出 java.io.EOFException 异常。

2. 写对象

OutputStream 的子类 java.io.ObjectOutputStream，可以用对象的形式将内容输出到某个地方。

打开文档，找到 java.io.ObjectOutputStream 类，最常见的构造函数如下。

```
public ObjectOutputStream(OutputStream out) throws IOException
```

其传入一个 OutputStream 对象，实例化 ObjectOutputStream 对象。如果传入的是 FileOutputStream，则存入文件。这也是装饰模式的应用。

用户可以调用 ObjectOutputStream 类里面的函数进行对象操作，其中使用较多的是将一个对象写入文件。

```
public final void writeObject(Object obj) throws IOException
```

这里举一个简单的例子：将一个 Customer 对象保存到 C:\info.txt 中。首先是 Customer 类，代码如下。

Customer. java

```
package cus;
import java.io.Serializable;
public class Customer implements Serializable {
    private String account;
    private String password;
    private String cname;
    public Customer(String account, String password, String cname){
        this.account = account;
        this.password = password;
        this.cname = cname;
```

```
    }
    public void display(){
        System.out.println("账号:" + account);
        System.out.println("密码:" + password);
        System.out.println("姓名:" + cname);
    }
}
```

◁))**注意**

Customer 类实现了 Serializable 接口。

接下来将 Customer 类对象存入文件,代码如下。

ObjectOutputTest1.java

```
package objectio;
import java.io.File;
import java.io.FileOutputStream;
import java.io.ObjectOutputStream;
import cus.Customer;

public class ObjectOutputTest1 {
    public static void main(String[] args) throws Exception {
        Customer cus = new Customer("0001","郭克华","男");
        File file = new File("C:\\info.txt");
        FileOutputStream fos = new FileOutputStream(file);
        ObjectOutputStream oos = new ObjectOutputStream(fos);
        oos.writeObject(cus);
        fos.close();
        oos.close();
    }
}
```

运行代码,不打印任何结果。info.txt 已经建立,打开文件如图 10-9 所示。

```
草  □sr ♠cus.Customer/□莊滨搽  □L □accountt
□Ljava/lang/String;L □cnameq  ~ □L □passwordq ~ □xpt □0001t
□鋻穚  閗嗗厠鍗?
```

图 10-9　info.txt 文件

◁))**问答**

问:为什么显示乱码?

答:因为对象被存入文件时是字节形式,而对象不是简单的几个成员变量的组合,所以显示为乱码。这种对象必须通过下一个程序读入显示,用记事本是看不清其中内容的。

10.4　字符流的输入与输出

10.4.1　字符流

在字符流中将所有的内容看成一个个字符(Character),占 2 字节,英文字符也不例外。

字符流专门负责字符的输入与输出。在 Java 中，所有字符输入流的父类是 java.io. Reader。所有字符输出流的父类是 java.io. Writer。

这两个类都是抽象类，一般使用它们的子类来完成相应的功能。读者可以在文档中查看它们的子类。

10.4.2 字符流读写文件

1. 读文件

Reader 的子类 java.io.FileReader，可以用字符的形式将内容从文件读入。

打开文档，找到 java.io.FileReader 类，最常见的构造函数如下。

public FileReader(String name) throws FileNotFoundException

其传入一个路径，实例化 FileReader 对象。

该类还有一个构造函数：

public FileReader(File file) throws FileNotFoundException

其传入一个 File 对象，实例化 FileReader 对象。

用户可以调用 FileReader 类里面的函数进行文件操作，主要是各 read 函数，其中使用较多的是将内容从文件以字符数组形式读入。

public int read(char[] cbuf) throws IOException

该函数的参数是一个字符数组，但必须先为字符数组开辟空间。

还有一些函数，也是将一些数据以字符形式读入，读者可以参考文档。

这里举一个简单的例子：从 C:\info.txt 中读入内容，代码如下。

FileReadTest1. java

```
package filerw;
import java.io.File;
import java.io.FileReader;
public class FileReadTest1 {
    public static void main(String[] args) throws Exception {
        File file = new File("C:\\info.txt");
        FileReader fr = new FileReader(file);
        char[] data = new char[(int)file.length()];
        fr.read(data);
        fr.close();
        String msg = new String(new String(data));
        System.out.println(msg);
    }
}
```

运行代码，控制台打印结果如图 10-10 所示。

在显示的字符串后面出现了几个"方框"，这是因为在代码"char[] data＝new char[(int)file.length()];"中分配的数组大小和 file.length() 相等，而 file.length() 是以字节计算的，"郭克华"3 个汉字是 6 字节，因此 data 的大小为 6，字符却只有 3 个，数组 data 剩下的部分

郭克华□□□

图 10-10 FileReadTest1.java 的运行结果

就空着了。

2. 用 BufferedReader 读文件

用 java.io.BufferedReader 读文件更加简便,可以让用户一行一行地读文件中的数据。打开文档,找到 java.io.BufferedReader 类,和读文件相关,最常见的构造函数如下。

```
public BufferedReader(Reader in)
```

其传入一个 Reader 对象,实例化 BufferedReader 对象,而根据多态性,传入的 Reader 对象又可以是一个 FileReader 对象。

用户可以调用 BufferedReader 类里面的函数进行输入操作,其功能主要是各 read 函数,最主要的是读取一行。

```
public String readLine() throws IOException
```

对于其他函数,读者可以参考文档。

如果文件中有多行,如何确认读到了最后一行呢?

BufferedReader 的 readLine 函数一行一行地读取文件,读取到最后一行之后如果再读取,返回的是 null。

因此,可以用循环来进行多行文件的内容的读取。

这里举一个简单的例子:将 C:\info.txt 中的所有内容读入并显示(事先在该文件中存入内容),代码如下。

BufferedReaderTest1.java

```java
package filerw;

import java.io.BufferedReader;
import java.io.File;
import java.io.FileReader;
public class BufferedReaderTest1 {
    public static void main(String[] args) throws Exception {
        File file = new File("C:\\info.txt");
        FileReader fr = new FileReader(file);
        BufferedReader br = new BufferedReader(fr);
        while(true){
            String str = br.readLine();
            if(str == null){
                break;
            }
            System.out.println(str);
        }
        fr.close();
        br.close();
    }
}
```

运行代码,控制台打印结果如图 10-11 所示。

内容被正确读取。

3. 写文件

Writer 的子类 java.io.FileWriter,可以用字符的形式将内容输出到文件。

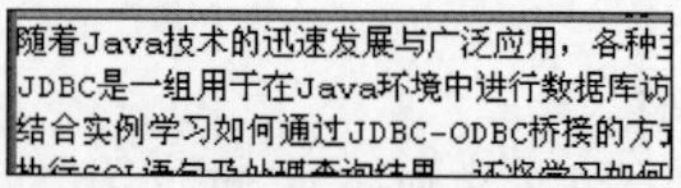

图 10-11　BufferedReaderTest1.java 的运行结果

打开文档，找到 java.io.FileWriter 类，最常见的构造函数如下。

```
public FileWriter(String name) throws IOException
```

其传入一个路径，实例化 FileWriter 对象，如果文件不存在，则创建；如果存在，则删除之后再创建。

该类还有一个构造函数：

```
public FileWriter(String name,boolean append) throws IOException
```

第 2 个参数如果选择 true，则表示在原有文件末尾添加新的内容。

用户可以调用 FileWriter 类里面的函数进行文件操作，主要是各 write 函数，其中使用较多的是将一个字符串写入文件，该函数从其父类继承。

```
public void write(String str) throws IOException
```

还有一些函数，也是将一些可以用字符形式表达的数据写入文件，读者可以参考文档。

这里举一个简单的例子：将字符串"郭克华"保存到 C:\info.txt 中，代码如下。

FileWriteTest1.java

```java
package filerw;
import java.io.FileWriter;
public class FileWriteTest1 {
    public static void main(String[] args) throws Exception {
        FileWriter fw = new FileWriter("C:\\info.txt");
        String msg = "郭克华";
        fw.write(msg);
        fw.close();
    }
}
```

运行代码，不打印任何结果。info.txt 已经建立，打开文件，如图 10-12 所示。

图 10-12　info.txt 文件

📢注意

"fw.close();"表示关掉输出流。在 FileWriter 中如果没有关闭输出流，可能会由于缓冲区没有清空数据而不保存到文件，因为 Reader 和 Writer 系列的数据采用了缓冲区机制。

10.4.3　键盘输入

实际上，BufferedReader 还可以进行键盘输入。

在终端上输出内容使用的是 System.out，与之相对应，键盘输入使用的是 System.in。

查看文档 System 类，发现其中的 in 成员是 java.io.InputStream 类型。java.io.InputStream 是所有字节输入流类的父类，功能不够强大。

BufferedReader 支持行输入,如何与 System.in 结合起来呢?

打开文档,找到 java.io.BufferedReader 类,其构造函数如下。

```
public BufferedReader(Reader in)
```

其传入一个 Reader 对象,而不是一个 InputStream 对象,因此不能将 System.in 传入 BufferedReader 的构造函数。

这就好像要在管子上面放一个漏斗,但是漏斗太粗,管子太细,无法连接在一起。那么, 如何解决这个问题呢?

使用一个接口,一边能够套管子,一边能够套漏斗,连接管子和漏斗即可。

在 java.io 中就有这样一个类,可以充当字节流和字符流的中介,它是 java.io. InputStreamReader,也是 Reader 的子类,构造函数如下。

```
public InputStreamReader(InputStream in)
```

其可以传入 InputStream 对象,System.in 也可以传入。

以下用一个案例进行键盘输入,代码如下。

KeyInputTest1.java

```
package keyinput;
import java.io.BufferedReader;
import java.io.InputStreamReader;
public class KeyInputTest1 {
    public static void main(String[] args) throws Exception {
        InputStreamReader isr = new InputStreamReader(System.in);
        BufferedReader br = new BufferedReader(isr);
        System.out.print("输入消息内容: ");
        String msg = br.readLine();
        System.out.println("消息:" + msg);
        isr.close();
        br.close();
    }
}
```

运行代码,控制台打印结果如图 10-13 所示。

输入一个字符串,如图 10-14 所示。

按回车键,控制台打印结果如图 10-15 所示。

图 10-13　KeyInputTest1.java 的运行结果

图 10-14　输入字符串

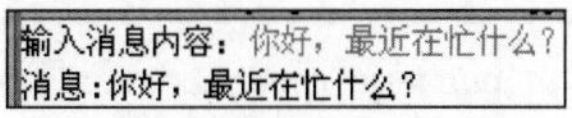

图 10-15　输入字符串后的运行结果

10.5　IO 操作的其他类

10.5.1　RandomAccessFile 类

在 java.io 中还有一个类 RandomAccessFile,可以提供文件的随机访问,既支持读文件，又支持写文件。

打开文档，找到 java.io.RandomAccessFile 类，最常见的构造函数如下。

```
public RandomAccessFile(String name, String mode) throws FileNotFoundException
```

其传入一个路径，实例化 RandomAccessFile 对象，其中第 2 个参数选择 r 表示只读，选择 rw 表示读写。

值得一提的是，该类提供了以下函数得到文件的大小。

```
public long length() throws IOException
```

1. 读文件

用户可以调用 RandomAccessFile 类里面的函数进行读文件操作，其主要是各 read 函数，提供了非常丰富的功能，读者可以参考文档。

这里举一个简单的例子：从 C:\info.txt 中读取字符串并打印，代码如下。

RAFReadTest1.java

```
package randomaccessfile;
import java.io.RandomAccessFile;
public class RAFReadTest1 {
    public static void main(String[] args) throws Exception {
        RandomAccessFile raf = new RandomAccessFile("C:\\info.txt","r");
        byte[] data = new byte[(int)raf.length()];
        raf.read(data);
        String msg = new String(data);
        raf.close();
        System.out.println(msg);
    }
}
```

运行代码，控制台打印结果如图 10-16 所示。

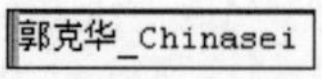

2. 写文件

用户可以调用 RandomAccessFile 类里面的函数进行写文件操作，其主要是各 write 函数，提供了非常丰富的功能，读者可以参考文档。

郭克华_Chinasei

图 10-16 RAFReadTest1.java 的运行结果

这里举一个简单的例子：将字符串"郭克华_Chinasei"保存到 C:\info.txt 中，代码如下。

RAFWriteTest1.java

```
package randomaccessfile;
import java.io.RandomAccessFile;
public class RAFWriteTest1 {
    public static void main(String[] args) throws Exception {
        RandomAccessFile raf = new RandomAccessFile("C:\\info.txt","rw");
        String msg = "郭克华_Chinasei";
        raf.write(msg.getBytes());
        raf.close();
    }
}
```

运行代码，不打印任何结果。info.txt 已经建立，打开文件，如图 10-17 所示。

3. 随机读写

读者可能会问，RandomAccessFile 类的功能使用前面学过的类不是也可以实现吗？

其实，RandomAccessFile 类最吸引人的地方在于随机读写。

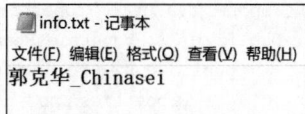

图 10-17 info.txt 文件

我们考虑一个问题：分析一个大小为 1GB 的文件中的内容，如何实现？使用一个字节数组，然后将文件读到数组中吗？很显然，这是不现实的。

此时可以采用"分块读取"的方法。将 1GB 的文件分为 1024MB，第一次读取第一个 1MB，读完之后分析。然后从第一个 1MB 末尾开始读取第二个 1MB，以此类推。

该技术的关键是如何读取文件的某一部分，而不是全部。RandomAccessFile 可以帮用户实现这个功能。RandomAccessFile 中有一个函数。

```
public void seek(long pos) throws IOException
```

该函数设置从文件头开始文件指针的偏移量，在该位置可以进行下一个读取或写入操作。

在本例中可以用 seek 函数设置开始读取的位置。

写文件也是一样。例如，下载的电影可能很大，此时就可以将目标文件分为一块一块的，用多线程来下载，各线程下载的内容写到相应的位置。

10.5.2　Properties 类

在 java.util 中有一个和 IO 操作相关的类 Properties。该类是 Hashtable 的子类，和 Hashtable 的使用方法类似。打开文档，找到 java.util.Properties 类，其构造函数很简单：

```
public Properties()
```

不过，该类也可以帮用户用比较方便的方法读写文件。

1. 读文件

在 Properties 类中有一个函数。

```
public void load(Reader reader) throws IOException
```

表示从 Reader 中输入内容到 Properties。如果该 Reader 封装了一个 FileReader 对象，则从文件输入。

另外还有一个函数。

```
public void loadFromXML(InputStream in)
throws IOException, InvalidPropertiesFormatException
```

表示将该 Properties 中的内容以 XML 格式输入。参数表示，如果传入一个 FileInputStream 对象，则从 XML 文件输入。

以下将前面例子中的文件读入后显示，代码如下。

PropertiesReadTest1.java

```
package util;
import java.io.FileInputStream;
import java.io.FileReader;
```

```java
import java.util.Properties;
public class PropertiesReadTest1 {
    public static void main(String[] args) throws Exception {
        Properties pps = new Properties();
        FileReader fr = new FileReader("conf.inc");
        pps.load(fr);
        fr.close();
        pps.list(System.out);

        FileInputStream fis = new FileInputStream("conf.xml");
        pps.loadFromXML(fis);
        fis.close();
        pps.list(System.out);
    }
}
```

运行代码,控制台打印结果如图 10-18 所示。

```
-- listing properties --
--=listing properties --
大小=小五
字体=黑体
字形=粗体
-- listing properties --
--=listing properties --
大小=小五
字体=黑体
字形=粗体
```

图 10-18　PropertiesReadTest1.java 的运行结果

内容正常显示。

注意

实际上,Properties 类的 load 和 store 方法还有一些选择,不过在有些情况下会出现中文乱码,需要小心使用。

2. 写文件

在 Properties 类中有一个函数:

public void **list**(PrintStream out)

表示将该 Properties 中的内容输出到 PrintStream。如果该 PrintStream 封装了一个 FileOutputStream 对象,则输出到文件。如果传入 System.out,则在控制台显示。

另外还有一个函数:

public void storeToXML(OutputStream os, String comment) throws IOException

表示将该 Properties 中的内容以 XML 格式输出。第 1 个参数表示,如果传入一个 FileOutputStream 对象,则保存到 XML 文件;第 2 个参数表示该 XML 文件的属性列表描述,详细内容可以参考文档。

这里举一个简单的例子:将如图 10-19 所示的对话框中所设置的内容保存到普通文件 conf.inc 和文件 conf.xml。

其代码如下。

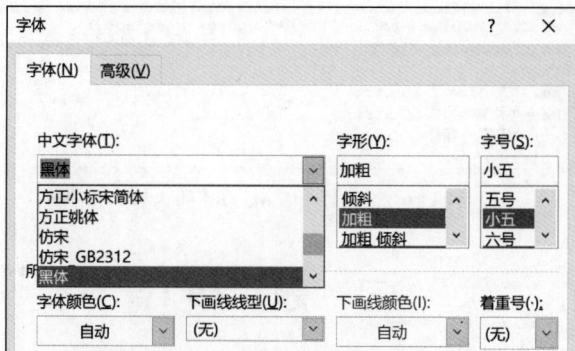

图 10-19　"字体"对话框

PropertiesWriteTest1.java

```java
package util;
import java.io.FileOutputStream;
import java.io.PrintStream;
import java.util.Properties;
public class PropertiesWriteTest1 {
    public static void main(String[] args) throws Exception {
        Properties pps = new Properties();
        pps.put("字体", "黑体");
        pps.put("字形", "粗体");
        pps.put("大小", "小五");

        PrintStream ps = new PrintStream("conf.inc");
        pps.list(ps);
        ps.close();

        FileOutputStream fos = new FileOutputStream("conf.xml");
        pps.storeToXML(fos, null);
        fos.close();
    }
}
```

运行代码，文件被保存在项目根目录下（可能需要刷新一下项目），如图 10-20 所示。
文件 conf.inc 的内容如图 10-21 所示。

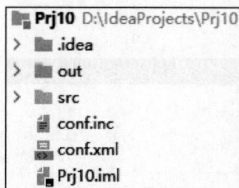

图 10-20　项目结构

图 10-21　文件 conf.inc 的内容

文件 conf.xml 的内容如图 10-22 所示。

```
<?xml version="1.0" encoding="UTF-8" standalone="no"?>
<!DOCTYPE properties SYSTEM "http://java.sun.com/dtd/properties.dtd">
<properties>
<entry key="大小">小五</entry>
<entry key="字体">黑体</entry>
<entry key="字形">粗体</entry>
</properties>
```

图 10-22　文件 conf.xml 的内容

习　题　10

1. 输入一个文件夹名称，删除其下面的所有文件。

2. 输入一个扩展名和一个文件夹名称，显示这个文件夹下所有这个扩展名的文件名及其大小。

3. 统计一个文本文件内有多少个"中国"。

4. 将九九乘法表保存到文件。

1 * 1＝1

1 * 2＝2 2 * 2＝4

……

5. 向文件内写入 3 个 10.3.3 节 Customer 类的对象，读入后显示它们的详细信息。

6. 制作一个"键盘输入版猜数字"游戏。系统产生一个 1～100 的随机整数，用户从键盘输入一个整数。如果该整数小于随机值，系统提示"猜得太小"；如果该整数大于随机值，系统提示"猜得太大"；在没猜中的情况下，重新输入。如果猜中，系统提示"成功"。三次没猜中，游戏失败。

7. 输入一个源文件名，一个目标文件名。要求能够将源文件内的内容复制到目标文件。文件支持各种格式。

8. 如果习题 7 中的源文件大小有 1GB，将如何实现。

9. Properties 调用 put 函数存放内容时，key 和 value 的类型是 Object，因此理论上讲可以是任何对象。

思考：能否将 10.3.3 节编写的 Customer 类的对象放入 Properties 之后保存到文件。

第5部分
Java 应用开发

第 11 章

GUI 程序开发

扫一扫

视频讲解

建议学时：2。

GUI 即图形用户界面，可以为用户提供丰富多彩的程序。本章首先讲解 javax.swing 中的一些 API，主要涉及窗口开发、控件开发、颜色、字体和图片开发，最后讲解一些常见的其他功能。

11.1　认识 GUI 和 Swing

11.1.1　图形用户界面

图形用户界面(Graphics User Interface，GUI)是指采用图形方式显示的计算机操作用户界面。

之前编写的程序，其操作基本是在控制台上进行的，称为文本用户界面或字符用户界面，用户操作较为不便。图形用户界面可以让用户看到什么就操作什么，而不是通过文本提示来操作。Windows 中的计算器就是一个典型的图形用户界面，如图 11-1 所示。

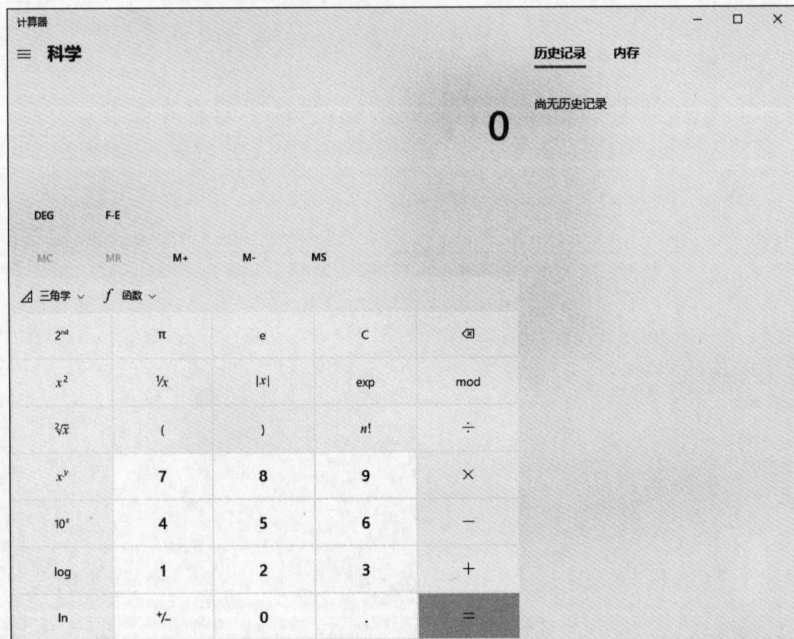

图 11-1　计算器

和控制台程序相比,图形用户界面的操作更加直观,也能提供更加丰富的功能。

◀注意

任何软件都必须用图形用户界面吗? 这也不一定。和控制台程序相比,图形用户界面比较消耗资源,且需要更多的硬件支持。虽然对日常计算机用户来说这是一件很常见的事情,但是某些精密系统的操作并不一定需要优美的界面。

从本章开始讲解如何用 Java 语言开发图形用户界面。

11.1.2　Swing

Swing 是一个为 Java 设计的 GUI 工具包。在 Java 中,GUI 操作支持的 API 一般保存在 java. awt 和 javax. swing 包中。本章主要基于这两个包进行讲解。

Java 对 GUI 的开发有两套版本的 API。

(1) java. awt 包中提供的(Abstract Window Toolkit,AWT)抽象窗口工具包界面开发API,适用于早期 Java 版本。

(2) javax. swing 包中提供的 Swing 界面开发 API,功能比 AWT 更加强大,是 Java 2推出的,成为 JavaGUI 开发的首选。其中,javax 中的"x"是扩展的意思。

本书的讲解主要针对 Swing 展开。

◀特别提醒

在界面开发的学习过程中,一定要多看文档,死记硬背是没有用的,也不是学习的好习惯。

例如,曾经有位学生发邮件问笔者:多行文本框中的内容如何自动回车? 我给他回了邮件,告诉他调用哪个函数。几天之后,这位学生又问笔者:多行文本框如何加滚动条? 我觉得该学生这样下去,无法真正学会 Java。我回复他"用一天的时间将文档中多行文本框中的所有成员函数都用一遍,不懂再来问"。

我们必须注意,不用刻意记住某个功能如何实现,而是要养成查阅文档的习惯,只有毫无品位的面试官才会去考学生"多行文本框中的内容如何自动回车"。

11.2　使　用　窗　口

制作图形用户界面,首要的问题是如何显示一个窗口,哪怕这个窗口上什么都没有,至少这是所有图形界面的基础。

11.2.1　JFrame 类开发窗口

一般情况下使用 javax. swing. JFrame 类进行窗口的显示。

JFrame 类提供了窗口功能。打开文档,找到 javax. swing. JFrame 类,常见的构造函数如下。

```
public JFrame(String title) throws HeadlessException
```

其传入一个界面标题,实例化 JFrame 对象。

用户可以调用 JFrame 类里面的函数进行窗口操作,主要功能如下。

（1）设置标题。

```
public void setTitle(String title)
```

（2）设置在屏幕上的位置。

```
public void setLocation(int x, int y)
```

其中，x 为窗口左上角在屏幕上的横坐标，y 为窗口左上角在屏幕上的纵坐标。屏幕最左上角的横纵坐标为 0。

（3）设置大小。

```
public void setSize(int width, int height)
```

参数为宽度和高度。

（4）设置可见性。

```
public void setVisible(boolean b)
```

根据参数 b 的值显示或隐藏此窗口。

对于其他内容，可以参考文档。

显示一个窗口，示例代码如下。

FrameTest1. java

```
package window;
import javax.swing.JFrame;
public class FrameTest1 {
    public static void main(String[] args) {
        JFrame frm = new JFrame("这是一个窗口");
        frm.setLocation(30,50);
        frm.setSize(50,60);
        frm.setVisible(true);
    }
}
```

运行代码，显示的窗口如图 11-2 所示。

注意

单击该窗口右上角的"关闭"按钮，窗口消失，但程序并没有结束，解决方法是调用方法 frm. setDefaultCloseOperation (JFrame. EXIT_ON_CLOSE)。

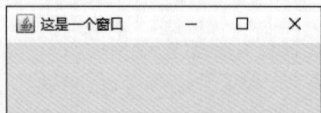

图 11-2   显示窗口

11. 2. 2   JDialog 类开发窗口

使用 JDialog 类也可以开发窗口，此时创建的窗口是对话框。

打开文档，找到 javax. swing. JDialog 类，常见的构造函数如下。

```
public JDialog(Frame owner, String title,boolean modal) throws HeadlessException
```

其中，owner 为显示该对话框的父窗口，title 为该对话框的标题，modal 为 true 表示模态对话框。

那么什么是父窗口和模态对话框呢？大家在进行 Windows 操作中经常会遇到一种情

况——从窗口 A 中打开窗口 B,此时窗口 A 可以叫窗口 B 的父窗口。

在打开窗口 B 时可能出现一种情况——窗口 B 没有关闭时窗口 A 不能使用,例如,记事本中的"字体"对话框,如图 11-3 所示。

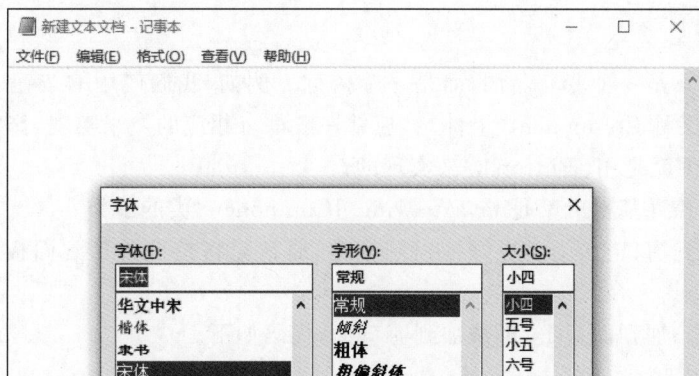

图 11-3　"字体"对话框

不关闭"字体"对话框,记事本界面不能使用,此时"字体"对话框就是一个模态对话框,否则是一个非模态对话框。

调用 JDialog 类里面的函数进行窗口操作,主要功能和 JFrame 类似。

在一个 JFrame 的基础上产生一个模态对话框,代码如下。

DialogTest1.java

```java
package window;
import javax.swing.JDialog;
import javax.swing.JFrame;
public class DialogTest1 {
    public static void main(String[] args) {
        JFrame frm = new JFrame("这是一个窗口");
        frm.setSize(400,2 00);
        frm.setDefaultCloseOperation(JFrame.EXIT_ON_CLOSE);
        frm.setVisible(true);

        JDialog dlg = new JDialog(frm,"这是一个对话框",true);
        dlg.setSize(200,100);
        dlg.setVisible(true);
    }
}
```

运行代码,显示一个对话框和一个窗口,不关闭前面的对话框,后面的窗口则不能使用,如图 11-4 所示。

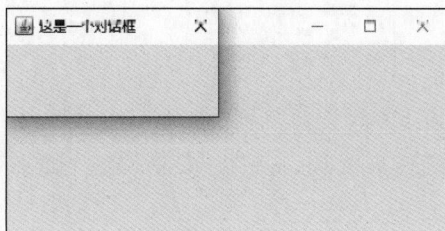

图 11-4　前面的对话框不关闭后面的窗口不能用

11.3　使　用　控　件

11.3.1　控件

控件实际上不是一个专有名词，而是一个俗称。例如，我们使用的按钮、文本框统称为控件，在 Java 中又称 Component（组件）。控件一般都有相应的类来实现，例如，常见的控件"按钮"，在 Java 中就是用 JButton 类来实现的。

本节讲解的控件基本上都是 javax.swing.JComponent 类的子类。

将控件添加到窗口上，为了更好地组织控件，通常先将控件添加到面板（JPanel）上，再添加到窗口上。

将一个按钮添加到面板上，再添加到窗口上，代码如下。

ComponentTest1.java

```
package component;
import javax.swing.JButton;
import javax.swing.JFrame;
import javax.swing.JPanel;
public class ComponentTest1 extends JFrame{
    private JButton jbt = new JButton("按钮");
    private JPanel jpl = new JPanel();
    public ComponentTest1(){
        jpl.add(jbt);
        this.add(jpl);
        this.setSize(300,300);
        this.setVisible(true);
    }
    public static void main(String[] args) {
        new ComponentTest1();
    }
}
```

运行代码，结果如图 11-5 所示。

图 11-5　ComponentTest1.java 的运行结果

🔊**特别说明**

（1）面板和窗口也称为容器对象。使用 add 方法可以在容器上添加容器，也可以添加控件。

（2）由于界面有可能比较复杂，所以一般不将界面的生成过程写在主函数中，而是写一个类继承 JFrame，在其构造函数中初始化界面。

11.3.2　标签、按钮、文本框、多行文本框和密码框

用户使用较多的控件是标签、按钮、文本框、多行文本框和密码框。

1. 标签

标签显示一段静态文本，效果如图 11-6 所示。

用户可以使用 JLabel 类开发标签。打开文档，找到 javax. swing. JLabel 类，常见的构造函数如下。

public JLabel(String text)

其传入一个标题，实例化一个标签。

2. 按钮

按钮的效果如图 11-7 所示。

这是注册窗口

图 11-6　标签效果

注册

图 11-7　按钮效果

用户可以使用 JButton 类开发按钮。打开文档，找到 javax. swing. JButton 类，常见的构造函数如下。

public JButton(String text)

其传入一个标题，实例化一个按钮。

3. 文本框

文本框效果如图 11-8 所示。

用户可以使用 JTextField 类开发文本框。打开文档，找到 javax. swing. JTextField 类，常见的构造函数如下。

public JTextField(int columns)

参数为 JTextField 的显示列数。

4. 多行文本框

多行文本框效果如图 11-9 所示。

guokehua

图 11-8　文本框效果

guokehua
中国

图 11-9　多行文本框效果

用户可以使用 JTextArea 类开发多行文本框。打开文档，找到 javax. swing. JTextArea 类，常见的构造函数如下。

public JTextArea(int rows, int columns)

参数为 JTextArea 显示的行数和列数。

注意

默认的文本框没有滚动条,如果要使用滚动条,需要使用 JScrollPane 类,将 JTextArea 对象传入其构造函数,然后在界面上添加 JScrollPane 对象。

5. 密码框

密码框效果如图 11-10 所示。

图 11-10　密码框效果

输入的内容以掩码形式显示。用户可以使用 JPasswordField 类开发密码框。打开文档,找到 javax. swing. JPasswordField 类,常见的构造函数如下。

```
public JPasswordField(int columns)
```

参数为 JPasswordField 的显示列数。

在界面上显示标签、按钮、文本框、多行文本框和密码框,代码如下。

ComponentTest2. java

```java
package component;
import javax.swing. * ;
public class ComponentTest2 extends JFrame{
    private JLabel lblInfo = new JLabel("这是注册窗口");
    private JButton btReg = new JButton("注册");
    private JTextField tfAcc = new JTextField(10);
    private JPasswordField pfPass = new JPasswordField(10);
    private JTextArea taInfo = new JTextArea(3,10);
    private JScrollPane spTaInfo = new JScrollPane(taInfo);
    private JPanel jpl = new JPanel();
    public ComponentTest2(){
        jpl.add(lblInfo);
        jpl.add(btReg);
        jpl.add(tfAcc);
        jpl.add(pfPass);
        jpl.add(spTaInfo);
        this.add(jpl);
        this.setSize(150,220);
        this.setVisible(true);
    }
    public static void main(String[] args) {
        new ComponentTest2();
    }
}
```

运行代码,结果如图 11-11 所示。

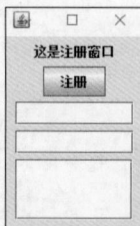

图 11-11　ComponentTest2. java 的运行结果

11.3.3　单选按钮、下拉列表框和复选框

单选按钮、下拉列表框和复选框是较为常用的控件。

1．单选按钮

单选按钮提供多选一功能（如性别），效果如图 11-12 所示。

图 11-12　单选按钮效果

用户可以使用 JRadioButton 类开发单选按钮。打开文档，找到 javax. swing. JRadioButton 类，常见的构造函数如下。

`public JRadioButton(String text, boolean selected)`

第 1 个参数为单选按钮标题，第 2 个参数为选择状态。

⏻注意

单选按钮支持的选项是多选一，那么如何将多个单选按钮看成一组呢？用户可以使用 javax. swing. ButtonGroup 实现，该类有一个 add 函数，能够将多个单选按钮加入，看成一组。但是 ButtonGroup 不能被加到界面上，用户要将单选按钮一个一个地加到界面上。

2．下拉列表框

下拉列表框提供多选一功能，适合选项较多的情况，效果如图 11-13 所示。

用户可以使用 JComboBox 类开发下拉列表框。打开文档，找到 javax. swing. JComboBox 类，常见的构造函数如下。

`public JComboBox()`

实例化一个下拉列表框，其中的选项可用其 addItem 函数添加，读者可以参考文档。

3．复选框

复选框提供多选功能，可以不选、全选或选择部分选项，效果如图 11-14 所示。

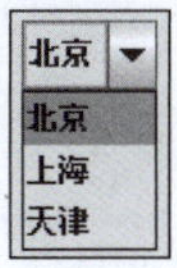

图 11-13　下拉列表框效果

图 11-14　复选框效果

用户可以使用 JCheckBox 类开发复选框。打开文档，找到 javax. swing. JCheckBox 类，常见的构造函数如下。

`public JCheckBox(String text, boolean selected)`

实例化一个复选框，第 1 个参数为复选框标题，第 2 个参数为选择状态。

在界面上显示单选按钮、下拉列表框和复选框几种控件，代码如下。

ComponentTest3. java

```
package component;
import javax.swing. * ;
public class ComponentTest3 extends JFrame{
    private JRadioButton rbSex1 = new JRadioButton("男",true);
    private JRadioButton rbSex2 = new JRadioButton("女",false);
    private JComboBox cbHome = new JComboBox();
    private JCheckBox cbFav1 = new JCheckBox("唱歌",true);
```

```java
private JCheckBox cbFav2 = new JCheckBox("跳舞");
private JPanel jpl = new JPanel();
public ComponentTest3(){

    ButtonGroup bgSex = new ButtonGroup();
    bgSex.add(rbSex1);
    bgSex.add(rbSex2);

    cbHome.addItem("北京");
    cbHome.addItem("上海");
    cbHome.addItem("天津");

    jpl.add(rbSex1);
    jpl.add(rbSex2);
    jpl.add(cbHome);
    jpl.add(cbFav1);
    jpl.add(cbFav2);
    this.add(jpl);
    this.setSize(100,180);
    this.setVisible(true);
}
public static void main(String[] args) {
    new ComponentTest3();
}
}
```

运行代码，结果如图 11-15 所示。

图 11-15　ComponentTest3.java 的运行结果

11.3.4　菜单

菜单是一种常见的控件，效果如图 11-16 所示。

如何开发菜单呢？实际上，菜单的开发需要了解以下问题。

（1）在界面上首先需要放置一个菜单条，由 javax.swing.JMenuBar 封装。

图 11-16　菜单效果

打开文档，找到 javax.swing.JMenuBar 类，常见的构造函数如下。

```java
public JMenuBar()
```

实例化一个菜单条。

注意

使用 JFrame 的 setJMenuBar(JMenuBar menubar) 方法可以将菜单条添加到界面上。

（2）图 11-16 中的"文件"是一个菜单，由 javax.swing.JMenu 封装。JMenu 放在菜单

条上。

打开文档，找到 javax.swing.JMenu 类，常见的构造函数如下。

public JMenu(String s)

其参数是菜单文本。

注意

使用 JMenuBar 的 add(JMenu menu)方法可以添加 JMenu。

（3）图 11-16 中的"保存"是一个菜单项，由 javax.swing.JMenuItem 封装。JMenuItem 放在 JMenu 上。

打开文档，找到 javax.swing.JMenuItem 类，常见的构造函数如下。

public JMenuItem (String s)

其参数是菜单项文本。

注意

使用 JMenu 的 add(JMenuItem menuItem)方法可以添加 JMenuItem。

在界面上有个菜单条(JMenuBar)，菜单条上有个"文件"菜单(JMenu)，"文件"菜单中有 3 个菜单项(JMenuItem)。

在界面上显示上述控件，代码如下。

ComponentTest4.java

```
package component;
import javax.swing. * ;
public class ComponentTest4 extends JFrame{
    private JMenuBar mb = new JMenuBar();
    private JMenu mFile = new JMenu("文件");
    private JMenuItem miOpen = new JMenuItem("打开");
    private JMenuItem miSave = new JMenuItem("保存");
    private JMenuItem miExit = new JMenuItem("退出");
    public ComponentTest4(){
        mFile.add(miOpen);
        mFile.add(miSave);
        mFile.add(miExit);
        mb.add(mFile);
        this.setJMenuBar(mb);

        this.setSize(200,180);
        this.setVisible(true);
    }
    public static void main(String[] args) {
        new ComponentTest4();
    }
}
```

运行代码，结果如图 11-16 所示。

11.3.5　使用 JOptionPane

使用 JOptionPane 类也可以显示窗口。一般使用其显示一些消息框、输入框或确认框等。

打开文档，找到 javax. swing. JOptionPane 类，一般使用其以下静态函数。

（1）显示消息框，效果如图 11-17 所示。

```
public static void showMessageDialog(Component parentComponent,Object message)
        throws HeadlessException
```

第 1 个参数表示父组件（可以为空，也可以为一个 Component），第 2 个参数表示消息内容。

（2）显示输入框，效果如图 11-18 所示。

```
public static String showInputDialog(Object message)
        throws HeadlessException
```

参数表示输入框上的提示信息，输入之后的内容以字符串返回。

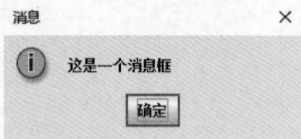

图 11-17　显示消息框　　　　　图 11-18　显示输入框

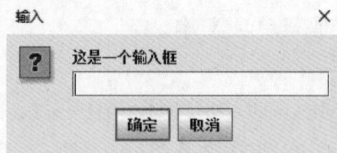

（3）显示确认框，效果如图 11-19 所示。

```
public static int showConfirmDialog(Component parentComponent,Object message)
        throws HeadlessException
```

第 1 个参数表示父组件（可以为空，也可以为一个 Component），第 2 个参数表示确认框上的提示信息。

系统如何知道用户单击了哪个按钮呢？系统根据返回值来判断，返回值是一个整数，由 JOptionPane 类中定义的静态变量表达。例如，JOptionPane. YES_OPTION 表示单击了"是"按钮，其他静态变量可以在文档中查到。

图 11-19　显示确认框

使用上述 3 种函数，显示 3 种显示窗口，代码如下。

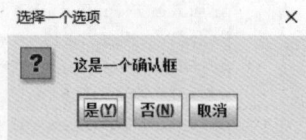

OptionPaneTest1. java

```java
package window;
import javax.swing.JOptionPane;
public class OptionPaneTest1 {
    public static void main(String[] args) {
        JOptionPane.showMessageDialog(null, "这是一个消息框");
        JOptionPane.showInputDialog("这是一个输入框");
        int result = JOptionPane.showConfirmDialog(null,"这是一个确认框");
    }
}
```

运行代码，则显示 3 种显示窗口。

11.3.6　其他控件

前文提出，不要对所有的控件死记硬背，因此希望读者在遇到想要使用的控件时，能通过查阅文档,从构造函数看起,学习它们的成员函数。

下面列出一些常见的其他控件。

(1) javax. swing. JFileChooser:文件选择框,用于文件的打开或保存,效果如图 11-20 所示。

(2) javax. swing. JColorChooser:颜色选择框,用于颜色的选择,效果如图 11-21 所示。

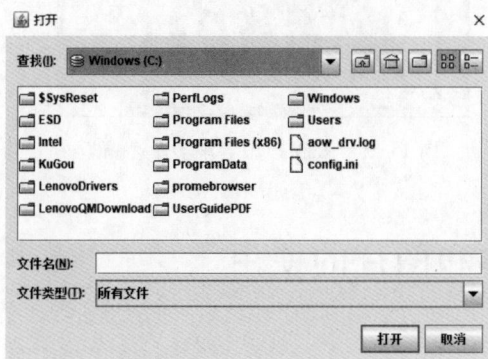

图 11-20　文件选择框　　　　　图 11-21　颜色选择框

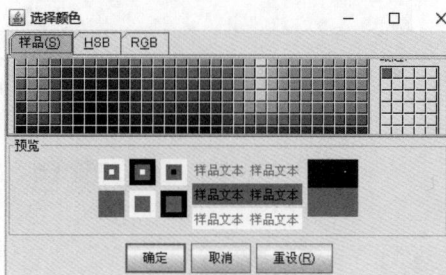

(3) javax. swing. JToolBar:用于在菜单条下方显示工具条,效果如图 11-22 所示。

(4) javax. swing. JList:列表框,用于选择某些选项,效果如图 11-23 所示。

图 11-22　显示工具条　　　　　图 11-23　列表框

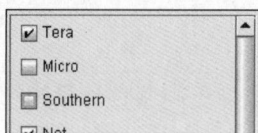

(5) javax. swing. JProgressBar:进度条,用于显示某些进度,效果如图 11-24 所示。

(6) javax. swing. JSlider:滑块,用于设定数值,效果如图 11-25 所示。

图 11-24　进度条　　　　　图 11-25　滑块

(7) javax. swing. JTree:树形结构,用于将分层数据显示为树形轮廓,效果如图 11-26 所示。

(8) javax. swing. JTable:表格,用于显示和编辑常规二维单元表,效果如图 11-27 所示。

图 11-26　树形结构　　　　　图 11-27　表格

(9) javax. swing. JTabbedPane:选项卡面板。它允许用户通过点击给定标题或图标的选项卡,在一组组件之间进行切换显示,效果如图 11-28 所示。

（10）javax. swing. JInternalFrame：在窗口中容纳多个小窗口，效果如图 11-29 所示。

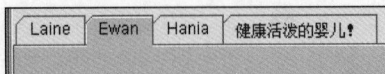

图 11-28　选项卡

图 11-29　在窗口中容纳多个小窗口

11.4　颜色、字体和图片的使用

11.4.1　使用颜色

在 GUI 编程中颜色是经常要使用的内容，例如，将界面背景设置为黄色，将按钮文字设置为红色等。

在 Java 中颜色是用 java. awt. Color 表达的。

打开文档，找到 java. awt. Color 类，常见的构造函数如下。

```
public Color( int r, int g, int b)
```

其表示用红色、绿色和蓝色分量来初始化颜色，参数 r、g、b 必须取值为 0～255。

小知识

生活中的任何颜色都可以看成由红、绿、蓝 3 种颜色混合而成。如果 3 种颜色分量都为 0，则为黑色；如果都为 255，则为白色。

为了便于使用，在 Color 类中提供了一些静态变量用以表示常见的颜色，例如 Color. yellow 表示黄色，Color. red 表示红色等。

对于窗口和控件来说，可以设置两类颜色。

（1）设置背景颜色。

```
public void setBackground(Color c)
```

（2）设置前景颜色。

```
public void setForeground(Color c)
```

前景颜色主要是指控件上文字等内容的颜色。

在界面上显示一个按钮，界面背景颜色是黄色，按钮上文字的颜色是红色，代码如下。

ColorTest1. java

```java
package color;
import java.awt.Color;
import javax.swing.JButton;
import javax.swing.JFrame;
import javax.swing.JPanel;
```

```
public class ColorTest1 extends JFrame{
    private JButton jbt = new JButton("按钮");
    private JPanel jpl = new JPanel();
    public ColorTest1(){
        jpl.add(jbt);
        this.add(jpl);
        jpl.setBackground(Color.yellow);
        jbt.setForeground(Color.red);
        this.setSize(100,80);
        this.setVisible(true);
    }
    public static void main(String[] args) {
        new ColorTest1();
    }
}
```

运行代码,结果如图 11-30 所示。

图 11-30 ColorTest1.java 的运行结果

11.4.2 使用字体

在 GUI 编程中字体也是经常要使用的内容,例如,将文本框中的文字以一种醒目的字体显示。

在 Java 中字体是用 java.awt.Font 表达的。

打开文档,找到 java.awt.Font 类,常见的构造函数如下。

public Font(String name, int style, int size)

其用字体名称、字体风格和字体大小初始化字体。

注意

(1)如果字体名称错误,则使用系统默认字体。在 Font 类中也定义了一些静态变量表示系统提供的字体,如 Font.SANS_SERIF 等,具体可以参考文档。

(2)字体风格可以选用 Font.PLAIN(普通)、Font.BOLD(粗体)、Font.ITALIC(斜体)等,如果同时使用多种,则用"|"隔开,如 Font.BOLD|Font.ITALIC 表示粗斜体。

设置字体一般针对含有文字的控件,可以通过以下方法设置字体。

public void setFont(Font f)

在界面上显示一个标签和一个文本框,标签字体为 20 号粗斜楷体,文本框中的字体为 20 号斜黑体,代码如下。

FontTest1.java

```
package font;
import java.awt.Font;
import javax.swing.JFrame;
import javax.swing.JLabel;
```

```java
import javax.swing.JPanel;
import javax.swing.JTextField;
public class FontTest1 extends JFrame{
    private JLabel lblAcc = new JLabel("输入账号：");
    private JTextField tfAcc = new JTextField(10);
    private JPanel jpl = new JPanel();
    public FontTest1(){
        Font fontLblAcc = new Font("楷体_GB2312",Font.BOLD|Font.ITALIC,20);
        lblAcc.setFont(fontLblAcc);
        Font fontTfAcc = new Font("黑体",Font.ITALIC,20);
        tfAcc.setFont(fontTfAcc);
        jpl.add(lblAcc);
        jpl.add(tfAcc);
        this.add(jpl);
        this.setSize(250,80);
        this.setVisible(true);
    }
    public static void main(String[] args) {
        new FontTest1();
    }
}
```

运行代码，结果如图 11-31 所示。

图 11-31　FontTest1.java 的运行结果

11.4.3　使用图片

在 GUI 编程中经常使用图片。例如，通过在界面上放一幅图片对界面进行美化。在 Java 中图片的封装有以下两种方式。

1. 图像

图像是用 java.awt.Image 来封装的。打开文档，找到 java.awt.Image 类，该类是一个抽象类，无法被实例化。

Image 对象一般使用以下方式得到。

```java
Image img = Toolkit.getDefaultToolkit().createImage("图片路径");
```

Image 在界面画图中使用较多，在本书后续章节中将详细讲解，此处只介绍其简单功能。JFrame 有一个函数：

```java
public void setIconImage(Image image)
```

通过该函数可以设置此窗口要显示在最小化图标中的图像。

图 11-32　图片内容

以下代码将项目根目录下的 img.gif 设置为窗口的最小化图标。首先将该图片复制到项目根目录下，该图片内容如图 11-32 所示。

ImageTest1.java

```java
package image;
```

```
import java.awt.Image;
import java.awt.Toolkit;
import javax.swing.JFrame;
public class ImageTest1 extends JFrame{
    private Image img;
    public ImageTest1(){
        super("这是一个窗口");
        img = Toolkit.getDefaultToolkit().createImage("img.gif");
        this.setIconImage(img);
        this.setSize(250,80);
        this.setVisible(true);
    }
    public static void main(String[] args) {
        new ImageTest1();
    }
}
```

运行代码,结果如图 11-33 所示。

如果最小化窗口,任务栏上显示如图 11-34 所示。

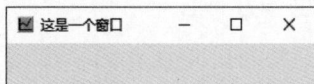

图 11-33　ImageTest1.java 的运行结果　　　　图 11-34　最小化效果

2. 图标

图标是用 javax.swing.Icon 来封装的。打开文档,找到 javax.swing.Icon,它是一个接口,无法被实例化。一般使用 Icon 的实现类 javax.swing.ImageIcon 来生成一个图标。

打开文档,找到 javax.swing.ImageIcon 类,常见的构造函数如下。

```
public ImageIcon(String filename)
```

其传入一个路径,实例化 ImageIcon 对象。

设置图标在 Swing 开发中较为常见。常见的控件一般都提供了构造函数传入一个图标。例如,JButton 类就用以下构造函数传入一个图标。

```
public JButton(String text,Icon icon)
```

此外,还用 setIcon 函数修改图标。

JLabel 等其他类也有相应的图标支持函数,具体可以参考文档。

将项目根目录下的 img.gif 设置为按钮的图标,代码如下。

ImageTest2.java

```
package image;
import javax.swing.*;
public class ImageTest2 extends JFrame{
    private Icon icon;
    private JButton jbt = new JButton("按钮");
    private JPanel jpl = new JPanel();
    public ImageTest2(){
        icon = new ImageIcon("img.gif");
```

```
        jbt.setIcon(icon);
        jpl.add(jbt);
        this.add(jpl);
        this.setSize(250,80);
        this.setVisible(true);
    }
    public static void main(String[] args) {
        new ImageTest2();
    }
}
```

运行代码，结果如图 11-35 所示。

图 11-35　ImageTest2.java 的运行结果

11.5　其他功能

11.5.1　设置界面的显示风格

前面编写的界面，风格似乎和 Windows 下的界面风格不太一致，能否让界面以某种操作系统的风格显示呢？

在 GUI 编程中风格是由 javax.swing.UIManager 类进行管理的。通过该类的以下函数来设置界面的显示风格。

```
public static void setLookAndFeel(String className)
                    throws ClassNotFoundException,
                           InstantiationException,
                           IllegalAccessException,
                           UnsupportedLookAndFeelException
```

用户可以使用以下函数得到系统中已经支持的风格。

```
public static UIManager.LookAndFeelInfo[] getInstalledLookAndFeels()
```

用系统支持的所有风格显示一个输入框，代码如下。

StyleTest.java

```
package others;
import javax.swing.*;
public class StyleTest {
    public static void main(String[] args) {
        try{
            UIManager.LookAndFeelInfo[] infos =
                    UIManager.getInstalledLookAndFeels();
            for(UIManager.LookAndFeelInfo info:infos){
                UIManager.setLookAndFeel(info.getClassName());
                JOptionPane.showInputDialog(info.getName() + "风格");
            }
```

```
        }catch(Exception ex){}
    }
}
```

运行代码,依次显示输入框如图 11-36 所示。

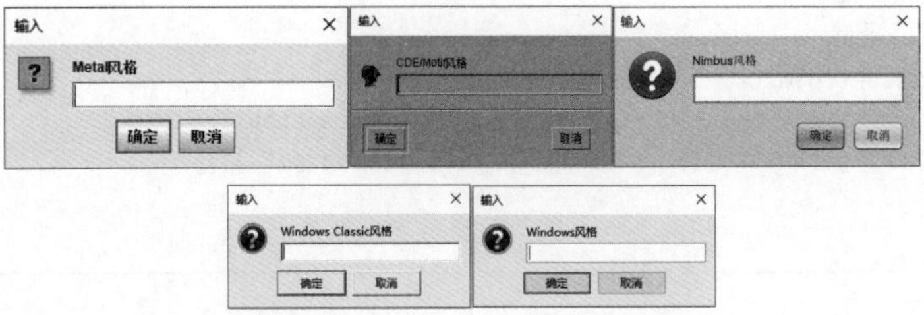

图 11-36　依次显示不同风格的输入框

11.5.2　获取屏幕大小

有时候为了美观,希望在屏幕的正中央显示某个窗口,此时就必须事先知道屏幕的宽度和高度,才能对窗口的位置进行计算。那么,如何知道屏幕的宽度和高度呢?

在 GUI 编程中屏幕大小是由 java.awt.GraphicsEnvironment 类获得的。打印当前的屏幕大小,代码如下。

ScreenTest.java

```
package others;

import java.awt.GraphicsEnvironment;
import java.awt.Rectangle;
public class ScreenTest {
    public static void main(String[] args) {
        GraphicsEnvironment ge =
            GraphicsEnvironment.getLocalGraphicsEnvironment();
        Rectangle rec =
            ge.getDefaultScreenDevice().getDefaultConfiguration().getBounds();
        System.out.println("屏幕宽度: " + rec.getWidth());
        System.out.println("屏幕高度: " + rec.getHeight());
    }
}
```

运行代码,控制台打印结果如图 11-37 所示。

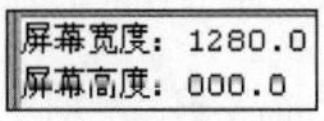

屏幕宽度: 1280.0
屏幕高度: 000.0

图 11-37　ScreenTest.java 的运行结果

11.5.3　使用默认应用程序打开文件

在 JDK 6.0 中增加了 java.awt.Desktop 类,该类最有意思的功能是用默认应用程序打开文件。例如,如果计算机上装了 Acrobat,双击 PDF 文件将会用 Acrobat 打开。此功能也可以用 Desktop 类实现。

打开 C 盘中的 test.pdf，代码如下。

DesktopTest . java

```
package others;
import java.awt.Desktop;
import java.io.File;
public class DesktopTest {
    public static void main(String[] args) throws Exception{
        Desktop.getDesktop().open(new File("C:\\test.pdf"));
    }
}
```

运行代码，自动打开文件 test.pdf，等价于双击文件。

11.5.4　将程序显示为系统托盘

在 JDK 6.0 中增加了 java.awt.SystemTray 类，该类可以在任务栏上显示系统托盘，系统托盘用 java.awt.TrayIcon 封装。

将一个图片显示为系统托盘，代码如下。

SystemTrayTest. java

```
package others;
import java.awt.Image;
import java.awt.SystemTray;
import java.awt.Toolkit;
import java.awt.TrayIcon;
public class SystemTrayTest{
    public static void main(String[] args) throws Exception {
        Image img = Toolkit.getDefaultToolkit().createImage("img.gif");
        TrayIcon ti = new TrayIcon(img);
        SystemTray.getSystemTray().add(ti);
    }
}
```

运行代码，任务栏的显示效果如图 11-38 所示。

图 11-38　任务栏上的显示效果

在多媒体控制图标左边即为系统托盘，单击该图标没有任何反应，这是因为还没有给其增加事件功能。

习　题　11

1. 和 JFrame 类似，JWindow 也可以生成窗口，没有标题栏、窗口管理按钮。查看文档,在桌面显示一个 JWindow 对象。

2. 查看文档,并进行以下操作。

(1) 改变密码框的掩码,例如用♯表示。

(2) 让多行文本框输入时,自动换行。

(3) 用 setSize 方法修改按钮的大小。

3. 查看文档,并进行以下操作。

(1) 获取单选按钮的选定状态。

(2) 获取下拉菜单中的选定值。

(3) 在下拉菜单中删除某选项。

(4) 获取复选框的选定状态。

4. 查看文档,并进行以下操作。

(1) 添加子菜单,在"保存"菜单中,又分为"保存为 txt 文件"和"保存为 word 文件"。

(2) 在菜单项之间加分隔线。

(3) javax. swing 包中,有一个 JRadioButtonMenuItem 类,如何使用该类?

(4) javax. swing 包中,有一个 JCheckBoxMenuItem 类,如何使用该类?

5. JOptionPane 类显示窗口时,可以以不同的风格显示消息框、输入框和确认框,查看文档,阅读相应的函数的描述。

6. 编写一个登录界面,含有文本框、密码框和登录按钮,要求界面背景和控件背景颜色为黄色,文字颜色为红色。

7. 编写一个登录界面,含有文本框、密码框和登录按钮,要求界面背景和控件背景颜色为黄色,文字颜色为红色。字体为 14 号楷体。

8. 在界面上显示一个 JLabel 对象,JLabel 中含有一个图标。

9. 查看文档,实现在菜单项上添加图标。

10. 编写一个界面,要求显示在屏幕中央。

第 12 章

Java 界面布局管理

扫一扫

视频讲解

建议选学

GUI 控件的布局能够让用户更好地控制界面的开发。本章首先讲解几种最常见的布局——FlowLayout、GridLayout、BorderLayout、空布局，以及其他一些比较复杂的布局方式，最后用一个计算器程序对其进行总结。

12.1　布　局　管　理

12.1.1　认识布局管理

在 Java GUI 开发中，窗体上都需要添加若干控件。一般情况下，首先将控件加到面板上，然后加到窗体上，这样控件在窗体上的排布就有一个方式，以下面的例子为例，代码如下。

LayoutTest1. java

```
package layout;
import javax. swing. * ;
public class LayoutTest1 extends JFrame{
    private JLabel lblInfo = new JLabel("这是注册窗口");
    private JButton btReg = new JButton("注册");
    private JPanel jpl = new JPanel();
    public LayoutTest1(){
        jpl.add(lblInfo);
        jpl.add(btReg);
        this.add(jpl);
        this.setSize(150,100);
        this.setVisible(true);
    }
    public static void main(String[] args) {
        new LayoutTest1();
    }
}
```

运行代码，结果如图 12-1 所示。

为什么控件会这样排布呢？这是 JPanel 默认的排布方式。这种排布方式会有一些问题，如窗口改变大小，排布方式随之改变，如图 12-2 所示。

如果通过 setSize 方法改变了按钮的大小，但是在界面上体现不出来。

因此,如果不使用较为科学的布局方式,用户在使用界面时,界面可能呈现不同的样子,此时就需要使用布局管理器。

图 12-1　LayoutTest1.java 的运行结果

图 12-2　窗口改变大小,排布方式改变

布局管理器可以将加入容器的组件按照一定的顺序和规则放置,使之看起来更加美观。在 Java 中,布局由布局管理器——java.awt.LayoutManager 来管理。

12.1.2　认识 LayoutManager

打开文档,找到 java.awt.LayoutManager,会发现这是一个接口,并不能直接实例化,此时可以使用该接口的实现类。java.awt.LayoutManager 常见的实现类如下。

(1) java.awt.FlowLayout:将组件首先按从左到右排列,然后再按从上到下的顺序依次排列,若一行放不下则到下一行继续放置。

(2) java.awt.GridLayout:将界面布局为一个无框线的表格,在每个单元格中放一个组件。

(3) java.awt.BorderLayout:将组件按东、南、西、北、中 5 个区域放置,每个区域只能放置一个组件。

如何设置容器的布局方式?可以使用 JFrame、JPanel 等容器的函数设置。

```
public void setLayout(LayoutManager mgr)
```

◁))注意

(1) 在大多数情况下,综合运用常见的布局管理器可以满足应用需要。对于特殊的具体应用,可以通过实现 LayoutManager 或 LayoutManager2 接口来定义自己的布局管理器。

(2) 对于以上几种常见的布局方式,组件的大小、位置都不能用 setSize 和 setLocation 方法确定,而是根据窗体大小自动适应。如果需要用 setSize 和 setLocation 方法确定组件的大小和位置,则可以采用空布局(null 布局)。

(3) Java 中的布局方式还有很多,此处只讲解常见的几种,对于其他内容可以举一反三,通过文档进行学习。

① java.awt.CardLayout:将组件像卡片一样放置在容器中。

② java.awt.GridBagLayout:可指定组件放置的具体位置及占用的单元格数目。

③ javax.swing.BoxLayout:就像整齐放置的一行或一列盒子,在每个盒子中放一个组件。

此外,还有 javax.swing.SpringLayout、javax.swing.ScrollPaneLayout、javax.swing.OverlayLayout、javax.swing.ViewportLayout 等。

12.2　FlowLayout 布局

12.2.1　认识 FlowLayout

FlowLayout 是较为常见的布局方式之一。它的特点是将组件首先按从左到右排列,然后再按从上到下的顺序依次排列,若一行放不下则到下一行继续放置。

12.1 节中的代码所呈现的是 FlowLayout。由此可见,JPanel 的默认布局方式是 FlowLayout。

🔊**注意**

FlowLayout 也称为"流式布局"。就像流水一样,遇到流不过去的地方会拐弯,控件在一行放不下则到下一行继续放置。

用户可以使用 java. awt. FlowLayout 类进行流式布局的管理。打开文档,找到 java. awt. FlowLayout 类,其构造函数如下。

(1) public FlowLayout():实例化 FlowLayout 对象,布局方式为居中对齐,默认控件之间的水平和垂直间隔是 5 个单位(一般为像素)。

(2) public FlowLayout(int align):实例化 FlowLayout 对象,默认水平和垂直间隔是 5 个单位。

align 表示指定的对齐方式,常见的选择如下。

① FlowLayout. LEFT:左对齐。

② FlowLayout. RIGHT:右对齐。

③ FlowLayout. CENTER:居中对齐。

(3) public FlowLayout(int align,int hgap,int vgap):指定对齐方式,并指定控件之间的水平和垂直间隔。

12.2.2 使用 FlowLayout

以下案例使用 FlowLayout 开发一个登录界面。控件居中对齐,水平和垂直间隔为 10 像素,代码如下。

FlowLayoutTest1. java

```
package flowlayout;
import java.awt.FlowLayout;
import javax.swing. * ;
public class FlowLayoutTest1 extends JFrame{
    private FlowLayout flowLayout =
        new FlowLayout(FlowLayout.CENTER,10,10);
    private JLabel lblAcc = new JLabel("输入账号");
    private JTextField tfAcc = new JTextField(10);
    private JLabel lblPass = new JLabel("输入密码");
    private JPasswordField pfPass = new JPasswordField(10);
    private JButton btLogin = new JButton("登录");
    private JButton btExit = new JButton("取消");
    private JPanel jpl = new JPanel();
    public FlowLayoutTest1(){
        jpl.setLayout(flowLayout);                    //设置布局方式
        jpl.add(lblAcc);
        jpl.add(tfAcc);
        jpl.add(lblPass);
        jpl.add(pfPass);
        jpl.add(btLogin);
        jpl.add(btExit);
```

```
        this.add(jpl);
        this.setSize(200,150);
        this.setVisible(true);
    }
    public static void main(String[] args) {
        new FlowLayoutTest1();
    }
}
```

运行代码,结果如图 12-3 所示。

如果继续调整界面大小,结果如图 12-4 所示。

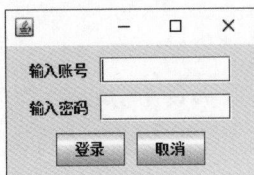

图 12-3　FlowLayoutTest1.java 的运行结果　　　　图 12-4　调整界面大小时的结果

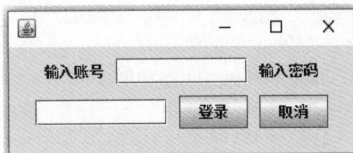

这说明 FlowLayout 的使用功能有些限制。

12.3　GridLayout 布局

12.3.1　认识 GridLayout

GridLayout 是较为常见的布局方式之一。它的特点是将界面布局为一个无框线的表格,在每个单元格中放一个组件,一行一行地放置,若一行放满则放下一行。

用户常见的计算器上的按钮就可以采用这个布局实现,如图 12-5 所示。

该面板分为 4 行 5 列,每个单元格分别放置按钮。

图 12-5　计算器上的按钮

注意

GridLayout 也称"网格布局"。

通常使用 java.awt.GridLayout 类进行网格布局的管理。打开文档,找到 java.awt.GridLayout 类,常见的构造函数如下。

(1) public GridLayout(int rows,int cols):创建具有指定行数和列数的网格布局,给布局中的所有组件分配相等的大小。在默认情况下,行与列之间没有边距。

(2) public GridLayout(int rows,int cols,int hgap,int vgap):创建具有指定行数和列数的网格布局,给布局中的所有组件分配相等的大小,此外,将水平和垂直间距设置为指定值。水平间距将置于列与列之间,垂直间距将置于行与行之间。

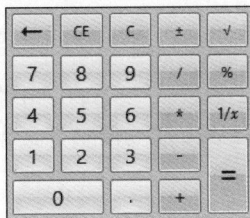

12.3.2　使用 GridLayout

以下案例使用 GridLayout 开发一个登录界面,水平和垂直间隔为 10 像素,代码如下。

GridLayoutTest1. java

```java
package gridlayout;
import java.awt.GridLayout;
import javax.swing. * ;
public class GridLayoutTest1 extends JFrame{
    private GridLayout gridLayout = new GridLayout(3,2,10,10);
    private JLabel lblAcc = new JLabel("输入账号");
    private JTextField tfAcc = new JTextField(10);
    private JLabel lblPass = new JLabel("输入密码");
    private JPasswordField pfPass = new JPasswordField(10);
    private JButton btLogin = new JButton("登录");
    private JButton btExit = new JButton("取消");
    private JPanel jpl = new JPanel();
    public GridLayoutTest1(){
        jpl.setLayout(gridLayout);              //设置布局方式
        jpl.add(lblAcc);
        jpl.add(tfAcc);
        jpl.add(lblPass);
        jpl.add(pfPass);
        jpl.add(btLogin);
        jpl.add(btExit);
        this.add(jpl);
        this.setSize(200,150);
        this.setVisible(true);
    }
    public static void main(String[] args) {
        new GridLayoutTest1();
    }
}
```

运行代码,结果如图 12-6 所示。

如果继续调整界面大小,效果如图 12-7 所示。

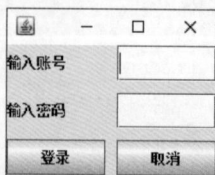

图 12-6 GridLayoutTest1. java 的运行结果   图 12-7 调整界面大小后的结果

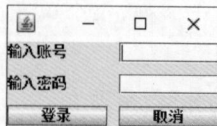

这说明 GridLayout 可以保证界面不变形。

12.4 BorderLayout 布局

12.4.1 认识 BorderLayout

BorderLayout 是较为常见的布局方式之一。它的特点是将组件按东、南、西、北、中 5 个区域放置,每个区域只能放置一个组件,如图 12-8 所示。

◁᷉注意

读者可能会问这种布局方式有什么用呢？实际中常见的软件界面很多都是使用这种布局，如图 12-9 所示。

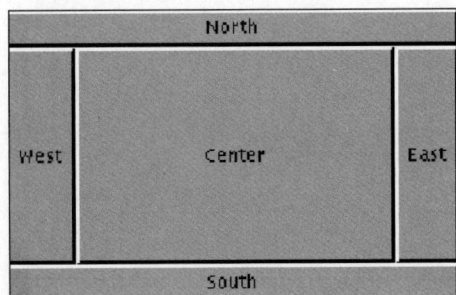

图 12-8　BorderLayout 布局

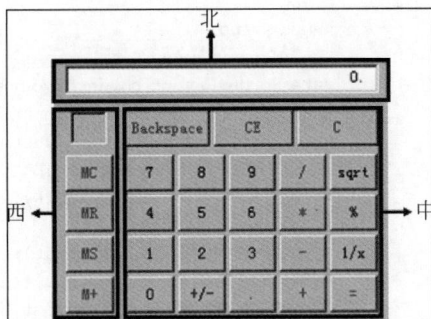

图 12-9　计算器

计算器界面大致可以分为北、西、中 3 部分，每部分可以是一个面板。其中，"中"部分还可以再细分。

◁᷉注意

BorderLayout 也称"边界布局"。如果东、西、南、北某个部分没有添加任何内容，则其他内容会自动将其填满；如果中间没有添加任何内容，则会空着。

用户可以使用 java.awt.BorderLayout 类进行边界布局的管理。打开文档，找到 java.awt.BorderLayout 类，常见的构造函数如下。

（1）public BorderLayout()：构造一个组件之间没有间距的边界布局。

（2）public BorderLayout(int hgap,int vgap)：构造一个具有指定组件间距的边界布局。水平间距由 hgap 指定，垂直间距由 vgap 指定。

在使用了边界布局之后，将组件加到容器上就不能直接用 add 函数了，必须指定添加位置。一般用 add 函数的第 2 个参数指定添加的位置，可以选择以下选项。

（1）BorderLayout.NORTH：表示添加到北边。

（2）BorderLayout.SOUTH：表示添加到南边。

（3）BorderLayout.EAST：表示添加到东边。

（4）BorderLayout.WEST：表示添加到西边。

（5）BorderLayout.CENTER：表示添加到中间。

例如，将一个按钮添加到面板南边，代码如下。

```
JPanel p = new JPanel();
p.setLayout(new BorderLayout());
p.add(new JButton("Okay"), BorderLayout.SOUTH);
```

12.4.2　使用 BorderLayout

以下案例使用 BorderLayout 开发一个很简单的界面，在东、西、南边各添加一个按钮，代码如下。

BorderLayoutTest1.java

```
package borderlayout;
import java.awt.BorderLayout;
import javax. * ;
import javax. swing. * ;
public class BorderLayoutTest1 extends JFrame{
    private BorderLayout borderLayout = new BorderLayout();
    private JButton btEast = new JButton("东");
    private JButton btWest = new JButton("西");
    private JButton btSouth = new JButton("南");
    private JPanel jpl = new JPanel();
    public BorderLayoutTest1(){
        jpl. setLayout(borderLayout);
        jpl.add(btEast, BorderLayout. EAST);
        jpl.add(btWest, BorderLayout. WEST);
        jpl.add(btSouth, BorderLayout. SOUTH);
        this.add(jpl);
        this.setSize(200,150);
        this.setVisible(true);
    }
    public static void main(String[] args) {
        new BorderLayoutTest1();
    }
}
```

运行代码,结果如图 12-10 所示。

图 12-10　BorderLayoutTest1.java 的运行结果

12.5　综合案例——计算器

12.5.1　案例需求

制作一个简单的计算器界面,效果如图 12-11 所示。

图 12-11　计算器界面

12.5.2 关键技术

1. 面板的组织

总体来说,该界面是一个边界布局,分为北、西、中三部分,分别命名为 pn、pw 和 pc,如图 12-12 所示。

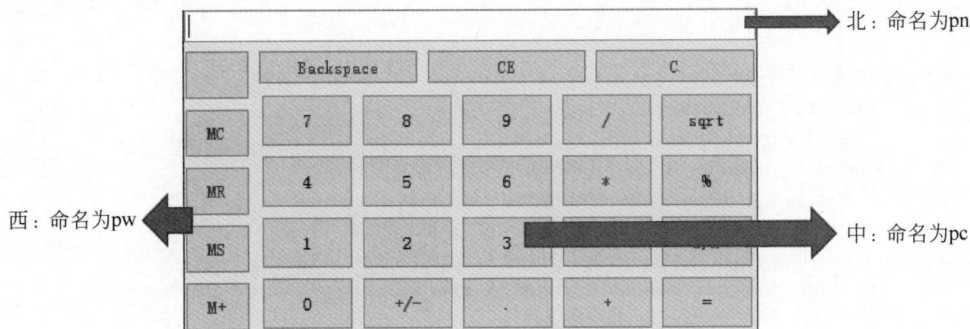

图 12-12 分析界面布局

其中,在 pn 中包括一个文本框。在 pw 中包括一个面板,分为 5 行 1 列,包含 5 个按钮。pc 又分为两部分,分别命名为 pcn 和 pcc,如图 12-13 所示。

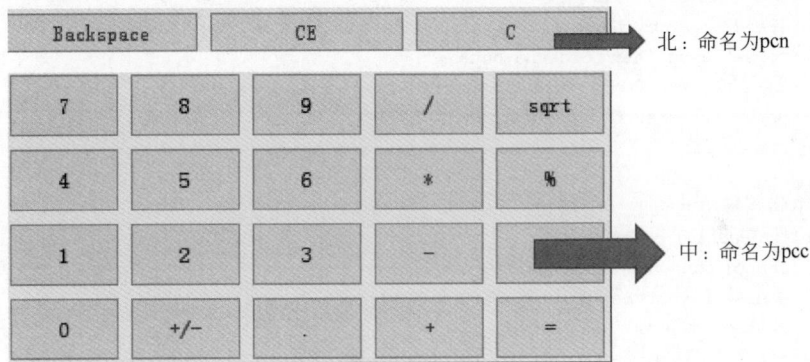

图 12-13 pc 分为两部分

其中,在 pcn 中包括一个面板,分为 1 行 3 列,包含 3 个按钮。在 pcc 中包括一个面板,分为 4 行 5 列,包含 20 个按钮。

因此,各面板的生成可以写成单独的函数。

2. 按钮的生成

本界面中要生成很多按钮,如果一个个实例化,比较麻烦。用户可以使用循环实现。

12.5.3 代码的编写

本案例的代码如下。

Calc. java

```
package calc;
import java.awt. * ;
import javax. swing. * ;
```

```java
public class Calc extends JFrame{
    //北边的文本框
    public JPanel createPN() {
        JPanel pn = new JPanel();
        pn.setLayout(new BorderLayout(5,5));
        JTextField tfNumber = new JTextField();
        pn.add(tfNumber,BorderLayout.CENTER);
        return pn;
    }
    //西边的 5 个按钮
    public JPanel createPW() {
        JPanel pw = new JPanel();
        pw.setLayout(new GridLayout(5,1,5,5));
        JButton[] jbts = new JButton[5];
        String[] labels = new String[]{"","MC","MR","MS","M+"};
        for(int i = 0;i < jbts.length;i++){
            JButton jbt = new JButton(labels[i]);
            jbt.setForeground(Color.red);
            pw.add(jbt);
        }
        return pw;
    }
    //中间面板
    public JPanel createPC() {
        JPanel pc = new JPanel();
        pc.setLayout(new BorderLayout(5,5));
        pc.add(createPCN(),BorderLayout.NORTH);
        pc.add(createPCC(),BorderLayout.CENTER);
        return pc;
    }
    //中间面板中北边的 3 个按钮
    public JPanel createPCN() {
        JPanel pcn = new JPanel();
        pcn.setLayout(new GridLayout(1,3,5,5));
        JButton[] jbts = new JButton[3];
        String[] labels = new String[]{"Backspace","CE","C"};
        for(int i = 0;i < jbts.length;i++){
            JButton jbt = new JButton(labels[i]);
            jbt.setForeground(Color.red);
            pcn.add(jbt);
        }
        return pcn;
    }
    //中间面板中的中间 20 个按钮
    public JPanel createPCC() {
        JPanel pcc = new JPanel();
        pcc.setLayout(new GridLayout(4,5,5,5));
        JButton[] jbts = new JButton[20];
        String[] labels = new String[]{"7","8","9","/","sqrt",
                                        "4","5","6","*","%",
                                        "1","2","3","-","1/x",
                                        "0","+/-",".","+","="};
        for(int i = 0;i < jbts.length;i++){
            JButton jbt = new JButton(labels[i]);
```

```
            if(labels[i].endsWith(" + ")||labels[i].endsWith(" - ")||
                labels[i].endsWith(" * ")||labels[i].endsWith("/")){
                jbt.setForeground(Color.red);
            }else{
                jbt.setForeground(Color.BLUE);
            }
            pcc.add(jbt);
        }
        return pcc;
    }
    //构造函数
    public Calc(){
        this.setLayout(new BorderLayout(5,5));
        this.add(createPN(),BorderLayout.NORTH);
        this.add(createPW(),BorderLayout.WEST);
        this.add(createPC(),BorderLayout.CENTER);
        this.setSize(400,250);
        this.setVisible(true);
    }
    public static void main(String[] args)throws Exception {
        //使用 Windows 风格
        String win = "com.sun.java.swing.plaf.windows.WindowsLookAndFeel";
        UIManager.setLookAndFeel(win);
        Calc calcFrm = new Calc();
    }
}
```

运行代码,得到相应结果。

12.6 空 布 局

12.6.1 认识空布局

空布局实际上不算一种单独的布局种类,只是表示不在容器中使用任何布局。一般情况下,容器都有个默认布局(如 JPanel 的默认布局是 FlowLayout),所以如果不在容器中使用任何布局,需要显式调用函数 setLayout(null)。

空布局有什么作用呢? 前面使用了布局,控件的大小和位置是随着界面的变化而变化的,不能通过 setSize 方法设置大小,也不能通过 setLocation 方法设置位置,但是在使用了空布局之后就可以实现这个功能。

12.6.2 使用空布局

以下案例使用空布局在界面上放置按钮,代码如下。

NullLayoutTest1.java

```
package nulllayout;
import javax.swing. * ;
public class NullLayoutTest1 extends JFrame{
    private JButton bt1 = new JButton("按钮 1");
```

```java
private JButton bt2 = new JButton("按钮 2");
private JButton bt3 = new JButton("按钮 3");
private JPanel jpl = new JPanel();
public NullLayoutTest1(){
    jpl.setLayout(null);                    //设置空布局
    bt1.setSize(100,25);
    bt1.setLocation(10,20);
    jpl.add(bt1);
    bt2.setSize(80,40);
    bt2.setLocation(30,60);
    jpl.add(bt2);
    bt3.setSize(70,25);
    bt3.setLocation(15,45);
    jpl.add(bt3);

    this.add(jpl);
    this.setSize(200,150);
    this.setVisible(true);
}
public static void main(String[] args) {
    new NullLayoutTest1();
}
}
```

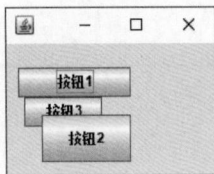

运行代码，结果如图 12-14 所示。

注意

（1）在本例中，setLocation 方法设置了按钮左上角距界面左上角的横、纵方向的距离。

（2）虽然空布局可以更容易地进行界面开发，但是也要谨慎使用。由于在不同系统下的坐标概念不一定相同，纯粹用坐标来定义大小和位置可能会产生不同的效果。

图 12-14 NullLayoutTest1.java
的运行结果

习　题　12

1. 可以设置让界面的大小不可改变，使得 FlowLayout 变得更加实用。查询文档，如何让一个 JFrame 的大小固定，界面不可改变？

2. 在网上查询，JFrame 的默认布局是什么？

3. 简述各种布局的特点以及适用场景。

4. 开发一个国际象棋棋盘，界面如图 12-15 所示。

5. 思考 12.5.3 节的代码中，createPW 函数、createPCN 函数、createPCC 函数中含有大量重复代码，能否解决或者部分解决这个问题？

6. 用空布局结合多线程完成：界面上有一个包含图标的 JLabel，从界面顶部掉下来。

图 12-15 国际象棋棋盘界面效果

第 13 章

Java 事件处理

扫一扫

视频讲解

建议学时：2～4。

Java GUI 的事件能够让用户真正完善程序的功能。本章首先讲解事件的基本原理，然后讲解事件的开发流程，最后讲解几种常见事件的处理。例如 ActionEvent、FocusEvent、KeyEvent、MouseEvent、WindowEvent，并讲解用 Adapter 简化事件的开发。

13.1 认识事件处理

13.1.1 事件

在前面的程序中可以在窗体上添加若干控件。如添加按钮,示例代码如下。

EventTest1. java

```java
package event;
import javax.swing. * ;
public class EventTest1 extends JFrame{
    private JButton btHello = new JButton("Hello");
    public EventTest1(){
        this.add(btHello);
        this.setSize(30,50);
        this.setVisible(true);
    }
    public static void main(String[ ] args) {
        new EventTest1();
    }
}
```

运行代码,结果如图 13-1 所示。

界面上有一个按钮,当单击按钮时却没有任何反应。在一般程序中单击按钮会触发一个事件。例如单击按钮,在控制台上打印一个字符串"Hello"。

事件是指用户为了交互而产生的键盘和鼠标动作。如单击按钮就可以认为发出了一个"按钮单击事件"。

图 13-1 EventTest1. java 的运行结果

📢**注意**

（1）以上关于事件的定义不太严谨,只是较为直观的说法。实际上,事件不一定在用户交互时产生。例如，程序运行出了异常，也可以认为是一个事件。

（2）事件是有许多种类。例如，按钮单击是一种事件；鼠标在界面上移动也是一种事件；等等。如果要处理某事件，首先必须清楚事件的种类，后面的篇幅将详细讲解。

13.1.2 事件处理代码的编写

在了解事件处理之前，首先举一个生活中的例子。

在生活中会有很多出现"事件"的场合，如上课铃响了，小王听到铃声走进教室。

在整个事件中，上课铃响相当于发出了一个事件，类似于 13.1.1 节中的"单击按钮"。小王走进教室相当于处理这个事件，类似于 13.1.1 节中的"打印 Hello"。

这个看似简单的日常生活例子，其顺利执行的条件并不简单，至少需要以下条件。

（1）铃声必须由响铃的地方传到小王的耳朵里，因此铃声必须进行封装。

（2）小王必须具有听力，否则他听不到，铃声再响也是徒劳。

（3）小王必须执行"走进教室"这个动作，否则相当于事件没有处理。

（4）必须规定，上课铃响小王进教室。如果没有这个规定，小王如何知道要走进教室。

进行类比，以上的条件可以解释如下。

（1）事件必须用一个对象封装。

（2）事件的处理者必须具有监听事件的能力。

（3）事件的处理者必须编写事件处理函数。

（4）必须将事件的发出者和事件的处理者对象绑定起来。

这 4 个步骤就是编写事件代码的依据。通过以下 4 个步骤实现"单击按钮，打印 Hello"。

1. 事件必须用一个对象封装

单击按钮，系统自动将发出的事件封装在 java. awt. event. ActionEvent 对象内。

◄))问答

问：如何知道某个事件封装在什么样的对象内？

答：由于事件有许多种类，因此不同的事件封装在不同的对象内，在后面的章节中进行了详细的总结，此处只要知道单击按钮，发出的事件封装在 java. awt. event. ActionEvent 对象内即可。

2. 事件的处理者必须具有监听事件的能力

在 Java 中，ActionEvent 是由 java. awt. event. ActionListener 监听的。

因此，在此步骤中需要编写一个事件处理类来实现 ActionListener 接口。

```
class ButtonClickOpe implements ActionListener{
    //处理事件
}
```

3. 事件的处理者必须编写事件处理函数

在 Java 中实现一个接口必须将接口中的函数重写一遍，该函数就是事件处理函数。查看文档，可以找到 ActionListener 中定义的函数。

```
void actionPerformed(ActionEvent e)
```

对其进行重写并编写事件处理代码如下。

```java
class ButtonClickOpe implements ActionListener{
    public void actionPerformed(ActionEvent e) {
        System.out.println("Hello");
    }
}
```

🔊**注意**

在 actionPerformed 函数中,参数 e 封装了发出的事件,通过参数 e 的 getSource 方法可以知道事件是由谁发出的。

4. 必须将事件的发出者和事件的处理者对象绑定起来

在该步骤中必须规定单击按钮发出的事件由 ButtonClickOpe 对象处理,方法是调用按钮的以下函数。

```java
public void addActionListener(ActionListener l)
```

因此,整个代码可以写成如下。

EventTest2. java

```java
package event;
import java.awt.event.ActionEvent;
import java.awt.event.ActionListener;
import javax.swing.JButton;
import javax.swing.JFrame;
public class EventTest2 extends JFrame{
    private JButton btHello = new JButton("按钮");
    public EventTest2(){
        this.add(btHello);
        //绑定
        btHello.addActionListener(new ButtonClickOpe());
        this.setSize(30,50);
        this.setVisible(true);
    }
    public static void main(String[] args) {
        new EventTest2();
    }
}
class ButtonClickOpe implements ActionListener{
    public void actionPerformed(ActionEvent e) {
        System.out.println("Hello");
    }
}
```

运行代码,单击按钮,控制台打印结果如图 13-2 所示。说明事件成功处理。

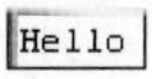

从本例可以看出,事件处理的关键是弄清楚要处理什么样的事件,其他按照上面的流程编程即可。

Hello

图 13-2 EventTest2. java 的运行结果

13.1.3 其他编程风格

前面的例子需要编写两个类,实际上有很多方法可以简化,例如可以使用匿名处理对象的方法实现，代码如下。

EventTest3. java

```java
package event;
import java.awt.event.ActionEvent;
import java.awt.event.ActionListener;
import javax.swing.JButton;
import javax.swing.JFrame;
public class EventTest3 extends JFrame{
    private JButton btHello = new JButton("按钮");
    public EventTest3(){
        this.add(btHello);
        //绑定
        btHello.addActionListener(new ActionListener(){
            public void actionPerformed(ActionEvent e) {
                System.out.println("Hello");
            }
        });
        this.setSize(30,50);
        this.setVisible(true);
    }
    public static void main(String[] args) {
        new EventTest3();
    }
}
```

运行代码，单击按钮，打印"Hello"。不过，这种方法使用不多。

由于一个 Java 类可以实现多个接口，通常用界面类直接实现接口的方法进行简化。在以下案例中实现两个按钮，单击"登录"按钮，打印"登录"；单击"退出"按钮，退出程序。

EventTest4. java

```java
package event;
import java.awt.FlowLayout;
import java.awt.event.ActionEvent;
import java.awt.event.ActionListener;
import javax.swing.JButton;
import javax.swing.JFrame;
public class EventTest4 extends JFrame implements ActionListener{
    private JButton btLogin = new JButton("登录");
    private JButton btExit = new JButton("退出");
    public EventTest4(){
        this.setLayout(new FlowLayout());
        this.add(btLogin);
        this.add(btExit);
        //绑定
        btLogin.addActionListener(this);
        btExit.addActionListener(this);
        this.setSize(100,100);
        this.setVisible(true);
    }
    public void actionPerformed(ActionEvent e) {
        if(e.getSource() == btLogin){
```

```
            System.out.println("登录");
        }else{
            System.exit(0);
        }
    }
    public static void main(String[] args) {
        new EventTest4();
    }
}
```

运行代码,结果如图 13-3 所示。

单击"登录"按钮,控制台打印结果如图 13-4 所示。

图 13-3　EventTest4.java 的运行结果　　图 13-4　单击"登录"按钮时的结果

单击"退出"按钮,退出程序。

◀))注意

思考此处使用 e.getSource()判断事件是由谁发出的。

13.2　处理 ActionEvent

13.2.1　认识 ActionEvent

在 java.awt.event 包中,ActionEvent 是最为常用的一种事件。在一般情况下,ActionEvent 适合于对某些控件的单击(也有特殊情况)。常见的发出 ActionEvent 的场合如下。

(1) JButton、JComboBox、JMenu、JMenuItem、JCheckBox、JRadioButton 等控件的单击。

(2) javax.swing.Timer 发出的事件。

(3) 在 JTextField 等控件上按回车键、在 JButton 等控件上按空格键(相当于单击效果)等。

ActionEvent 用 ActionListener 监听。其编程方法采用 13.1 节中的流程即可。

13.2.2　使用 ActionEvent 解决实际问题

在以下案例中,界面上包含一个下拉列表框,选择界面颜色,界面背景自动变成相应颜色,代码如下。

ActionEventTest1.java

```
package actionevent;
import java.awt.BorderLayout;
import java.awt.Color;
import java.awt.event.ActionEvent;
```

```java
import java.awt.event.ActionListener;
import javax.swing.JComboBox;
import javax.swing.JFrame;
public class ActionEventTest1 extends JFrame implements ActionListener{
    private JComboBox cbColor = new JComboBox();
    public ActionEventTest1(){
        this.add(cbColor,BorderLayout.NORTH);
        cbColor.addItem("红");
        cbColor.addItem("绿");
        cbColor.addItem("蓝");
        cbColor.addActionListener(this);
        this.setSize(30,100);
        this.setVisible(true);
    }
    public void actionPerformed(ActionEvent e) {
        Object color = cbColor.getSelectedItem();
        if(color.equals("红")){
            this.getContentPane().setBackground(Color.red);
        }else if(color.equals("绿")){
            this.getContentPane().setBackground(Color.green);
        }else{
            this.getContentPane().setBackground(Color.blue);
        }
    }
    public static void main(String[] args) {
        new ActionEventTest1();
    }
}
```

运行代码，结果如图 13-5 所示。

选择某种颜色可以将界面背景变成相应颜色，如图 13-6 所示。

图 13-5　ActionEventTest1.java 的运行结果　　　图 13-6　界面背景变成相应颜色

◁》注意

在此代码中改变的是 JFrame 的颜色，以背景变为红色为例，使用的代码是"this.getContentPane().setBackground(Color.red);"，改变颜色必须得到 JFrame 上的 ContentPane，而不能直接使用"this.setBackground(Color.red);"。

13.3　处理 FocusEvent

13.3.1　认识 FocusEvent

在 java.awt.event 包中，FocusEvent 也是经常使用的一种事件。在一般情况下，FocusEvent 适合于对某些控件 Component 获得或失去焦点时需要处理的场合。FocusEvent 用 java.awt.event.FocusListener 接口监听。该接口中有以下函数。

（1）void focusGained(FocusEvent e)：组件获得焦点时调用。

（2）void focusLost(FocusEvent e)：组件失去焦点时调用。

13.3.2　使用 FocusEvent 解决实际问题

在以下案例中，界面上有一个文本框，要求该文本框失去焦点时内部显示"请您输入账号"；当获得到焦点时提示消失，代码如下。

FocusEventTest1.java

```java
package focusevent;
import java.awt.FlowLayout;
import java.awt.event.FocusEvent;
import java.awt.event.FocusListener;
import javax.swing.JButton;
import javax.swing.JFrame;
import javax.swing.JTextField;
public class FocusEventTest1 extends JFrame implements FocusListener{
    private JButton btOK = new JButton("确定");
    private JTextField tfAcc = new JTextField("请您输入账号",10);
    public FocusEventTest1(){
        this.setLayout(new FlowLayout());
        this.add(btOK);
        this.add(tfAcc);
        tfAcc.addFocusListener(this);       //绑定
        this.setSize(200,80);
        this.setVisible(true);
    }
    public void focusGained(FocusEvent arg0) {
        tfAcc.setText("");
    }
    public void focusLost(FocusEvent arg0) {
        tfAcc.setText("请您输入账号");
    }
    public static void main(String[] args) {
        new FocusEventTest1();
    }
}
```

运行代码，结果如图 13-7 所示。

将鼠标指针移动到文本框中，效果如图 13-8 所示。

图 13-7　FocusEventTest1.java 的运行结果　　　图 13-8　将鼠标指针移动到文本框中

13.4　处理 KeyEvent

13.4.1　认识 KeyEvent

在 java.awt.event 包中，KeyEvent 也是经常使用的一种事件。在一般情况下，

KeyEvent 适合于在某个控件上进行键盘操作时需要处理事件的场合。KeyEvent 用 java.awt. event. KeyListener 接口监听。该接口中有以下函数。

（1）void keyTyped(KeyEvent e)：输入某个键时调用此方法。

（2）void keyPressed(KeyEvent e)：按下某个键时调用此方法。

（3）void keyReleased(KeyEvent e)：释放某个键时调用此方法。

13.4.2 使用 KeyEvent 解决实际问题

下面用一个程序进行测试，在一个 JFrame 上按下键盘，释放后打印按键的内容，代码如下。

KeyEventTest1. java

```java
package keyevent;
import java.awt.event.KeyEvent;
import java.awt.event.KeyListener;
import javax.swing.JFrame;
public class KeyEventTest1 extends JFrame implements KeyListener{
    public KeyEventTest1(){
        this.addKeyListener(this);
        this.setSize(200,80);
        this.setVisible(true);
    }
    public void keyPressed(KeyEvent e) {
        System.out.println(e.getKeyChar() + "按下");
    }
    public void keyReleased(KeyEvent e) {
        System.out.println(e.getKeyChar() + "释放");
    }
    public void keyTyped(KeyEvent e) {
        System.out.println(e.getKeyChar() + "敲击");
    }
    public static void main(String[] args) {
        new KeyEventTest1();
    }
}
```

运行代码，结果如图 13-9 所示。

如果按下键盘上的 a 键后释放，控制台打印结果如图 13-10 所示。

图 13-9　运行结果　　　　　图 13-10　控制台打印结果

注意

（1）键盘事件一定要在发出事件的控件已经获得焦点的情况下才能使用。例如，如果在 JFrame 上增加一个按钮，此时按钮获得了焦点，JFrame 的键盘事件就不会触发了，除非给按钮增加键盘事件。

（2）在 KeyEvent 类中封装了键的信息，主要函数如下。

① public char getKeyChar()：获取键的字符。

② public int getKeyCode()：获取键对应的代码。代码可在文档 java. awt. event. KeyEvent 中查找，用静态变量表示。例如，左键对应的是 KeyEvent. VK_LEFT，左括弧对应的是 KeyEvent VK_LEFT_PARENTHESIS 等。

③ 键盘事件在游戏开发中经常使用，在后面的篇幅中将详细讲解。

13.5　处理 MouseEvent

13.5.1　认识 MouseEvent

在 java. awt. event 包中，MouseEvent 也是经常使用的一种事件。通常 MouseEvent 在以下情况下发生。

1. 鼠标事件

鼠标事件包括按下鼠标按键、释放鼠标按键、单击鼠标按键（按下并释放）、鼠标光标指向组件几何形状的未遮掩部分、鼠标光标离开组件几何形状的未遮掩部分。此时 MouseEvent 用 java. awt. event. MouseListener 接口监听，该接口中有以下函数。

（1）void mouseClicked(MouseEvent e)：鼠标按键在组件上单击（按下并释放）时调用。

（2）void mousePressed(MouseEvent e)：鼠标按键在组件上按下时调用。

（3）void mouseReleased(MouseEvent e)：鼠标按键在组件上释放时调用。

（4）void mouseEntered(MouseEvent e)：鼠标进入组件时调用。

（5）void mouseExited(MouseEvent e)：鼠标离开组件时调用。

2. 鼠标移动事件

鼠标移动事件包括移动鼠标和拖动鼠标。此时 MouseEvent 用 java. awt. event. MouseMotionListener 接口监听，该接口中有以下函数。

（1）void mouseDragged(MouseEvent e)：鼠标拖动时调用。

（2）void mouseMoved(MouseEvent e)：鼠标移动时调用。

13.5.2　使用 MouseEvent 解决实际问题

下面用一个程序进行鼠标事件测试，鼠标在 JFrame 上按下，将该处的坐标设置为界面标题，代码如下。

MouseEventTest1. java

```
package mouseevent;
import java.awt.event.MouseEvent;
import java.awt.event.MouseListener;
import javax.swing.JFrame;
public class MouseEventTest1 extends JFrame implements MouseListener{
    public MouseEventTest1(){
        this.addMouseListener(this);
        this.setSize(300,100);
        this.setVisible(true);
    }
    public void mouseClicked(MouseEvent e) {
        this.setTitle("鼠标单击: (" + e.getX() + "," + e.getY() + ")");
    }
```

```java
public void mouseEntered(MouseEvent arg0) {}
public void mouseExited(MouseEvent arg0) {}
public void mousePressed(MouseEvent arg0) {}
public void mouseReleased(MouseEvent arg0) {}
public static void main(String[] args) {
    new MouseEventTest1();
}
}
```

运行代码，结果如图 13-11 所示。

单击，界面标题变为如图 13-12 所示。

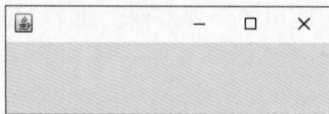

图 13-11　MouseEventTest1.java 的运行结果　　图 13-12　界面标题改变

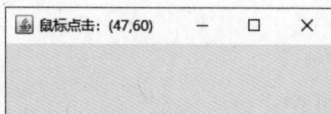

◁))注意

（1）在本例中，MouseListener 接口中有 5 个函数，只用到 mouseClicked，其他函数是否可以不写呢？答案是不行，因为实现一个接口必须将接口中的函数重写一遍，不用也得写。不过该问题也可以通过其他方法解决，在后面的篇幅中将详细讲解。

（2）在 MouseEvent 类中封装了鼠标事件的信息，主要函数如下。

① public int getClickCount()：返回鼠标单击次数。

② public int getX() 和 public int getY()：返回鼠标光标在界面中的水平和垂直坐标。

对于其他内容，参考文档进行学习。

（3）鼠标事件在开发画图软件时经常使用，在后面的篇幅中将详细讲解。

下面用一个程序测试鼠标移动事件，鼠标在 JFrame 上移动，当前坐标在界面上不断显示，代码如下。

MouseEventTest2.java

```java
package mouseevent;
import java.awt.event.MouseEvent;
import java.awt.event.MouseMotionListener;
import javax.swing.JFrame;
public class MouseEventTest2 extends JFrame implements MouseMotionListener{
    public MouseEventTest2(){
        this.addMouseMotionListener(this);
        this.setSize(300,100);
        this.setVisible(true);
    }
    public void mouseDragged(MouseEvent arg0) {}
    public void mouseMoved(MouseEvent e) {
        this.setTitle("鼠标位置: (" + e.getX() + "," + e.getY() + ")");
    }
    public static void main(String[] args) {
        new MouseEventTest2();
    }
}
```

运行代码,结果如图 13-13 所示。

鼠标移动,界面标题不断变化,如图 13-14 所示。

图 13-13　MouseEventTest2.java 的运行结果 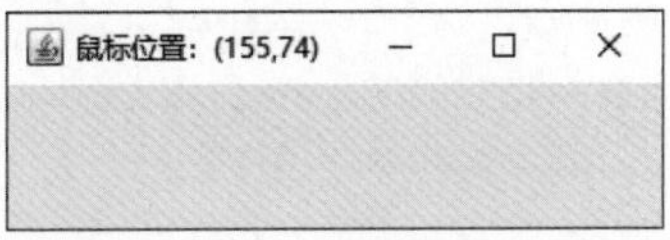　　　图 13-14　界面标题变化

13.6　处理 WindowEvent

13.6.1　认识 WindowEvent

在 java.awt.event 包中,WindowEvent 也是经常使用的一种事件。在一般情况下,WindowEvent 适合窗口状态改变(如打开、关闭、激活、停用、最小化或取消最小化)时需要处理事件的场合。WindowEvent 一般用 java.awt.event.WindowListener 接口监听,该接口中有以下函数。

(1) void windowOpened(WindowEvent e):窗口首次变为可见时调用。

(2) void windowClosing(WindowEvent e):用户试图从窗口的系统菜单中关闭窗口时调用。

(3) void windowClosed(WindowEvent e):因对窗口调用 dispose 而将其关闭时调用。

(4) void windowIconified(WindowEvent e):窗口从正常状态变为最小化状态时调用。

(5) void windowDeiconified(WindowEvent e):窗口从最小化状态变为正常状态时调用。

(6) void windowActivated(WindowEvent e):将窗口设置为活动 Window 时调用。

(7) void windowDeactivated(WindowEvent e):当窗口不再是活动 Window 时调用。

13.6.2　使用 WindowEvent 解决实际问题

下面用一个程序进行测试,在一个窗口上单击“关闭”按钮,弹出对话框询问用户是否关闭该窗口,代码如下。

WindowEventTest1.java

```
package windowevent;
import java.awt.event.WindowEvent;
import java.awt.event.WindowListener;
import javax.swing.JFrame;
import javax.swing.JOptionPane;
public class WindowEventTest1 extends JFrame implements WindowListener{
    public WindowEventTest1(){
        //设置关闭时不做任何事
        this.setDefaultCloseOperation(JFrame.DO_NOTHING_ON_CLOSE);
        this.addWindowListener(this);
        this.setSize(200,80);
        this.setVisible(true);
```

```
    }
    public void windowClosing(WindowEvent arg0) {
        int result = JOptionPane.showConfirmDialog(this, "您确认关闭吗?",
                    "确认",JOptionPane.YES_NO_OPTION);
        if(result == JOptionPane.YES_OPTION){
            System.exit(0);
        }
    }
    public void windowActivated(WindowEvent arg0) {}
    public void windowClosed(WindowEvent arg0) {}
    public void windowDeactivated(WindowEvent arg0) {}
    public void windowDeiconified(WindowEvent arg0) {}
    public void windowIconified(WindowEvent arg0) {}
    public void windowOpened(WindowEvent arg0) {}
    public static void main(String[] args) {
        new WindowEventTest1();
    }
}
```

运行代码，结果如图 13-15 所示。

单击右上角的"关闭"按钮，弹出"确认"对话框，如图 13-16 所示。

单击"是"按钮则关闭，单击"否"按钮则不关闭。

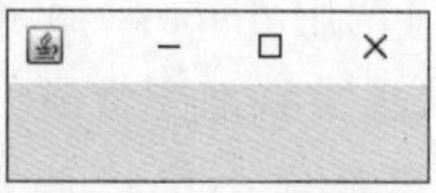

图 13-15　WindowEventTest1.java 的运行结果 　　　　图 13-16　"确认"对话框

注意

在本例中一定要用"setDefaultCloseOperation(JFrame.DO_NOTHING_ON_CLOSE);"设置窗口关闭时不做任何事，否则单击"关闭"按钮界面都会关闭。

13.7　使用 Adapter 简化开发

在前面的例子中，KeyEvent、MouseEvent、WindowEvent 的处理不约而同地遇到了一个问题——Listener 接口中的函数个数较多，但是经常只用 1～2 个。由于实现一个接口必须将接口中的函数重写一遍，因此造成大量的空函数。

能否解决这个问题呢？实现一个接口必须将接口中的函数重写一遍，但是继承一个类并不一定将类中的函数重写一遍，因此，在 Java 中提供了相应的 Adapter 类来帮助用户简化这个操作。

常见的 Adapter 类如下。

（1）KeyAdapter：内部函数和 KeyListener 基本相同。

（2）MouseAdapter：内部函数和 MouseListener、MouseMotionListener 基本相同。

（3）WindowAdapter：内部函数和 WindowListener 基本相同。

注意

在底层,这些 Adapter 已经实现了相应的 Listener 接口。

因此,在编程时可以将事件响应的代码写在 Adapter 内。

例如,13.6 节中 WindowEvent 的示例代码可改写如下。

WindowAdapterTest1. java

```java
package windowadapter;
import java.awt.event.WindowAdapter;
import java.awt.event.WindowEvent;
import javax.swing.JFrame;
import javax.swing.JOptionPane;
public class WindowAdapterTest1 extends JFrame {
    public WindowAdapterTest1(){
        //设置关闭时不做任何事
        this.setDefaultCloseOperation(JFrame.DO_NOTHING_ON_CLOSE);
        this.addWindowListener(new WindowOpe());
        this.setSize(200,80);
        this.setVisible(true);
    }
    public static void main(String[] args) {
        new WindowAdapterTest1();
    }

class WindowOpe extends WindowAdapter{
    public void windowClosing(WindowEvent arg0) {
        int result = JOptionPane.showConfirmDialog(null, "您确认关闭吗?",
                "确认",JOptionPane.YES_NO_OPTION);
        if(result == JOptionPane.YES_OPTION){
            System.exit(0);
        }
    }
}
}
```

运行代码,结果和 13.6 节相同。

注意

在此代码中由于 Adapter 是一个类,而 Java 不支持多重继承,因此不得不将事件处理代码写在另一个类——WindowOpe 类中。

习　题　13

1. 已知:在 JTextField 中输入回车,发出的是 ActionEvent。编写一段 Java 程序,实现如下。

在 JFrame 上放置一个文本框,文本框中输入一个数字,按回车键,在控制台上打印该文本框中数值的平方。

2. 将 13.2.2 节中的下拉列表框改为单选按钮,选择颜色,能够将界面背景变成相应颜色。

3. 编写一个 JFrame 界面，含有一个菜单（JMenu）：打开文件。单击该菜单，出现文件选择框（JFileChooser），选择一个文本文件，将文件内容显示在界面上的多行文本框（JTextArea）内。

4. 在 Swing 中，提供了一个定时器类 javax.swing.Timer，可以每隔一段时间执行一段代码。javax.swing.Timer 的构造函数如下。

```
public Timer(int delay, ActionListener listener)
```

表示每隔一段时间（毫秒），触发 ActionListener 内的处理代码。在实例化 Timer 对象之后，可以用 start() 函数使其启动；可以用 stop() 函数使其停止。

用 Timer 完成：界面上有一个按钮，从左边滑向右边。

5. java.awt.SystemTray 可以向任务栏上添加一个托盘图标，托盘图标用 java.awt.TrayIcon 封装。将 TrayIcon 添加到任务栏上后，单击托盘图标，却没有任何反应。查询文档，实现：单击托盘图标，则显示一个 JFrame 界面。

6. 在界面上放两个按钮：登录和退出。焦点到达某个按钮上，该按钮背景变为黄色，文字变为红色。如果失去焦点，则恢复原状。

7. 使用键盘事件完成：界面上有一个含有卡通图标的 JLabel，通过键盘的"↑""↓""←""→"键控制其移动。

8. 使用鼠标事件完成：在界面空白处单击鼠标，能够在该位置放置一个含有卡通图标的 JLabel。如果在该 JLabel 内拖动鼠标，则可以将该 JLabel 拖至另一个位置释放。

9. 将 13.4 节和 13.5 节中与 KeyEvent、MouseEvent 有关的程序改为用 Adapter 实现。

第 14 章

Java 画图

建议学时：2。

Java GUI 的画图，属于低级界面开发，可以大大扩充程序的功能。本章首先讲解画图原理及方法，然后讲解画图片及图片的缩放、裁剪和旋转，最后重点讲解键盘和鼠标操作画图。

14.1 认识 Java 画图

14.1.1 画图

前文介绍的是在窗体上放置一个个控件，称为高级界面。高级界面上的效果都是由控件组成的，与此对应的低级界面效果是通过编程在画布上画出来的，如图 14-1 所示。

也就是在界面上画出一些图形。那么该功能如何实现呢？

📢**注意**

很多游戏场景都是用了非常高超的画图技巧在界面上画出图形，如有名的俄罗斯方块，如图 14-2 所示。其各个方块就是在界面上画出来的。

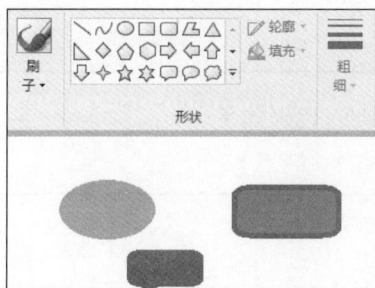

图 14-1　低级界面效果

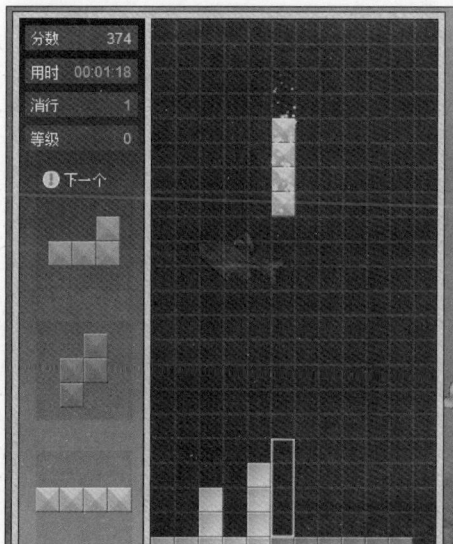

图 14-2　俄罗斯方块

14.1.2 实现画图

如何实现画图呢？首先要清楚图应该画在哪里。

按照日常生活的经验，一般情况下图应该画在画布上，再将画布画在界面上。实际上，在以前学习的所有控件中有一个是最接近画布的，那就是 JPanel。

🔊**注意**

实际的画图编程也可以不用 JPanel 充当画布，但是使用 JPanel 充当画布更加直观。本章以 JPanel 为例进行讲解。

如前文所述，低级界面上的所有效果都是画出来的，因此本章将重点介绍低级界面，以及在低级界面上的画图。以 JPanel 作为画布，可以方便地加到 JFrame 等窗体上。

打开文档，找到 javax. swing. JPanel。本章使用最简单的构造函数。

public JPanel()

画图工作比较丰富，一般方法是对 JPanel 进行扩展。在 JPanel 上画一些内容，最后显示在 JFrame 上。

在 JPanel 类中有以下重要成员函数。

（1）public void paint(Graphics g)：该函数从父类 JComponent 继承，里面可以包含画图的代码。

① 该方法是在 JPanel 出现时自动调用的。

② 该方法传入 java. awt. Graphics 对象，可以进行画图，具体方法将在后面的篇幅讲解。

（2）public void repaint(Rectangle r)：该函数从父类 JComponent 继承，负责在某个区域内调用 paint 函数。

综上所述，画布开发的基本结构如下。

```
//画布类
public class MyPanel extends JPanel{
    public void paint(Graphics g){
        //在 JPanel 上画图
    }
}

public class Frame 类 extends JFrame {
    //将 MyPanel 对象加到界面上
    //其他代码
}
```

案例中将在界面上显示一个面板，在上面画出一条线，代码如下。

PanelPaintTest1. java

```
package panelpaint;
import java.awt.Graphics;
import javax.swing.JFrame;
import javax.swing.JPanel;
class MyPanel extends JPanel{
    public void paint(Graphics g) {
```

```
        System.out.println("paint");
        g.drawLine(0,0,this.getWidth(),this.getHeight());        //画线
    }
}
public class PanelPaintTest1 extends JFrame{
    private MyPanel mp = new MyPanel();
    public PanelPaintTest1(){
        this.add(mp);
        this.setSize(100,200);
        this.setVisible(true);
    }
    public static void main(String[] args) {
        new PanelPaintTest1();
    }
}
```

运行代码,结果如图 14-3 所示。

控制台打印结果如图 14-4 所示。

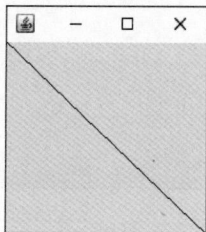

图 14-3　运行结果　　　　图 14-4　控制台打印结果

✍注意

(1) "g.drawLine(0,0,this.getWidth(),this.getHeight());"表示从面板的左上角到面板的右下角进行画线。在后面的篇幅会详细讲解。

(2) 如果更改界面大小,发现 paint 函数会不断调用,称为"重画"。通过重画机制能够让界面更加灵活。例如,当界面呈现如图 14-5 所示的状态时,直线仍然从左上角画到右下角。

图 14-5　画线

14.2　Graphics 画图形

14.2.1　Graphics

在 JPanel 类中有一个重要的成员函数。

```
public void paint(Graphics g)
```

该函数需要被重写，在画布出现时会自动调用，也可以被 repaint 方法触发。该函数传入一个 java.awt.Graphics（画笔）对象，能够绘画各种图形。

14.2.2 使用 Graphics

打开 java.awt.Graphics 类文档，会发现 Graphics 类定义如下。

```
public abstract class Graphics extends Object
```

它直接继承 java.lang.Object 类，是一个抽象类，不能用构造函数实例化其对象。不过，可以通过 paint 函数的参数直接得到画布上的画笔对象，不需要实例化，代码如下。

```
class MyPanel extends JPanel{
    public void paint(Graphics g) {
        //直接使用参数 g 画图，无须再实例化
    }
}
```

🔊注意

java.awt.Graphics 类还有一个子类——java.awt.Graphics2D，它提供了更加丰富的功能。为了更加丰富地画图，用户可以完全使用 Graphics2D 类。其方法是在 paint 函数中将 Graphics 对象强制转换为 Graphics2D 类型。

```
class MyPanel extends JPanel{
    public void paint(Graphics g) {
        Graphics2D g2d = (Graphics2D)g;
        //直接使用参数 g2d 画图
    }
}
```

对于画图形而言，Graphics2D 对象的重要功能如下。

（1）将此图形上下文的当前颜色设置为指定颜色。

```
public abstract void setColor(Color c)
```

将画笔颜色设置为红色，代码如下。

```
class MyPanel extends JPanel{
    public void paint(Graphics g){
        g.setColor(Color.red);
    }
}
```

（2）为 Graphics2D 上下文设置线型。

```
public abstract void setStroke(Stroke s)
```

线型由 java.awt.Stroke 对象封装，但是 Stroke 是个接口，可以通过其实现类 java.awt.BasicStroke 创建各种粗细、风格的线条。

下面将介绍常见的画图函数。

（1）画线。

public abstract void drawLine(int x1, int y1, int x2, int y2)

该函数从坐标(x1,y1)到(x2,y2)画一条线。界面上的坐标如图 14-6 所示。

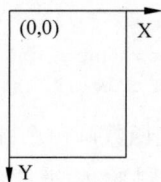

图 14-6　界面上的坐标

界面上左上角的坐标为(0,0)，越往右 X 越大，越往下 Y 越大，代码如下。

```
class MyPanel extends JPanel{
    public void paint(Graphics g){
        g.drawLine(0,0,this.getWidth(),this.getHeight());
        g.drawLine(this.getWidth(),0,0,this.getHeight());
    }
}
```

表示从界面左上角到右下角画一条线，然后从右上角到左下角画一条线，效果如图 14-7 所示。

（2）画矩形。

public void drawRect(int x, int y, int width, int height)

该函数以(x,y)为左上角坐标、width 为宽度、height 为高度画一个矩形，如图 14-8 所示。

图 14-7　画线效果

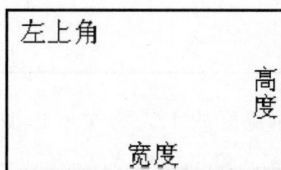

图 14-8　画矩形

其代码如下。

```
class MyPanel extends JPanel{
    public void paint(Graphics g){
        int left = this.getWidth()/4;
        int top = this.getHeight()/4;
        int width = this.getWidth()/2;
        int height = this.getHeight()/2;
        g.drawRect(left, top, width, height);
    }
}
```

表示以界面宽度的 1/4 为左上角横坐标、界面高度的 1/4 为左上角纵坐标、界面宽度的 1/2 为宽度、界面高度的 1/2 为高度画一个矩形。实际上，这个矩形显示在界面的正中央，效果如图 14-9 所示。

（3）画圆角矩形。

```
public abstract void drawRoundRect(int x, int y, int width, int height,
                                   int arcWidth, int arcHeight)
```

圆角矩形来源于一个普通矩形。该函数画一个圆角矩形，以（x，y）为左上角坐标、width 为宽度、height 为高度、arcWidth 为圆角水平直径、arcHeight 为圆角垂直直径，如图 14-10 所示。

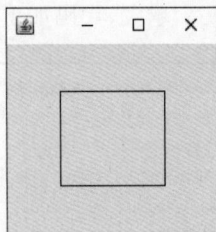

图 14-9　矩形效果

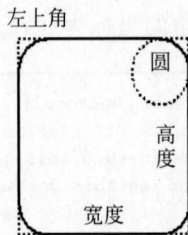

图 14-10　画圆角矩形

其代码如下。

```
class MyPanel extends JPanel{
    public void paint(Graphics g){
        int left = this.getWidth()/4;
        int top = this.getHeight()/4;
        int width = this.getWidth()/2;
        int height = this.getHeight()/2;
        g.drawRoundRect(left, top, width, height , width/2, height/2);
    }
}
```

表示以界面宽度的 1/4 为左上角横坐标、界面高度的 1/4 为左上角纵坐标、界面宽度的 1/2 为宽度、界面高度的 1/2 为高度画一个圆角矩形，圆角矩形边上的圆角水平直径为矩形宽度的 1/2，圆角矩形边上的圆角垂直直径为矩形高度的 1/2。实际上，这个矩形也显示在界面的正中央，效果如图 14-11 所示。

（4）画圆弧（椭圆弧）。

```
public abstract void drawArc(int x, int y, int width, int height,
                             int startAngle,int arcAngle)
```

该函数画一段圆弧。在画图系统中，任何的圆或椭圆都可以包含在一个矩形内，因此确定了矩形就确定了圆弧。在该函数中，圆弧所在的矩形以（x，y）为左上角坐标、width 为宽度、height 为高度，以 startAngle 为开始的角度、arcAngle 为画出的角度。在画图过程中从中心水平向右表示 0°，逆时针为正方向，具体定位方法如图 14-12 所示。

其代码如下。

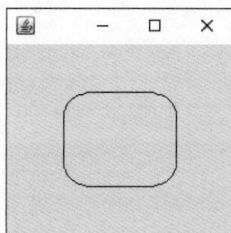

图 14-11　圆角矩形效果

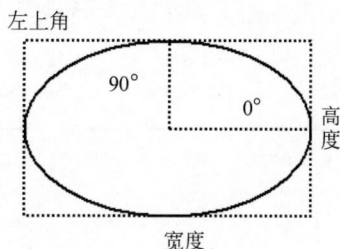

图 14-12　具体定位方法

```
class MyPanel extends JPanel{
    public void paint(Graphics g){
        int left = this.getWidth()/4;
        int top = this.getHeight()/4;
        int width = this.getWidth()/2;
        int height = this.getHeight()/2;
        g.drawArc(left, top, width, height , 90, 180);
    }
}
```

表示以界面宽度的 1/4 为左上角横坐标、界面高度的 1/4 为左上角纵坐标、界面宽度的 1/2 为宽度、界面高度的 1/2 为高度定位一个矩形,画矩形中的圆,从 90°开始画,向后画 180°。实际上,这个圆弧就是左半圆,效果如图 14-13 所示。

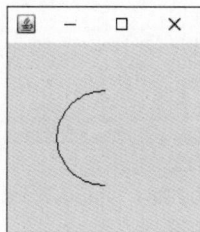

图 14-13　圆弧效果

◀》提示

如果要画一个圆,也可以通过 drawOval 函数来实现。

14.2.3　用 Graphics 实现画图

案例中开发一个含有各种图形的画布,如图 14-14 所示。

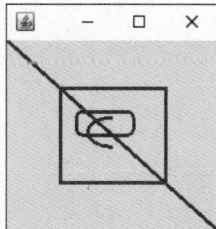

图 14-14　画布效果

　　界面上出现一个画布，在画布上一共有 4 个图形，分别是一条线、一个矩形、一个圆角矩形和一个左半圆，代码如下。

DrawTest1. java

```java
package draw;

import java.awt.BasicStroke;
import java.awt.Color;
import java.awt.Graphics;
import java.awt.Graphics2D;
import javax.swing.JFrame;
import javax.swing.JPanel;
class MyPanel extends JPanel{
    public void paint(Graphics gra) {
        Graphics2D g = (Graphics2D)gra;
        //设置画笔颜色:红色
        g.setColor(Color.red);
        //线型粗细
        g.setStroke(new BasicStroke(3));
        //背景颜色
        //画线,从(0,0)画到右下角
        g.drawLine(0,0, this.getWidth(),this.getHeight());
        //在界面中间画矩形
        int left = this.getWidth()/4;
        int top = this.getHeight()/4;
        int width = this.getWidth()/2;
        int height = this.getHeight()/2;
        g.drawRect(left, top, width, height);
        //画圆角矩形:左上角为(60,60)
        //宽度为50,高度为20,圆角水平和垂直直径均为10
        g.drawRoundRect(60,60, 50,20,10,10);
        //画弧线:所在矩形左上角为(70,65)
        //宽度为40,高度为25,从90度向后画180度
        g.drawArc(70,65, 40,25,90,180);
    }
}
public class DrawTest1 extends JFrame{
    private MyPanel mp = new MyPanel();
    public DrawTest1(){
        this.add(mp);
        this.setSize(200,200);
        this.setVisible(true);
    }
    public static void main(String[] args) {
        new DrawTest1();
    }
}
```

　　运行代码，得到相应的效果。

　　以上代码画的是空心图形，如果画实心图形，可以用 Graphics 类中的以下函数。

　　(1) 画实心矩形。

```
public abstract void fillRect(int x, int y, int width, int height)
```

参数的意义和画空心矩形相同。

（2）画圆角实心矩形。

```
public abstract void fillRoundRect(int x, int y, int width, int height,
                                   int arcWidth, int arcHeight)
```

参数的意义和画空心圆角矩形相同。

（3）画实心圆弧。

```
public abstract void fillArc(int x, int y, int width, int height,
                             int startAngle, int arcAngle)
```

参数的意义和画空心圆弧相同。

📢**提示**

如果要画一个实心圆，也可以通过 fillOval 函数来实现。

（4）画实心多边形。

```
public abstract void fillPolygon(int[] xPoints, int[] yPoints, int nPoints)
```

此方法绘制由 nPoint 个线段定义的多边形，其中前 nPoint－1 条线段是从（xPoints[i－1]，yPoints[i－1]）到（xPoints[i]，yPoints[i]）的线段。如果最后一个点和第一个点不同，则图形会在这两点之间绘制一条线段自动闭合。参数 xPoints 为 x 坐标数组，yPoints 为 y 坐标数组，nPoints 为点的总数。

14.2.4　综合案例

前文讲解的只是简单的画图，以下讲解一个综合案例，和多线程、随机数等知识结合起来开发，界面如图 14-15 所示。

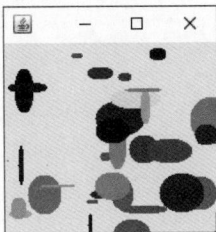

图 14-15　综合案例的运行结果

在该程序中，界面上每隔 100 毫秒在随机位置以随机颜色画一个随机大小的实心圆。

画图过程是自动的，并且没有暂停，因此要用到死循环。在这里可以将死循环放入线程类中，比较好的方法是让 JPanel 有线程功能，即实现 Runnable。

案例代码如下。

DrawTest2.java

```
package draw;
import java.awt.Color;
import java.awt.Graphics;
import java.util.Random;
```

```java
import javax.swing.JFrame;
import javax.swing.JPanel;
class RandomDrawPanel extends JPanel implements Runnable{
    private Random rnd = new Random();
    public void run(){
        while(true){
            this.repaint();
            try{
                Thread.sleep(100);
            }catch(Exception ex){}
        }
    }
    public void paint(Graphics g){
        //随机颜色
        int red = rnd.nextInt(256);
        int green = rnd.nextInt(256);
        int blue = rnd.nextInt(256);
        g.setColor(new Color(red, green, blue));
        //随机位置
        int left = rnd.nextInt(this.getWidth());
        int top = rnd.nextInt(this.getHeight());
        int width = rnd.nextInt(this.getWidth()/4);
        int height = rnd.nextInt(this.getHeight()/4);
        //画图
        g.fillArc(left, top, width, height, 0, 360);
    }
}
public class DrawTest2 extends JFrame{
    private RandomDrawPanel rdp = new RandomDrawPanel();
    public DrawTest2(){
        this.add(rdp);
        this.setSize(200,200);
        this.setVisible(true);
        //开始线程
        new Thread(rdp).start();
    }
    public static void main(String[] args) {
        new DrawTest2();
    }
}
```

运行代码，运行结果如图 14-15 所示。

14.3 认识画图像

14.3.1 画图像

在 Java 中可以用 Image 和 Icon 表示图像，其中 Icon 可以放在 JLabel 等控件中在界面上显示。

在 JLabel 中显示图标是将画图片的功能封装了，在底层，图像还是通过 Graphics 画出来的。

有些复杂的功能就不是 JLabel 能做到的,例如将图像进行裁剪、缩放和旋转。

14.3.2　画图像的使用

在画布上画图像也不难,打开 Graphics 类文档,Graphics 类中最简单的画图函数如下。

public abstract boolean drawImage(Image img, int x, int y, ImageObserver observer)

该函数的第 1 个参数是 Image 对象;第 2 个参数和第 3 个参数是左上角在界面上的坐标(x,y);第 4 个参数为当图片变化时需要通知的对象,一般可以写图片所在的容器(如面板)对象。

将项目根目录下的图片 img.gif 画在界面上,代码如下。

DrawImageTest1. java

```java
package drawimage;
import java.awt.Color;
import java.awt.Font;
import java.awt.Graphics;
import java.awt.Image;
import java.awt.Toolkit;
import javax.swing.JFrame;
import javax.swing.JPanel;
class MyPanel extends JPanel {
    private Image img;
    public MyPanel(String fileName){
        img = Toolkit.getDefaultToolkit().createImage(fileName);
    }
    public void paint(Graphics g) {
        g.drawImage(img, 20,20, this);
    }
}
public class DrawImageTest1 extends JFrame {
    private MyPanel mp = new MyPanel("img.gif");
    public DrawImageTest1() {
        this.add(mp);
        this.setSize(100, 120);
        this.setVisible(true);
    }
    public static void main(String[] args) {
        new DrawImageTest1();
    }
}
```

运行效果如图 14-16 所示。

图 14-16　画图像效果

14.3.3　图像的裁剪和缩放

在 Graphics 类中还有一个函数可以在更加复杂的情况下画图像。

```
public abstract boolean drawImage(Image img,
                                  int dx1, int dy1, int dx2, int dy2,
                                  int sx1, int sy1, int sx2, int sy2,
                                  ImageObserver observer)
```

该函数的第 1 个参数表示图片对象；第 2~5 个参数表示将图片的一部分画到界面的一个矩形中，该矩形的左上角坐标为$(dx1,dy1)$、右下角坐标为$(dx2,dy2)$；第 6~9 个参数表示在图片上截取一个矩形，该矩形的左上角坐标为$(sx1,sy1)$、右下角坐标为$(sx2,sy2)$。

实际上，通过该函数还可以实现图像的放大和缩小，只需要将目标矩形的大小进行改变即可。

例如，有一幅图片 img，将其上面一半切下来画到界面上，左上角在$(0,0)$位置，代码如下。

```
g.drawImage(img,
            0, 0, img.getWidth(),img.getHeight()/2,
            0, 0, img.getWidth(),img.getHeight()/2,
            this);
```

在案例中将前面例子中图片的左、右各一半分别绘图，代码如下。

DrawImageTest2.java

```
package drawimage;
import java.awt.Graphics;
import java.awt.Image;
import java.awt.Toolkit;
import javax.swing.JFrame;
import javax.swing.JPanel;
class ImagePanel extends JPanel {
    private Image img;
    public ImagePanel(String fileName){
        img = Toolkit.getDefaultToolkit().createImage(fileName);
    }
    public void paint(Graphics g) {
        g.drawImage(img, 10,10,50,80,0,0,
                        img.getWidth(this)/2,img.getHeight(this),this);
        g.drawImage(img, 60,70,100,100,
            img.getWidth(this)/2,0,img.getWidth(this),img.getHeight(this),this);
    }
}
public class DrawImageTest2 extends JFrame {
    private ImagePanel ip = new ImagePanel("img.gif");
    public DrawImageTest2() {
        this.add(ip);
        this.setSize(100, 150);
        this.setVisible(true);
    }
    public static void main(String[] args) {
        new DrawImageTest2();
    }
}
```

运行代码，效果如图 14-17 所示。

图 14-17 绘制图像的左、右各一半

14.3.4   图像的旋转

在 Graphics2D 类中有一个函数可以进行坐标的旋转，在旋转坐标之后画出来的图片随之旋转。

public abstract void rotate(double theta, double x, double y)

第 1 个参数表示顺时针旋转的弧度；第 2 个参数和第 3 个参数表示旋转中心的横、纵坐标。很明显，如果要产生较好的效果，可以让图片绕中心点旋转。

在案例中将图像旋转 90°显示，代码如下。

DrawImageTest3. java

```java
package drawimage;
import java.awt.Graphics;
import java.awt.Graphics2D;
import java.awt.Image;
import java.awt.Toolkit;
import javax.swing.JFrame;
import javax.swing.JPanel;
class RotateImagePanel extends JPanel {
    private Image img;
    public RotateImagePanel(String fileName){
        img = Toolkit.getDefaultToolkit().createImage(fileName);
    }
    public void paint(Graphics g) {
        Graphics2D g2d = (Graphics2D)g;
        g2d.rotate(Math.PI/2, this.getWidth()/2, this.getHeight()/2);
        g2d.drawImage(img, 20,20, this);
    }
}
public class DrawImageTest3 extends JFrame {
    private RotateImagePanel rip = new RotateImagePanel("img.gif");
    public DrawImageTest3() {
        this.add(rip);
        this.setSize(100, 120);
        this.setVisible(true);
    }
    public static void main(String[] args) {
        new DrawImageTest3();
    }
}
```

运行代码，效果如图 14-18 所示。

图 14-18　旋转 90°效果

14.4　结合键盘事件进行画图

14.4.1　实例需求

在很多游戏中需要通过键盘操作来控制界面上的画图。javax
.swing.JPanel 支持键盘事件,在界面上画一幅图片,要求可以用上、
下、左、右键控制其移动,如果按下回车键,则会顺时针旋转,如果释放
回车键,则停止旋转。

图片文件名为 img2.gif,效果如图 14-19 所示。

图 14-19　画图效果

14.4.2　键盘事件

键盘事件用 java. awt. event. KeyEvent 封装,KeyEvent 用 java. awt. event
.KeyListener 接口监听,该接口中有以下函数。

(1) void keyTyped(KeyEvent e):输入某个键时调用此方法。

(2) void keyPressed(KeyEvent e):按下某个键时调用此方法。

(3) void keyReleased(KeyEvent e):释放某个键时调用此方法。

此处使用 void keyPressed(KeyEvent e)方法即可。

在 KeyEvent 类中封装了键的信息。用户可以通过"public int getKeyCode()"获取键
对应的代码。代码可在文档 java. awt. event. KeyEvent 中查找,用静态变量表示,在本例中
用到如下代码。

(1) 向左键:KeyEvent. VK_LEFT。

(2) 向右键:KeyEvent. VK_RIGHT。

(3) 向上键:KeyEvent. VK_UP。

(4) 向下键:KeyEvent. VK_DOWN。

(5) 回车键:KeyEvent. VK_ENTER。

只需要在 JPanel 的 paint 函数中进行判断即可。

14.4.3　代码的编写

根据以上内容,结合画图技术,首先将 img2. gif 复制到项目根目录下,编写以下代码。

KeyImageTest1. java

```
package keyimage;
import java.awt. * ;
import java.awt.event. * ;
import javax.swing. * ;
```

```java
class KeyImagePanel extends JPanel implements KeyListener {
    private Image img;
    private int x = 0;                    //位置的横坐标
    private int y = 0;                    //位置的纵坐标
    private int angle = 0;                //角度
    public KeyImagePanel(String fileName) {
        img = Toolkit.getDefaultToolkit().createImage(fileName);
        this.addKeyListener(this);
    }
    public void paint(Graphics g) {
        Graphics2D g2d = (Graphics2D) g;
        g2d.setBackground(Color.red);
        g2d.rotate(Math.toRadians(angle), this.getWidth()/2, this.getHeight()/2);
        g2d.drawImage(img, x, y, this);
    }
    public void keyPressed(KeyEvent e) {
        int code = e.getKeyCode();
        switch (code) {
            case KeyEvent.VK_UP:
                y -= 5;
                break;
            case KeyEvent.VK_DOWN:
                y += 5;
                break;
            case KeyEvent.VK_LEFT:
                x -= 5;
                break;
            case KeyEvent.VK_RIGHT:
                x += 5;
                break;
            case KeyEvent.VK_ENTER:
                angle = (angle + 5) % 360;
                break;
        }
        //调用 paint 函数重画
        repaint();
    }
    public void keyReleased(KeyEvent arg0) {}
    public void keyTyped(KeyEvent arg0) {}
}
public class KeyImageTest1 extends JFrame {
    private KeyImagePanel kip = new KeyImagePanel("img2.gif");
    public KeyImageTest1() {
        this.setDefaultCloseOperation(JFrame.EXIT_ON_CLOSE);
        this.add(kip);
        //注意,这句代码表示将面板聚焦,否则将无法捕捉键盘事件
        kip.setFocusable(true);
        this.setSize(150, 150);
        this.setVisible(true);
    }
    public static void main(String[] args) {
        new KeyImageTest1();
    }
}
```

运行代码，效果如图 14-20 所示。

当按上、下、左、右键移动图片时会发现背景没有刷新，界面会出现如图 14-21 所示的现象。

图 14-20 程序效果

图 14-21 移动图片时背景没有刷新

14.4.4 解决重复画面问题

出现重复画面现象的原因是当重复画面时界面背景没有清空，也就是说需要用背景颜色将背景填充之后再继续重画图片。其方法为在重画图片之前用一个和背景颜色相同的矩形填充整个界面。

将 KeyImagePanel 类中的 paint 函数改为如下。

```
…
public void paint(Graphics g) {
        Graphics2D g2d = (Graphics2D) g;
        //清空界面
        g2d.setColor(this.getBackground());
        g2d.fillRect(0, 0, this.getWidth(), this.getHeight());
        //画图
        g2d.rotate(Math.toRadians(angle), this.getWidth()/2, this.getHeight()/2);
        g2d.drawImage(img, x, y, this);
    }
    …
```

运行代码，得到正常的运行效果。图 14-22 所示为经过平移再旋转之后的效果。

图 14-22 经过平移再旋转之后的效果

14.5 结合鼠标事件进行画图

14.5.1 实例需求

在很多画图系统中需要通过鼠标操作来控制界面上的画图。javax.swing.JPanel 也支持鼠标事件，在界面上画一幅图片，要求鼠标选中并拖动图片，能够将图片拖到界面的另一个地方；释放鼠标，图片则被放置在另一个位置。

图片文件名为 img2. gif,其效果和 14.4 节相同。

14.5.2　复习鼠标事件

鼠标事件用 java. awt. event. MouseEvent 封装,MouseEvent 用两个接口监听。

(1) java. awt. event. MouseListener 接口监听鼠标事件,在该接口中有以下函数。

① void mouseClicked(MouseEvent e):鼠标按键在组件上单击(按下并释放)时调用。

② void mousePressed(MouseEvent e):鼠标按键在组件上按下时调用。

③ void mouseReleased(MouseEvent e):鼠标按键在组件上释放时调用。

④ void mouseEntered(MouseEvent e):鼠标进入组件上时调用。

⑤ void mouseExited(MouseEvent e):鼠标离开组件时调用。

(2) java. awt. event. MouseMotionListener 接口监听鼠标移动事件,在该接口中有以下函数。

① void mouseDragged(MouseEvent e):鼠标拖动时调用。

② void mouseMoved(MouseEvent e):鼠标移动时调用。

在此处:

(1) 当鼠标在图片内按下时记住鼠标的当前位置,使用 void mousePressed(MouseEvent e)。

(2) 当鼠标在图片内释放时让拖动失效,使用 void mouseReleased(MouseEvent e)。

(3) 当鼠标拖动时在相应位置画图,使用 void mouseDragged(MouseEvent e)。

14.5.3　代码的编写

根据以上内容,结合画图技术,代码如下。

MouseImageTest1. java

```
package mouseimage;
import java.awt. * ;
import java.awt.event. * ;
import javax. swing. * ;
class MouseImagePanel extends JPanel implements MouseListener,
        MouseMotionListener {
    private Image img;
    private int x = 0;                  //位置的横坐标
    private int y = 0;                  //位置的纵坐标
    private boolean canMove = false;    //是否可以移动
    private int xInImg = 0;             //鼠标按下时在图片中的横坐标
    private int yInImg = 0;             //鼠标按下时在图片中的纵坐标
    public MouseImagePanel(String fileName) {
        img = Toolkit. getDefaultToolkit(). createImage(fileName);
        this. addMouseListener(this);
        this. addMouseMotionListener(this);
    }
    public void paint(Graphics g) {
        Graphics2D g2d = (Graphics2D) g;
        //清空界面
        g2d. setColor(this. getBackground());
        g2d. fillRect(0, 0, this. getWidth(), this. getHeight());
        g2d. drawImage(img, x, y, this);
```

```
    }
    public void mouseClicked(MouseEvent arg0) {}
    public void mouseEntered(MouseEvent arg0) {}
    public void mouseExited(MouseEvent arg0) {}
    public void mousePressed(MouseEvent e) {
        //判断鼠标是否在图片范围内
        xInImg = e.getX() - x;
        yInImg = e.getY() - y;
        if (xInImg > = 0 && xInImg < = img.getWidth(this) && yInImg > = 0
                && yInImg < = img.getHeight(this)) {
            canMove = true;
        }
    }
    public void mouseReleased(MouseEvent e) {
        canMove = false;
    }
    public void mouseDragged(MouseEvent e) {
        if (canMove) {
            x = e.getX() - xInImg;
            y = e.getY() - yInImg;
        }
        repaint();
    }
    public void mouseMoved(MouseEvent arg0) {}
}
public class MouseImageTest1 extends JFrame {
    private MouseImagePanel mip = new MouseImagePanel("img2.gif");
    public MouseImageTest1() {
        this.setDefaultCloseOperation(JFrame.EXIT_ON_CLOSE);
        this.add(mip);
        this.setSize(200, 200);
        this.setVisible(true);
    }
    public static void main(String[] args) {
        new MouseImageTest1();
    }
}
```

运行代码,效果如图 14-23 所示。

用户选中并拖动图片,如图 14-24 所示。

图 14-23　程序效果

图 14-24　拖动图片

习　题　14

1. 在 14.1.2 节中的 MyPanel 上增加一个按钮。

2. 将 14.1.2 节中 MyPanel 的背景设置为黄色。

3. 在文档中找到 java.awt.BasicStroke，了解其构造函数的意义。

4. 编写代码，实现如图 14-25 所示效果。

图 14-25　拖动图片

5. 查看文档，使用 Graphics2D 类中 draw3DRect、fill3DRect 方法。

6. 模拟画图系统中，画多边形的过程，步骤如下。

(1) 单击界面，定位第一个点。

(2) 单击另一个点，将前面第一个点和该点连起来。周而复始。

(3) 双击最后一个点，将第一个点和最后一个点连起来。

7. 结合多线程技术，将 14.3.4 节中的图片绕中心点不断旋转。

8. 将 14.4.4 节中的图片旋转之后平移，如按下"向上"键，图片不会向上移，而是旋转之后的"上"方向移动，读者可以进行测试。想一想，如何在旋转之后，让图片向界面上方移动呢？

9. 单击界面空白处，能够画一个卡通小人。

10. 扩充上题的功能，单击并拖动卡通小人，能够将其拖动到另一个地方。

第 15 章

Java 网络应用开发

扫一扫

视频讲解

建议学时：2～4。

从本章开始，将讲解网络编程。在网络编程框架内，主要针对 TCP 编程进行讲解。TCP 编程是一种应用比较广泛的编程方式。利用 TCP 编程，实现一个简单的聊天室。

15.1 认识网络编程

15.1.1 网络应用程序

在本书的前几章中，程序都是在一台单独的计算机上运行，这被称为单机版软件。单机版软件不具备网络通信的功能，与此对应的是网络应用程序，它能够通过网络和另一台计算机通信。

如图 15-1 所示，用户可以将其他计算机上的一个文件通过迅雷软件进行下载。

如图 15-2 所示，用户使用腾讯 QQ 可以将信息通过网络发到其他人的计算机上。这些都属于网络应用程序。

图 15-1　迅雷

图 15-2　腾讯 QQ

15.1.2 认识 IP 地址和端口

在编写网络应用程序之前，首先讲解以下几个概念。

1. 通过什么来找到网络上的计算机

要和其他计算机通信，首先确定对方的计算机，因为计算机名称可能重复，所以用计算机名称查找是不现实的。实际上是通过 IP 地址来查找一台计算机在网络上的位置。

IP 地址是指互联网协议地址，它为互联网上的每一个网络和每一台主机分配逻辑地址。如果把一台计算机比作一部手机，则 IP 地址就相当于手机号码。

　　IP 地址是一个 32 位的二进制数,通常被分割为 4 个“8 位二进制数”。为了方便起见,IP 地址通常用“点分十进制”表示成“a. b. c. d”的形式,其中 a、b、c、d 都是 0～255 的十进制整数。如 192. 168. 1. 5 就是一个 IP 地址。

🔊问答

问:如何查询本机的 IP 地址?

答:在 cmd 窗口中输入命令“ipconfig”即可显示 IP 地址,如图 15-3 所示。

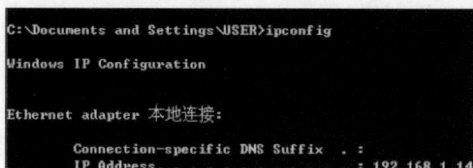

图 15-3　显示 IP 地址

　　或者打开“控制面板”,依次选择“网络和 Internet”和“网络和共享中心”,单击相应连接,选择“属性”,出现如图 15-4 所示的界面。

图 15-4　“以太网 属性”对话框

双击“Internet 协议版本 4(TCP/IPv4)”即可显示 IP 地址以及其他配置,如图 15-5 所示。

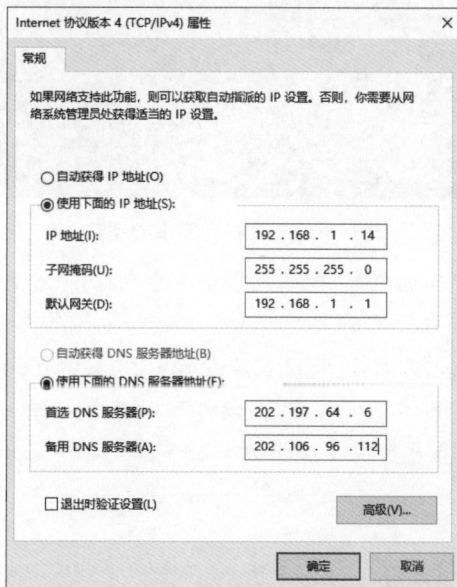

图 15-5　显示 IP 地址以及其他配置

由图 15-5 可见,本机的 IP 地址为 192.168.1.14。为了简便起见,可以统一用 127.0.0.1 表示本机的 IP 地址,就好像每个人姓名不同,但是都可以自称"我"一样。

问：确定对方计算机的 IP 地址后,将如何找到它?

答：某个 IP 地址的计算机在网络的哪个地方一般由路由器来判断。如要找 220.170.91.146 对应的计算机,需要通过路由器查找。具体查找的过程不是本章的内容,在此不再赘述。

2. 通过什么来确定对方的网络通信程序

找到计算机之后就可以通信了吗? 不一定。因为网络通信最终是软件之间的通信,需要定位相应的软件。

首先思考一个问题：一台联网的计算机,只有一个网卡、一根网线,为什么可以同时用多个程序上网? 例如,可以用 FTP 下载文件的同时浏览网页,还可以 QQ 聊天,这些数据是通过一根网线传过来的,为什么不会混淆呢?

实际上是通过端口号(port)来确定一台计算机中特定的网络程序。一台计算机的端口号可以取 0~65 535 的数。

假如将计算机比作一栋办公楼,IP 地址就是这栋楼的地址,而端口就是办公楼中各房间的房间号。虽然很多人都从大楼正门涌入,但分别进入不同的房间,每个房间负责完成不同的事情。

这样就可以理解 FTP 下载文件、浏览网页、QQ 聊天,这些程序应该对应不同的端口,当信息传输到本机时,根据端口进行分类,用于不同的程序处理数据。

📢问答

问：如何查询本机使用了哪些端口?

答：在 cmd 窗口中输入命令"netstat -an"即可显示本机使用了哪些端口,如图 15-6 所示。

```
C:\Documents and Settings\USER>netstat -an

Active Connections

  Proto  Local Address          Foreign Address        State
  TCP    0.0.0.0:135            0.0.0.0:0              LISTENING
  TCP    0.0.0.0:445            0.0.0.0:0              LISTENING
  TCP    0.0.0.0:1028           0.0.0.0:0              LISTENING
```

图 15-6　显示本机使用的端口

其中,IP 地址中冒号后面的数字(0.0.0.0:135 中的 135)就是端口号。

问：常用应用程序的端口号有哪些?

答：21 表示 FTP 协议；22 表示 SSH 安全登录；23 表示 Telnet；25 表示 SMTP 协议；80 表示 HTTP 协议。对于具体协议的意义,读者可以查看文档。

因此,在编写网络应用程序时要尽量避开这些常用的端口。一般情况下,0~1024 的端口最好不要使用。

3. 传输控制协议

传输控制协议(Transmission Control Protocol,TCP)是一种网络信息传输协议,能够进行网络通信。

TCP 最重要的特点是面向连接,也就是说必须在服务器端和客户端连接之后才能通信,它的安全性比较高。

TCP 基于连接,可以将 TCP 比喻成打电话,必须双方都接通才能通话,并且连接要保持通畅。

15.1.3　客户端和服务器

客户端(client)/服务器(server)是一种最常见的网络应用程序的运行模式,简称 C/S。以网络聊天软件为例,在聊天程序中各聊天界面叫客户端,客户端之间如果要相互聊天,则可以将信息先发送到服务器端,由服务器端转发。因此,客户端要先连接到服务器端,才能将信息转发。

客户端连接到服务器端需要知道一些什么信息呢?

首先需要知道服务器端的 IP 地址,还要知道服务器端该程序的端口。例如,服务器的 IP 地址是 127.0.0.1,端口是 9999 等。

因此,服务器必须首先打开端口,等待客户端的连接,也称打开并监听某个端口。

在客户端必须要根据服务器 IP 连接服务器的某个端口。

15.2　用客户端连接到服务器

15.2.1　案例介绍

本节开发一个聊天应用最基本的程序——客户端连接到服务器。首先运行服务器,得到如图 15-7 所示的界面。服务器运行完毕,界面上的标题为"服务器端,目前未见连接"。

运行客户端,界面如图 15-8 所示。客户端运行完毕,界面上的标题为"客户端"。

图 15-7　运行服务器界面	图 15-8　运行客户端界面

单击客户端界面的"连接"按钮,连接到服务器端,此时服务器端界面如图 15-9 所示。界面上的标题显示客户端的 IP 地址。

同时,客户端界面变为如图 15-10 所示的界面,界面标题变为"恭喜您,已经连上"。

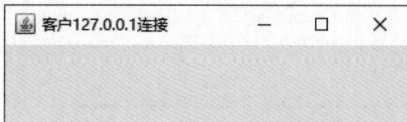

图 15-9　服务器端界面	图 15-10　成功连接

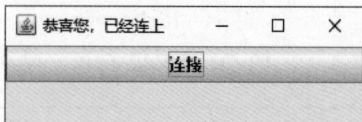

15.2.2　实现客户端连接到服务器

客户端连接到服务器端首先需要知道服务器端的 IP 地址,还要知道服务器端该程序的端口。

服务器必须首先打开某个端口并监听，等待客户端的连接。客户端根据服务器 IP 连接服务器的某个端口。

在本例中，服务器为本机，打开并监听的端口号是 9999。

1. 服务器端打开并监听端口

端口的监听是由 java. net. ServerSocket 进行管理的，打开 java. net. ServerSocket 的文档，这个类有很多构造函数，常见的构造函数如下。

```
public ServerSocket(int port) throws IOException
```

其传入一个端口号，实例化 ServerSocket。

◀》注意

实例化 ServerSocket 就已经打开了端口号并进行监听。

例如，以下代码表示监听服务器上的 9999 端口，并返回 ServerSocket 对象 ss。

```
ServerSocket ss = new ServerSocket(9999);
```

2. 客户端连接到服务器端的某个端口

客户端连接到服务器端的某个端口是由 java. net. Socket 进行管理的，打开 java. net . Socket 的文档，这个类有很多构造函数，常见的构造函数如下。

```
public Socket(String host, int port) throws UnknownHostException, IOException
```

其传入一个服务器 IP 地址和端口号，实例化 Socket。

◀》注意

实例化 Socket 就已经请求连接到该 IP 地址对应的服务器。

例如，以下代码表示连接服务器 218.197.118.80 上的 9999 端口，并返回连接 Socket 对象 socket。

```
Socket socket = new Socket("218.197.118.80",9999);
```

3. 实现服务器与客户端的连接

既然客户端用 Socket 向服务器请求连接，如果连接成功，Socket 对象自然成为连接的纽带。对于服务器端来说，得到客户端的 Socket 对象，并以此为基础进行通信。

通过服务器端实例化 ServerSocket 对象，监听端口，得到客户端的 Socket 对象打开 ServerSocket 文档，会发现里面有一个重要函数如下。

```
public Socket accept() throws IOException
```

该函数返回一个 Socket 对象，因此在服务器端可以用以下代码得到客户端的 Socket 对象。

```
Socket socket = ss.accept();
```

注意

值得一提的是,accept 函数是一个"死等函数",如果没有客户端请求连接,它会一直等待并阻塞程序。为了说明这个问题,编写以下代码进行测试。

AcceptTest. java

```
package chat1;
import java.net.ServerSocket;
import java.net.Socket;
public class AcceptTest {
    public static void main(String[] args) throws Exception {
        //监听 9999 端口
        ServerSocket ss = new ServerSocket(9999);
        System.out.println("未连接");
        //等待客户端连接,如果没有客户端连接,程序在这里阻塞
        Socket socket = ss.accept();
        System.out.println("连接");
    }
}
```

运行程序,控制台打印结果如图 15-11 所示。

图 15-11　AcceptTest.java 的运行结果

程序没有打印"连接",说明程序在 accept 处阻塞。

如果此时有另一个客户端进行连接,阻塞就可以解除,代码如下。

AcceptTest_Client. java

```
package chat1;
import java.net.Socket;
public class AcceptTest_Client {
    public static void main(String[] args)throws Exception {
        Socket socket = new Socket("127.0.0.1",9999);
    }
}
```

运行客户端,服务器端打印如图 15-12 所示。说明服务器阻塞已被解除。

图 15-12　AcceptTest_Client.java 的运行结果

4. 如何从 Socket 得到一些连接的基本信息

了解了客户端与服务器端的连接。很显然,客户端和服务器端用 Socket 对象进行通信。那么,从 Socket 能否得到一些连接的基本信息呢?

打开 Socket 文档,会发现有以下函数。

public InetAddress getInetAddress()

其返回为 Socket 内连接客户端的地址。

该返回类型是 java. net. InetAddress。查找 java. net. InetAddress 文档,可以用以下方

法得到 IP 地址。

```
public String getHostAddress()
```

其返回为 IP 地址字符串(以文本形式)。

15.2.3　代码的编写

综上所述,建立服务器端程序,代码如下。

Server. java

```java
package chat1;
import java.net.ServerSocket;
import java.net.Socket;
import javax.swing.JFrame;
public class Server extends JFrame{
    private ServerSocket ss;
    private Socket socket;
    public Server(){
        super("服务器端,目前未见连接");
        this.setDefaultCloseOperation(JFrame.EXIT_ON_CLOSE);
        this.setSize(300,100);
        this.setVisible(true);
        try{
            //监听 9999 端口
            ss = new ServerSocket(9999);
            socket = ss.accept();
            String clientAddress = socket.getInetAddress().getHostAddress();
            this.setTitle("客户" + clientAddress + "连接");
        }catch(Exception ex){
            ex.printStackTrace();
        }
    }
    public static void main(String[] args) {
        new Server();
    }
}
```

运行代码,得到服务器端界面。

建立客户端程序,代码如下。

Client. java

```java
package chat1;
import java.awt.BorderLayout;
import java.awt.event.ActionEvent;
import java.awt.event.ActionListener;
import java.net.Socket;
import javax.swing.JButton;
import javax.swing.JFrame;
public class Client extends JFrame implements ActionListener{
    private JButton btConnect = new JButton("连接");
    private Socket socket;
    public Client(){
```

```
        super("客户端");
        this.setDefaultCloseOperation(JFrame.EXIT_ON_CLOSE);
        this.add(btConnect,BorderLayout.NORTH);
        btConnect.addActionListener(this);
        this.setSize(300,100);
        this.setVisible(true);
    }
    public void actionPerformed(ActionEvent e) {
        try{
            socket = new Socket("127.0.0.1",9999);
            this.setTitle("恭喜您,已经连上");
        }catch(Exception ex){
            ex.printStackTrace();
        }
    }
    public static void main(String[] args) {
        new Client();
    }
}
```

运行代码,得到客户端界面。单击"连接"按钮,则可以连接到服务器。

◀))注意

必须先运行服务器端,再运行客户端。

15.3　使用 TCP 实现双向聊天系统

15.3.1　案例介绍

在 15.2 节中已经讲了客户端和服务器端的连接,接下来就可以让客户端和服务器端进行通信了。在本节中服务器端和客户端界面相同,都可以给对方发送信息,并且能够自动接收对方发过来的信息。本节案例的效果如图 15-13 和图 15-14 所示。

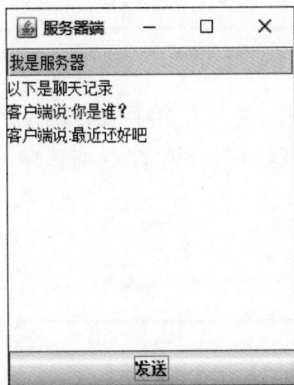

图 15-13　服务器端效果

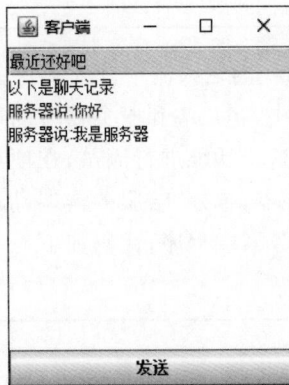

图 15-14　客户端效果

服务器端和客户端都有一个文本框,用于输入信息。输入信息之后单击"发送"按钮,将信息发送给对方,对方在收到信息之后显示。

15.3.2 实现双向聊天

客户端与服务器端的通信过程包括读信息和写信息。对于客户端和服务器端,将数据发送给对方称为写,用到输出流;反之,从对方处接收数据称为读,用到输入流。

在 TCP 编程中,客户端和服务器端之间的通信是通过 Socket 实现的。

1. 向对方发送信息

打开 java.net.Socket 文档,会发现其中有一个重要函数。

```
public OutputStream getOutputStream() throws IOException
```

其打开此 Socket 的输出流。虽然 OutputStream 的功能并不强大,但可以和 java.io.PrintStream 类配合使用,使之能够输出一行,代码如下。

```
Socket socket = new Socket("127.0.0.1",9999);
OutputStream os = socket.getOutputStream();
PrintStream ps = new PrintStream(os);
ps.println("消息内容");
```

使用 Socket 向对方发出一个字符串。

2. 从对方处接收信息

打开 java.net.Socket 文档,会发现其中有一个重要函数。

```
public InputStream getInputStream() throws IOException
```

其打开此 Socket 的输入流。虽然 InputStream 的功能并不强大,但可以和 BufferedReader 函数配合使用,使之能够读取一行,代码如下。

```
Socket socket = new Socket("127.0.0.1",9999);
InputStream is = socket.getInputStream();        //得到输入流,InputStream 的功能并不强大
BufferedReader br = new BufferedReader(new InputStreamReader(is));
String str = br.readLine();                       //读
System.out.println(str);
```

从 Socket 的输入流中读入字符串并打印。

在本例中,客户端和服务器端的通信既要使用读操作,又要使用写操作。

为了对这个功能进行测试,在项目中建立一个服务器端程序和客户端程序。客户端发送信息"服务器,你好"给服务器端,服务器端收到后打印。

编写服务器端程序,代码如下。

Server.java

```java
package chat2;
import java.net.ServerSocket;
import java.net.Socket;
import java.io.InputStream;
import java.io.BufferedReader;
import java.io.InputStreamReader;
public class Server{
```

```java
public static void main(String[] args) throws Exception{
    ServerSocket ss = new ServerSocket(9999);
    Socket s = ss.accept();
    //获取对方发送的信息并打印
    InputStream is = s.getInputStream();
    BufferedReader br = new BufferedReader(new InputStreamReader(is));
    String str = br.readLine();      //读
    System.out.println(str);
}
}
```

编写客户端程序,代码如下。

Client. java

```java
package chat2;
import java.net.Socket;
import java.io.OutputStream;
import java.io.PrintStream;
public class Client{
    public static void main(String[] args) throws Exception{
        Socket s = new Socket("127.0.0.1",9999);      //连接到服务器
        OutputStream os = s.getOutputStream();         //os 只能发字节数组
        PrintStream ps = new PrintStream(os);          //ps 的功能更强大
        ps.println("服务器,你好!");                      //发送信息
    }
}
```

首先运行服务器端,再运行客户端,在服务器端的控制台上
打印结果如图 15-15 所示。

服务器,你好!

图 15-15　服务器端的控制
台打印结果

说明信息由客户端发送到服务器端,并被服务器端接收。

◀))注意

值得一提的是,在客户端与服务器端之间传递信息时,BufferedReader 的 readLine 函
数是一个"死等函数"。如果客户端与服务器连接,但并没有发送信息,readLine 函数则会一
直等待。为了说明这个问题,编写下列代码进行测试。

编写服务器端程序,代码如下。

ReadLineTest. java

```java
package chat2;
import java.net.ServerSocket;
import java.net.Socket;
import java.io.InputStream;
import java.io.BufferedReader;
import java.io.InputStreamReader;
public class ReadLineTest{
    public static void main(String[] args) throws Exception{
        ServerSocket ss = new ServerSocket(9999);
        Socket s = ss.accept();
        InputStream is = s.getInputStream();
        BufferedReader br = new BufferedReader(new InputStreamReader(is));
```

```
System.out.println("未收到信息");
String str = br.readLine();                    //读
System.out.println("收到信息");
System.out.println(str);
    }
}
```

编写客户端程序，代码如下。

ReadLineTest_Client. java

```
package chat2;
import java.net.Socket;
public class ReadLineTest_Client {
    public static void main(String[] args)throws Exception {
        Socket socket = new Socket("127.0.0.1",9999);
    }
}
```

运行服务器端，再运行客户端，服务器端的控制台上打印
结果如图 15-16 所示。

没有打印"收到信息"，说明程序在 readLine 处阻塞。如
果客户端给服务器端发送一条信息，则可以解除阻塞。

| 未收到信息 |

图 15-16 打印"未收到信息"

由以上情况可以看出，客户端和服务器端如果需要自动读取对方发送的信息就不能将
readLine 函数放在主线程内，因为在不知道对方会在什么时候发出信息的情况下，readLine
函数的死等可能会造成程序的阻塞，所以最好的方法是将读取信息的代码写在线程内。

15.3.3 代码的编写

综上所述，建立服务器端程序代码如下。

Server. java

```
package chat3;
import java.awt. * ;
import java.awt.event. * ;
import java.io. * ;
import java.net. * ;
import javax.swing. * ;
public class Server extends JFrame implements ActionListener, Runnable {
    private JTextArea taMsg = new JTextArea("以下是聊天记录\n");
    private JTextField tfMsg = new JTextField("请您输入信息");
    private JButton btSend = new JButton("发送");
    private Socket s = null;
    public Server() {
        this.setTitle("服务器端");
        this.setDefaultCloseOperation(JFrame.EXIT_ON_CLOSE);
        this.add(taMsg, BorderLayout.CENTER);
        tfMsg.setBackground(Color.yellow);
        this.add(tfMsg, BorderLayout.NORTH);
        this.add(btSend, BorderLayout.SOUTH);
        btSend.addActionListener(this);
```

```
        this.setSize(200, 300);
        this.setVisible(true);
        try {
            ServerSocket ss = new ServerSocket(9999);
            s = ss.accept();
            new Thread(this).start();
        } catch (Exception ex) {
        }
    }
    public void run() {
        try {
            while (true) {
                InputStream is = s.getInputStream();
                BufferedReader br = new BufferedReader(
                        new InputStreamReader(is));
                String str = br.readLine();          //读
                taMsg.append(str + "\n");             //添加内容
            }
        } catch (Exception ex) {
        }
    }
    public void actionPerformed(ActionEvent e) {
        try {
            OutputStream os = s.getOutputStream();
            PrintStream ps = new PrintStream(os);
            ps.println("服务器说:" + tfMsg.getText());
        } catch (Exception ex) {
        }
    }
    public static void main(String[] args) throws Exception {
        Server server5 = new Server();
    }
}
```

运行代码，得到服务器端界面。

编写客户端程序，代码如下。

Client. java

```
package chat3;
import java.awt. * ;
import java.awt.event. * ;
import java.io. * ;
import java.net. * ;
import javax.swing. * ;
public class Client extends JFrame implements ActionListener,Runnable{
    private JTextArea taMsg = new JTextArea("以下是聊天记录\n");
    private JTextField tfMsg = new JTextField("请您输入信息");
    private JButton btSend = new JButton("发送");
    private Socket s = null;
    public Client(){
        this.setTitle("客户端");
        this.setDefaultCloseOperation(JFrame.EXIT_ON_CLOSE);
        this.add(taMsg,BorderLayout.CENTER);
        tfMsg.setBackground(Color.yellow);
```

```java
        this.add(tfMsg,BorderLayout.NORTH);
        this.add(btSend,BorderLayout.SOUTH);
        btSend.addActionListener(this);
        this.setSize(200, 300);
        this.setVisible(true);
        try{
            s = new Socket("127.0.0.1",9999);
            new Thread(this).start();
        }catch(Exception ex){}
    }
    public void run(){
        try{
            while(true){
                InputStream is = s.getInputStream();
                BufferedReader br = new BufferedReader(
                    new InputStreamReader(is));
                String str = br.readLine();              //读
                taMsg.append(str + "\n");                //添加内容
            }
        }catch(Exception ex){}
    }
    public void actionPerformed(ActionEvent e){
        try{
            OutputStream os = s.getOutputStream();
            PrintStream ps = new PrintStream(os);
            ps.println("客户端说:" + tfMsg.getText());
        }catch(Exception ex){}
    }
    public static void main(String[] args) throws Exception{
        Client client5 = new Client();
    }
}
```

运行代码，得到客户端界面。双方即可进行聊天。

注意

必须先运行服务器端，再运行客户端。

15.4 使用 TCP 实现多客户端相互通信系统

15.4.1 案例介绍

在 15.3 节中介绍了客户端和服务器端的互相通信。但在实际应用中，是客户端和客户端互相通信而不是客户端和服务器端互相通信。客户端和客户端互相通信的本质是信息由服务器端转发，因此本节开发一个支持多个客户端的程序。服务器端界面如图 15-17 所示。

客户端界面如图 15-18 所示。当客户端出现时，首先输入昵称。单击"确定"按钮则连接到服务器。如果连接成功，服务器推送一个信息，如图 15-19 所示。

图 15-17　服务器端界面

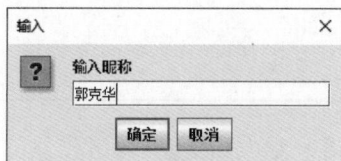

图 15-18　客户端界面　　　　　　　　图 15-19　连接成功

单击"确定"按钮即可进行聊天。

为了体现多客户端效果,打开以下 3 个客户端,如图 15-20~图 15-22 所示。

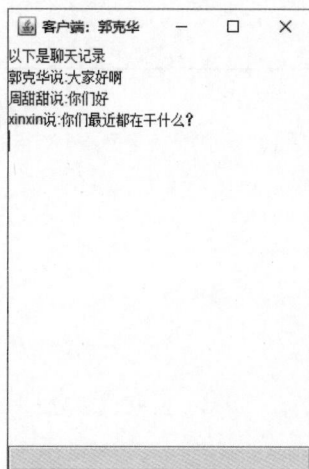

图 15-20　客户端 1　　　　　图 15-21　客户端 2　　　　　图 15-22　客户端 3

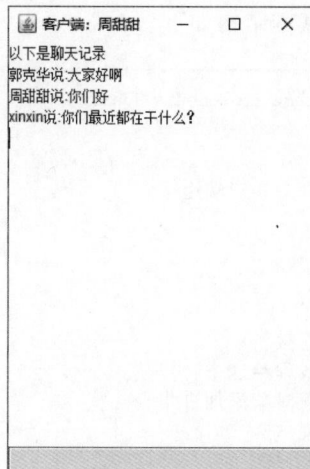

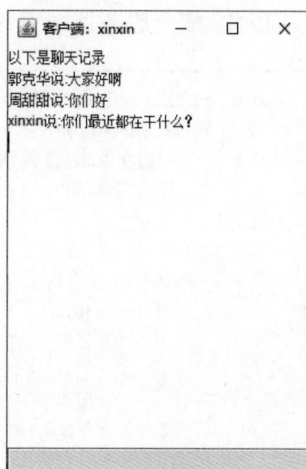

在界面下方输入消息,按回车键后消息发出,在消息发出之后文本框自动清空。在消息发送之后能够让各客户端都收到聊天信息,聊天信息打印在界面上的多行文本框内,在打印聊天信息的同时还能够打印这条聊天信息是谁说的。

15.4.2　编写服务器程序

在本例中要让服务器端能够接受多个客户端的连接,需要注意以下问题。

(1)由于事先不知道客户端连接时间,因此服务器端必须有一个线程来负责接受多个客户端连接,结构如下。

```java
public class Server extends JFrame implements Runnable{
    public Server(){
        //服务器端打开端口
        //服务端开启线程,接受客户端连接
    }
    public void run(){
        //不断接受客户端连接
        while(true){
            //接受客户端连接
            //开一个聊天线程给这个客户端
            //将该聊天线程对象添加进集合
            //启动聊天线程
```

```
        }
    }
}
```

（2）当客户端连接之后，服务器端要等待这些客户端发送信息，而事先并不知道客户端发送信息的时间。所以，在每一个客户端连接之后，必须为这个客户端单独开一个线程来读取它发送的信息。因此需要再编写一个线程类。

（3）服务器收到某个客户端信息之后，需要将其转发给各客户端，这就需要在服务器端保存各客户端的输入与输出流的引用（这些引用可以保存在为客户端服务的线程中）。

因此，整个服务器端程序的基本结构如下。

```java
public class Server extends JFrame implements Runnable{
    public Server(){
        //服务器端打开端口
        //服务器端开启线程,接受客户端连接
    }
    public void run(){
        //不断接受客户端连接
        while(true){
            //接受客户端连接
            //开一个聊天线程给这个客户端
            //将该聊天线程对象添加进集合
            //启动聊天线程
        }
    }
    /*聊天线程类,每连接一个客户端就为其开一个聊天线程*/
    class ChatThread extends Thread{
        //负责读取相应 SocketConnection 的信息
        public void run(){
            while(true){
                //读取客户端发送的信息
                //将该信息发送给其他客户端
            }
        }
    }
}
```

编写服务器端程序，代码如下。

Server. java

```java
package chat4;
import java.awt. * ;
import java.io. * ;
import java.net. * ;
import java.util. ArrayList;
import javax. swing.JFrame;
public class Server extends JFrame implements Runnable{
    private Socket s = null;
    private ServerSocket ss = null;
    private ArrayList clients = new ArrayList();        //保存客户端的线程
```

```java
public Server() throws Exception{
    this.setTitle("服务器端");
    this.setDefaultCloseOperation(JFrame.EXIT_ON_CLOSE);
    this.setBackground(Color.yellow);
    this.setSize(200,100);
    this.setVisible(true);
    ss = new ServerSocket(9999);                //服务器端开辟端口,接收连接
    new Thread(this).start();                   //接受客户连接的死循环开始运行
}
public void run(){
    try{
        while(true){
            s = ss.accept();
            //s为当前连接对应的 Socket,对应一个客户端
            //该客户端随时可能发送信息,必须要接收
            //另外开辟一个线程,专门为 s 服务,负责接收信息
            ChatThread ct = new ChatThread(s);
            clients.add(ct);
            ct.start();
        }
    }catch(Exception ex){}
}
class ChatThread extends Thread{//为某个 Socket 负责接收信息
    private Socket s = null;
    private BufferedReader br = null;
    public PrintStream ps = null;
    public ChatThread(Socket s) throws Exception{
        this.s = s;
        br = new BufferedReader(
                new InputStreamReader(s.getInputStream()));
        ps = new PrintStream(s.getOutputStream());
    }
    public void run(){
        try{
            while(true){
                String str = br.readLine();     //读取该 Socket 发送的信息
                sendMessage(str);               //将 str 转发给其他客户端
            }
        }catch(Exception ex){}
    }
}
public void sendMessage(String msg){            //将信息发给其他客户端
    for(int i = 0;i < clients.size();i++){
        ChatThread ct = (ChatThread)clients.get(i);
        //向 ct 的 Socket 中写 msg
        ct.ps.println(msg);
    }
}
public static void main(String[] args) throws Exception{
    Server server = new Server();
}
}
```

15.4.3 编写客户端程序

客户端的编程相对简单，只需要编写发送信息、连接服务器和接收服务器端传输的信息即可，代码如下。

Client. java

```java
package chat4;
import java.awt. * ;
import java.awt.event. * ;
import java.io. * ;
import java.net.Socket;
import javax.swing. * ;
public class Client extends JFrame implements ActionListener, Runnable {
    private JTextArea taMsg = new JTextArea("以下是聊天记录\n");
    private JTextField tfMsg = new JTextField();
    private Socket s = null;
    private String nickName = null;
    public Client() {
        this.setTitle("客户端");
        this.setDefaultCloseOperation(JFrame.EXIT_ON_CLOSE);
        this.add(taMsg, BorderLayout.CENTER);
        tfMsg.setBackground(Color.yellow);
        this.add(tfMsg, BorderLayout.SOUTH);
        tfMsg.addActionListener(this);
        this.setSize(280, 400);
        this.setVisible(true);
        nickName = JOptionPane.showInputDialog("输入昵称");
        try {
            s = new Socket("127.0.0.1", 9999);
            JOptionPane.showMessageDialog(this,"连接成功");
            this.setTitle("客户端: " + nickName);
            new Thread(this).start();
        } catch (Exception ex) {}
    }
    public void run() {
        try {
            while (true) {
                InputStream is = s.getInputStream();
                BufferedReader br = new BufferedReader(
                        new InputStreamReader(is));
                String str = br.readLine();         //读
                taMsg.append(str + "\n");           //添加内容
            }
        } catch (Exception ex) {
        }
    }
    public void actionPerformed(ActionEvent e) {
        try {
            OutputStream os = s.getOutputStream();
            PrintStream ps = new PrintStream(os);
            ps.println(nickName + "说:" + tfMsg.getText());
            tfMsg.setText("");
        } catch (Exception ex) {
        }
```

```
        }
    public static void main(String[] args) throws Exception {
        Client client = new Client();
    }
}
```

运行服务器端和客户端,得到本案例需求中的效果。

习　题　15

1. 查询以下名词的全称:TCP、UDP、HTTP、FTP,简述它们的区别。

2. 在 15.2.3 节中,客户端与服务器端相连接。连接成功,双方的提示信息用消息框显示。

3. 将 15.3.3 节中,编写程序,删除界面中的按钮,改为:在文本框中按回车键,信息自动发出,且文本框清空。

4. 完成一个网络远程控制系统,如果服务器端给客户端发送的信息为"关闭",则客户端自动关闭。

5. 完成一个简单的隐私窃取软件,如果客户端与服务器端相连接,则自动将其 C 盘下的所有文件名称发送服务器端显示。

6. 在 15.4.3 节中,编写程序,在客户端中增加一个下拉列表框,显示每个在线客户的昵称,如果某个客户端离线,则通知其他客户进行刷新。

7. 在 15.4.3 节中,编写程序,客户可以在下拉列表中选择接收信息的人,并进行私聊。

第 6 部分
Java 实训

第 16 章

程序设计基础实训

建议学时：2～4。

前文学习了 Java 的起源、编程原理以及开发工具，也学习了变量、数据类型及其运算，还学习了判断结构、循环结构和数组。这些内容属于程序设计中的基础内容。本章将利用几个案例，对以上内容进行复习。案例的素材主要来自各章的习题。

16.1　关于变量和数据类型的实践

（1）如果变量 a 中有一个值，变量 b 中有一个值，如何将两个变量中的值互换？

分析：可以使用第 3 个变量作为中间存储，代码如下。

ASS01. java

```java
public class ASS01 {
    public static void main(String[] args) {
        int a = 10;
        int b = 20;
        int temp;
        temp = a;
        a = b;
        b = temp;
        System.out.println("a = " + a);
        System.out.println("b = " + b);
    }
}
```

运行代码，控制台打印结果如图 16-1 所示。

🔊思考

能否不使用第 3 个变量（temp），通过简单运算实现互换？

（2）用字符串打印一个表情图形，即 /^_^\。

分析：使用一些转义字符，代码如下。

```
a=20
b=10
```

图 16-1　ASS01. java 的运行结果

ASS02. java

```java
public class ASS02 {
    public static void main(String[] args) {
        System.out.println("/^_^\\");
    }
}
```

运行代码,控制台打印结果如图 16-2 所示。

图 16-2　ASS02.java 的运行结果

(3) 定义一个字符'华',打印其对应的数字,再将这个数字加 1 并打印字符,代码如下。

ASS03.java

```java
public class ASS03 {
    public static void main(String[] args) {
        char ch = '华';
        System.out.println("华对应的整数是:" + (int)ch);
        ch = (char)(ch + 1);
        System.out.println("华 + 1 对应的字符是:" + ch);
    }
}
```

运行代码,控制台打印结果如图 16-3 所示。

(4) 已知可以通过 Math.random()获取一个范围在 0～1 的 double 型随机数,要求如下。

① 生成一个范围在 0～100 的整型随机数。

② 生成一个范围在 50～100 的整型随机数。

代码如下。

图 16-3　ASS03.java 的
　　　　　运行结果

ASS04.java

```java
public class ASS04 {
    public static void main(String[] args) {
        int i1 = (int)(Math.random() * 100);
        int i2 = (int)(Math.random() * 50 + 50);
        System.out.println("0 - 100 的随机数是:" + i1);
        System.out.println("50 - 100 的随机数是:" + i2);
    }
}
```

运行代码,控制台打印结果如图 16-4 所示。

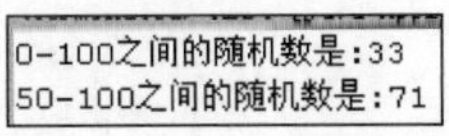

图 16-4　ASS04.java 的运行结果

注意

不要写成"(int)Math.random() * 100",否则结果为 0。读者可以分析其中的原因。

16.2　关于流程控制和数组的综合实践

(1) 输入一个应收金额,再输入一个实收金额,结果显示找零的各种面额人民币的张数,优先考虑面额大的人民币。假如现有 100 元、50 元、20 元、10 元、5 元、1 元面额的人民币，如果实收金额小于应收金额则报错。

分析：本题实际上要进行反复的整除和求余数的运算，代码如下。

ASS05.java

```java
public class ASS05 {
    public static void main(String[] args) {
        String str1 = javax.swing.JOptionPane.showInputDialog("输入应收金额");
        String str2 = javax.swing.JOptionPane.showInputDialog("输入实收金额");
        int money1 = Integer.parseInt(str1);
        int money2 = Integer.parseInt(str2);
        if(money2 < money1){
            javax.swing.JOptionPane.showMessageDialog(null, "钱不够");
            return;                              //return表示跳出主函数
        }
        int cash = money2 - money1;
        System.out.println("应找钱" + cash + "元");
        int[] values = new int[]{100,50,20,10,5,1};
        for(int value:values){
            int number = cash/value;
            System.out.println("面额为" + value + "的纸币" + number + "张");
            cash = cash - value * number;
        }
    }
}
```

运行代码，在输入框中输入应收金额"59"，实收金额"100"，如图 16-5 和图 16-6 所示。

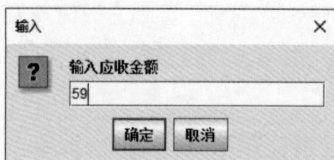

图 16-5 输入应收金额

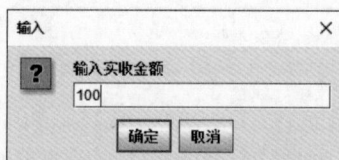

图 16-6 输入实收金额

单击"确定"按钮，控制台打印结果如图 16-7 所示。

如果输入实收金额小于应收金额，控制台显示结果如图 16-8 所示。

图 16-7 ASS05.java 的运行结果

图 16-8 实收金额小于应收金额时的显示结果

注意

return 表示跳出当前函数（主函数），使用 return 的好处在于如果 return 放在 if 中，if 不成立时需要执行的代码不需要用 else 包围。

（2）输入一个整数，如果是正数则减去 10，如果是负数则加上 10，并显示结果，代码如下。

ASS06. java

```
public class ASS06 {
    public static void main(String[] args) {
        String str = javax. swing. JOptionPane. showInputDialog("输入整数");
        int number = Integer. parseInt(str);
        if(number > 0){
            number -= 10;
        }else if(number < 0){
            number += 10;
        }
        System. out. println("number = " + number);
    }
}
```

运行代码,在输入框中输入一个整数,如图 16-9 所示。

单击"确定"按钮,控制台打印结果如图 16-10 所示。

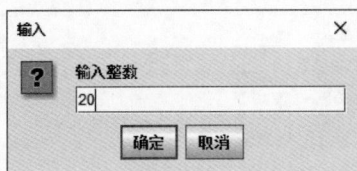

图 16-9　输入一个整数

图 16-10　ASS06. java 的运行结果

◄》思考

对于本题,以下代码使用的是 if 结构,但结果是错的,想想看错在哪里?

```
…
if(number > 0){
    number -= 10;
}
if(number < 0){
    number += 10;
}
System. out. println("number = " + number);
…
```

(3) 输入一个年份和月份,打印该年该月的天数。规定平年 2 月有 28 天,闰年 2 月有 29 天;年份能被 4 整除却不能被 100 整除为闰年,能被 400 整除的年份也是闰年,代码如下。

ASS07. java

```
public class ASS07 {
    public static void main(String[] args) {
        String strYear = javax. swing. JOptionPane. showInputDialog("输入年份");
        String strMonth = javax. swing. JOptionPane. showInputDialog("输入月份");
        int year = Integer. parseInt(strYear);
        int month = Integer. parseInt(strMonth);
        if(month <= 0||month > 12){
```

```
            javax.swing.JOptionPane.showMessageDialog(null, "月份格式错误");
            return;
        }
        int day;
        if(month == 1||month == 3||month == 5||
            month == 7||month == 8||month == 10||month == 12){
            day = 31;
        }else if(month == 4||month == 6||month == 9||month == 11){
            day = 30;
        }else{
            day = ((year % 4 == 0&&year % 100!= 0)||year % 400 == 0)?29:28;
        }
        System.out.println(year + "年" + month + "月有" + day + "天");
    }
}
```

运行代码，在输入框中任意输入数值，如图 16-11 和图 16-12 所示。

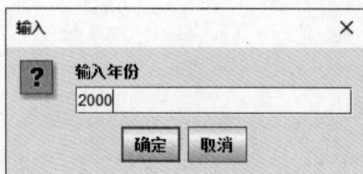

图 16-11　输入年份

图 16-12　输入月份

控制台打印结果如图 16-13 所示。

如果输入的月份范围不在 1～12，如图 16-14 和图 16-15
所示，则显示月份格式错误，如图 16-16 所示。

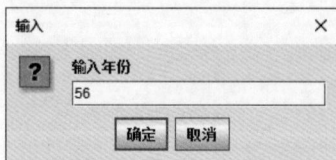

2000年5月有31天

图 16-13　ASS07.java 的运行结果

图 16-14　月份不在范围内(1)

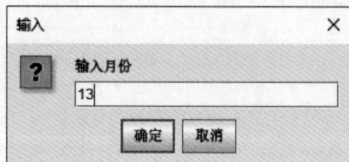

图 16-15　月份不在范围内(2)

图 16-16　重新输入

（4）打印 0～127 各数字对应的字符，每 32 个字符打印 1 行，代码如下。

ASS08.java

```
public class ASS08 {
    public static void main(String[] args) {
        for(int i = 0;i <= 127;i++){
            System.out.print((char)i + " ");
            if((i + 1) % 32 == 0){
                System.out.println();
            }
        }
    }
}
```

运行代码,控制台打印结果如图 16-17 所示。

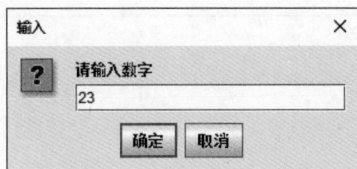

图 16-17　ASS08.java 的运行结果

(5) 制作一个猜数字游戏：系统随机产生一个范围在 1～100 的整数,要求用户在输入框输入一个整数,如果数字小于随机值,系统则提示"太小了";如果数字大于随机值,系统则提示"太大了";如果猜中,系统提示"成功!"。若 5 次未猜中,系统则提示"游戏失败!",代码如下。

ASS09.java

```java
public class ASS09 {
    public static void main(String[] args) {
        int rnd = (int) (Math.random() * 100);
        int time = 0;
        while (true) {
            String str =
                javax.swing.JOptionPane.showInputDialog("请输入数字");
            int number = Integer.parseInt(str);
            if (number < rnd)
                javax.swing.JOptionPane.showMessageDialog(null, "太小了");
            else if (number > rnd)
                javax.swing.JOptionPane.showMessageDialog(null, "太大了");
            else {
                javax.swing.JOptionPane.showMessageDialog(null, "成功!");
                break;
            }
            time++;
            if(time == 5){
                javax.swing.JOptionPane.showMessageDialog(null,"游戏失败!");
                break;
            }
        }
    }
}
```

运行代码,即可在输入框中输入数字,如图 16-18～图 16-28 所示。

图 16-18　输入数字"23"

图 16-19　输入"23"时的提示信息

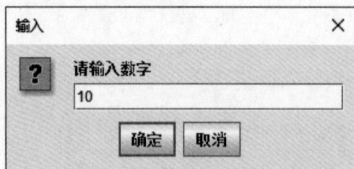

图 16-20　输入数字"10"

图 16-21　输入"10"时的提示消息

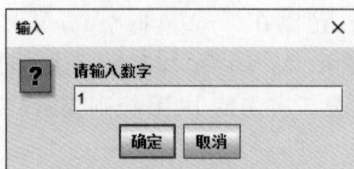

图 16-22　输入数字"1"

图 16-23　输入"1"时的提示消息

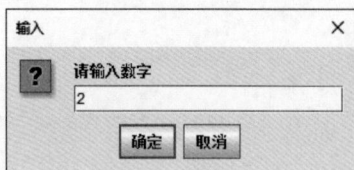

图 16-24　输入数字"2"

图 16-25　输入"2"时的提示消息

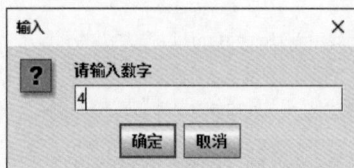

图 16-26　输入数字"4"

图 16-27　输入"4"时的提示消息

图 16-28　输错 5 次时的
提示消息

（6）制作一个模拟银行操作的流程。系统运行，弹出"输入"对话框，用户在各选项中选择"0：退出 1：存款 2：取款 3：查询余额："，输入对应的数字。初始余额为 0。

用户选择"1"并输入金额，将款项存入余额；用户选择"2"并输入金额，在保证余额足够的情况下，将金额从余额中减去；用户选择"3"，可以打印当前余额；用户选择"0"，则程序退出。注意，只要没有退出系统，用户操作后，选择菜单将重新显示。代码如下。

ASS10. java

```java
public class ASS10 {
    public static void main(String[] args){
        double balance = 0;
        while(true){
            String str =
javax. swing. JOptionPane. showInputDialog("0:退出 1:存款 2:取款 3:查询余额: ");
            int ch = Integer. parseInt(str);
            if(ch == 0){
```

```
            javax.swing.JOptionPane.showMessageDialog(null, "谢谢光临");
            break;
        }
        else if(ch == 1){
            str = javax.swing.JOptionPane.showInputDialog("输入金额");
            double money = Double.parseDouble(str);
            balance += money;
            javax.swing.JOptionPane.showMessageDialog(null, "存款成功");
        }
        else if(ch == 2){
            str = javax.swing.JOptionPane.showInputDialog("输入金额");
            double money = Double.parseDouble(str);
            if(balance >= money){
                balance -= money;
                javax.swing.JOptionPane.showMessageDialog(null,
                    "取款成功");
            }
            else{
                javax.swing.JOptionPane.showMessageDialog(null,
                    "取款失败");
            }
        }
        else if(ch == 3){
            javax.swing.JOptionPane.showMessageDialog(null,
                "余额是: " + balance);
        }
    }
    }
}
```

运行代码，即可进行操作，如图 16-29～图 16-39 所示。

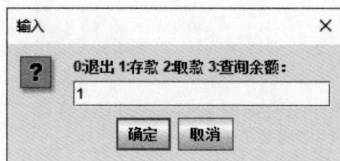

图 16-29　选择"1"

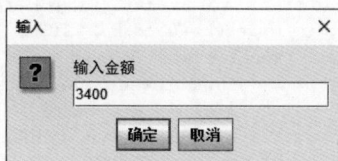

图 16-30　输入金额

图 16-31　存款成功

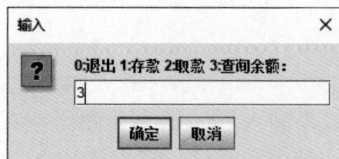

图 16-32　选择"3"

图 16-33　显示余额

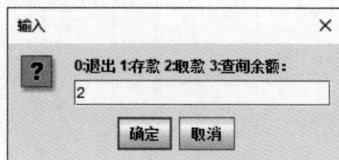

图 16-34　选择"2"

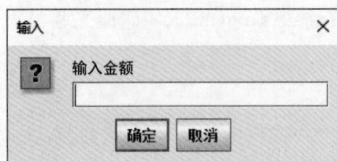

图 16-35　输入界面

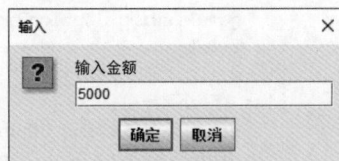

图 16-36　输入"5000"

图 16-37　取款失败

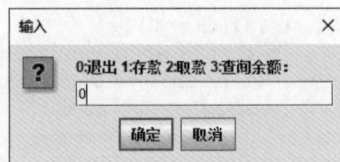

图 16-38　选择"0"

图 16-39　退出程序

（7）百鸡问题：公鸡，值钱 3；母鸡，值钱 2；小鸡，值钱 1。今有百鸡百钱，问公鸡、母鸡、小鸡各多少只？代码如下。

ASS11. java

```java
public class ASS11 {
    public static void main(String[] args){
        for(int cock = 0;cock <= 100/3;cock++){
            for(int hen = 0;hen <= 100/2;hen++){
                int chicken = 100 - cock - hen;
                if((cock * 3 + hen * 2 + chicken/3) == 100&&chicken % 3 == 0){
                    System.out.println("公鸡:" + cock +
                        ";母鸡" + hen + ";小鸡" + chicken);
                }
            }
        }
    }
}
```

运行代码，控制台打印结果如图 16-40 所示。

（8）打印九九乘法表汉语版，如图 16-41 所示。

图 16-40　ASS11. java 的运行结果

图 16-41　九九乘法表汉语版

分析：本题的难度在于将数值转换成汉字，代码如下。

ASS12. java

```java
public class ASS12 {
    public static void main(String[] args){
        String[] cnwords = new String[]{"","一","二","三","四","五",
                                        "六","七","八","九","十"};
        for(int r = 1;r <= 9;r++){
            for(int c = 1;c <= r;c++){
                String strR = cnwords[r];
                String strC = cnwords[c];
                int result = r * c;
                String strResult = "";
                if(result <= 10){
                    strResult = "得" + cnwords[result];
                }else{
                    strResult = cnwords[result/10] + "十" + cnwords[result % 10];
                }
                System. out. print(strC + strR + strResult + " ");
            }
            System. out. println();
        }
    }
}
```

运行代码，在控制台即可打印。

（9）判断一个数组内的元素是否都是正数，代码如下。

ASS13. java

```java
public class ASS13 {
    public static void main(String[] args){
        int[] arr = new int[]{1,2,3,45,6, - 5};
        boolean flag = true;
        for(int i:arr){
            if(i <= 0){
                flag = false;
            }
        }
        System. out. println(flag?"都是正数":"含有非正数");
    }
}
```

运行代码，控制台打印结果如图 16-42 所示。

含有非正数

图 16-42　ASS13. java 的运行结果

第 17 章

面向对象实训：单例模式

建议学时：2。

前文学习了 Java 面向对象中类、对象、成员变量、成员函数等概念。本章将通过讲解如何设计单例模式来对这些内容进行复习。

17.1 需 求 简 介

在很多情况下，我们需要在系统中运行的对象只有一个。以 Windows 的"任务管理器"为例，如图 17-1 所示。

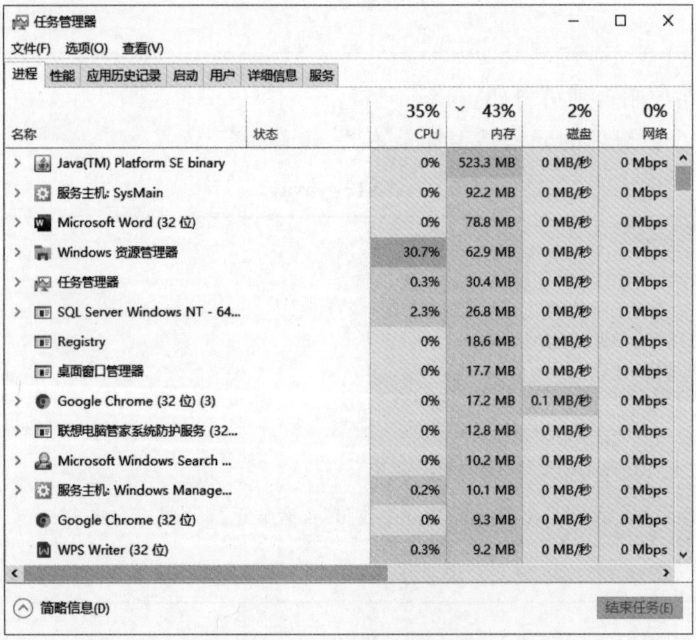

图 17-1 任务管理器

一旦打开任务管理器，如果再次打开，则不会再打开新窗口。那么怎样保证一个对象只有在第一次使用的时候实例化，之后再使用时则用第一次实例化的那个？

如果要实现该效果，可以使用单例（Singleton）模式。单例模式适用于一个类只有一个实例的情况，可以起到提高性能的作用。单例模式确保某一个类只有一个实例，而且自行实例化并向整个系统提供这个实例，这个类称为单例类，它提供全局访问的方法。单例模式的要点有以下 3 个。

（1）某个类只能有一个实例。

（2）它必须自行创建这个实例。

（3）它必须自行向整个系统提供这个实例。

下面模拟编写类 TaskManagerWindow，表示一个任务管理器窗口，代码如下。

TaskManagerWindow. java

```java
package window;
public class TaskManagerWindow {
    public TaskManagerWindow(){
        System.out.println("任务管理器创建");
    }
    public void show(){
        System.out.println("任务管理器显示");
    }
}
```

17.2　不用单例模式的效果

这里实现不用单例模式的效果。编写一个 click 函数，模拟单击鼠标出现任务管理器窗口，代码如下。

Main. java

```java
package singleton1;
import window.TaskManagerWindow;
public class Main {
    public static void click(){
        TaskManagerWindow tmw = new TaskManagerWindow();
        tmw.show();
    }
    public static void main(String[] args) {
        click();
        click();
    }
}
```

运行代码，控制台打印结果如图 17-2 所示。

显然，click 函数调用两次任务管理器就创建两次，没有实现单例模式。

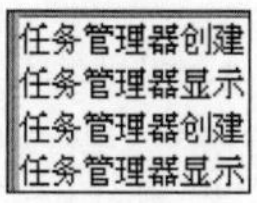

```
任务管理器创建
任务管理器显示
任务管理器创建
任务管理器显示
```

图 17-2　不用单例模式的运行结果

17.3　最原始的单例模式

如何让两次 click 时系统只创建一个对象呢？

实际上可以使用静态变量来完成。

另外编写一个类，将 TaskManagerWindow 类设置为其中的静态变量，代码如下。

SystemConf. java

```
package singleton2;
import window.TaskManagerWindow;
public class SystemConf {
    public static TaskManagerWindow tmw = new TaskManagerWindow();
}
```

然后使用 SystemConf. tmw 即可,代码如下。

Main. java

```
package singleton2;
import window.TaskManagerWindow;
public class Main {
    public static void click(){
        TaskManagerWindow tmw = SystemConf.tmw;
        tmw.show();
    }
    public static void main(String[] args) {
        click();
        click();
    }
}
```

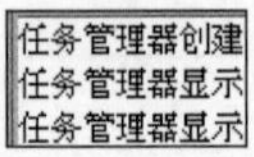

```
任务管理器创建
任务管理器显示
任务管理器显示
```

图 17-3 实现单例模式

运行代码,控制台打印结果如图 17-3 所示。

click 函数调用了两次,任务管理器创建一次,显示两次,实现了单例模式。

17.4 首 次 改 进

但是,上面的代码有一个缺陷,额外地多了一个 SystemConf 类,能否将这个类去掉呢?

可以直接将该类中的内容合并到 TaskManagerWindow 类中,TaskManagerWindow 代码如下。

TaskManagerWindow. java

```
package singleton3;
public class TaskManagerWindow {
    public static TaskManagerWindow tmw = new TaskManagerWindow();
    public TaskManagerWindow(){
        System.out.println("任务管理器创建");
    }
    public void show(){
        System.out.println("任务管理器显示");
    }
}
```

然后使用 TaskManagerWindow. tmw 即可,代码如下。

Main. java

```
package singleton3;
public class Main {
    public static void click(){
        TaskManagerWindow tmw = TaskManagerWindow.tmw;
        tmw.show();
    }
    public static void main(String[] args) {
        click();
        click();
    }
}
```

运行代码，控制台打印结果如图 17-4 所示。

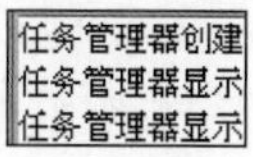

可见，click 函数调用了两次，任务管理器创建一次，显示两次，也无须编写其他类。

任务管理器创建
任务管理器显示
任务管理器显示

图 17-4 首次改进后的运行结果

17.5 再次改进

但是，首次改进后的代码有以下缺陷。

（1）虽然用户可以通过 TaskManagerWindow. tmw 使用任务管理器窗口对象，但是也可以通过 new 来实例化。

（2）在一般情况下将成员变量定义为私有的，但此处 TaskManagerWindow 中的成员 tmw 是 public 的。

如何进行改进呢？很简单，在第一个问题中只需要将构造函数定义为私有的；在第二个问题中只需要将 tmw 成员定义为私有的，用一个函数来获取即可。

再次改进的 TaskManagerWindow 代码如下。

TaskManagerWindow. java

```
package singleton4;
public class TaskManagerWindow {
    private static TaskManagerWindow tmw = new TaskManagerWindow();
    public static TaskManagerWindow getInstance(){
        return tmw;
    }
    private TaskManagerWindow(){
        System.out.println("任务管理器创建");
    }
    public void show(){
        System.out.println("任务管理器显示");
    }
}
```

然后使用 TaskManagerWindow. getInstance() 即可，代码如下。

Main. java

```
package singleton4;
public class Main {
    public static void click(){
        TaskManagerWindow tmw = TaskManagerWindow.getInstance();
        tmw.show();
    }
    public static void main(String[] args) {
        click();
        click();
    }
}
```

运行代码，控制台打印结果如图 17-5 所示。

可见，click 函数调用了两次，任务管理器创建一次，显示两次，也无须编写其他类，代码更加规范。

单例模式在其他场合（如数据库连接池、共享对象方面）可以起到提高系统性能的作用。

编写完毕后，该项目的结构如图 17-6 所示。

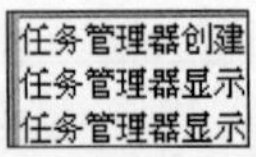

图 17-6　项目的结构

图 17-5　再次改进的运行结果

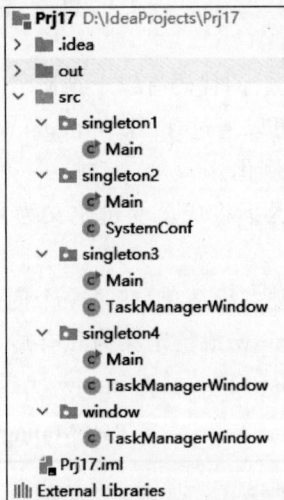

17.6　思　考　题

本程序开发完毕后留下几道思考题，请读者思考。

（1）单例模式还有一种写法，代码如下。在网上查找，该方法与前面讲解的方法有何区别。

```
public class TaskManagerWindow {
    private static TaskManagerWindow tmw = null;
    public synchronized static TaskManagerWindow getInstance(){
        if(tmw == null){
```

```
        tmw = new TaskManagerWindow();
    }
    return tmw;
}
private TaskManagerWindow(){
    System.out.println("任务管理器创建");
}
public void show(){
    System.out.println("任务管理器显示");
}
}
```

（2）如何实现双例模式？系统中最多有两个对象供使用。

第 18 章

面向对象实训：软件功能扩充

建议学时：2。

前文学习了 Java 面向对象中继承、封装、多态等概念。本章将通过讲解如何利用继承和多态扩充程序功能来对这些内容进行复习。

18.1　需　求　简　介

在进行系统开发的过程中经常会遇到程序功能需要扩充的情况。例如，编写了一个图像处理软件，能够显示一幅图片，代码如下。

ImageProcessor. java

```java
package imageprocess;
public class ImageProcessor {
    public void show(){
        System.out.println("显示一幅图片");
    }
}
```

用主函数调用它，代码如下。

Main1. java

```java
import imageprocess.ImageProcessor;
public class Main1 {
    public static void main(String[] args) {
        ImageProcessor ip = new ImageProcessor();
        ip.show();
    }
}
```

运行代码，控制台打印结果如图 18-1 所示。没有出现任何问题。

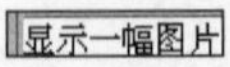

显示一幅图片

图 18-1　Main1.java 的运行结果

但是现在系统出现了新的需求，我们发现图片在显示之前如果去一下噪声效果更好。因此，要在图片显示之前调用去噪声模块，代码如下。

NoiseOpe. java

```java
package noiseope;
public class NoiseOpe {
```

```
public void work(){
    System.out.println("去噪声");
}
```
}

问题在于如何在不改变 ImageProcessor 类的源代码的情况下让其 show 函数调用之前自动调用 NoiseOpe 的 work 函数？

18.2　实现方法

如果不能改变 ImageProcessor 类的源代码，要对其功能进行扩展，一般采用继承的方法，代码如下。

NewImageProcessor. java

```
package newimageprocessor;
import imageprocess.ImageProcessor;
import noiseope.NoiseOpe;
public class NewImageProcessor extends ImageProcessor {
    private NoiseOpe no;
    public NewImageProcessor(NoiseOpe no){
        this.no = no;
    }
    public void show(){
        no.work();
        super.show();
    }
}
```

接下来将 NoiseOpe 对象传入 NewImageProcessor 即可，代码如下。

Main2. java

```
import imageprocess.ImageProcessor;
import newimageprocessor.NewImageProcessor;
import noiseope.NoiseOpe;
public class Main2 {
    public static void main(String[] args) {
        ImageProcessor ip = new NewImageProcessor(new NoiseOpe());
        ip.show();
    }
}
```

运行代码，控制台打印结果如图 18-2 所示。

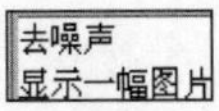

```
去噪声
显示一幅图片
```

图 18-2　Main2. java 的运行结果

显然，只需要将 NewImageProcessor 当成 ImageProcessor 使用即可。

18.3　出现的问题

18.2 节中的代码有一个缺陷，即 NewImageProcessor 的构造函数中传入的是 NoiseOpe 对象，代码如下。

```
…
public class NewImageProcessor extends ImageProcessor {
    private NoiseOpe no;
    public NewImageProcessor(NoiseOpe no){
        this.no = no;
    }
    …
```

这说明 NewImageProcessor 只能传入 NoiseOpe 对象，只能由 NoiseOpe 为其提供服务，换成其他模块则不能传入。例如，之前使用的去噪声模块用的是旧算法，觉得效果不够好，一段时间之后想换成新算法，代码如下。

```
package noiseope;
public class NewNoiseOpe {
    public void work(){
        System.out.println("用新算法去噪声");
    }
}
```

该类的类型是 NewNoiseOpe，无法作为构造函数参数传入 NewImageProcessor。

18.4　改　　进

可以利用多态性解决这个问题，既然传给 NewImageProcessor 的构造函数参数有可能是 NoiseOpe，也有可能是 NewNoiseOpe，那么为什么不规定凡是去噪声的类都需要实现一个接口呢？

于是可以定义一个接口，代码如下。

INoiseOpe. java

```
package noiseope;
public interface INoiseOpe {
    public void work();
}
```

NewImageProcessor 构造函数传入的是一个接口对象，代码如下。

NewImageProcessor. java

```
package newimageprocessor;
import imageprocess.ImageProcessor;
```

```
import noiseope.INoiseOpe;
public class NewImageProcessor extends ImageProcessor {
    private INoiseOpe ino;
    public NewImageProcessor(INoiseOpe ino){
        this.ino = ino;
    }
    public void show(){
        ino.work();
        super.show();
    }
}
```

让所有需要传入的噪声处理模块对象都实现这个接口,代码如下。

NoiseOpe.java

```
package noiseope;
public class NoiseOpe implements INoiseOpe{
    public void work(){
        System.out.println("去噪声");
    }
}
```

NewNoiseOpe.java

```
package noiseope;
public class NewNoiseOpe implements INoiseOpe{
    public void work(){
        System.out.println("用新算法去噪声");
    }
}
```

18.5 测 试

将 NoiseOpe 传入 NewImageProcessor 进行测试,代码如下。

Main3.java

```
import imageprocess.ImageProcessor;
import newimageprocessor.NewImageProcessor;
import noiseope.NoiseOpe;
public class Main3 {
    public static void main(String[] args) {
        ImageProcessor ip = new NewImageProcessor(new NoiseOpe());
        ip.show();
    }
}
```

运行代码,控制台打印结果如图 18-3 所示。

将 NewNoiseOpe 传入 NewImageProcessor 进行测试,代码如下。

```
去噪声
显示一幅图片
```

图 18-3　Main3.java 的运行结果

Main4.java

```java
import imageprocess.ImageProcessor;
import newimageprocessor.NewImageProcessor;
import noiseope.NewNoiseOpe;
public class Main4 {
    public static void main(String[] args) {
        ImageProcessor ip = new NewImageProcessor(new NewNoiseOpe());
        ip.show();
    }
}
```

运行代码，控制台打印结果如图 18-4 所示。

这样就实现了"一个模块 NewImageProcessor 可以传入多种对象"的效果，这也是多态性的应用。

编写完毕后，该项目的结构如图 18-5 所示。

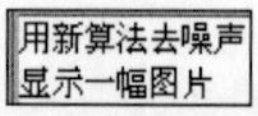

```
Prj18 D:\IdeaProjects\Prj18
> .idea
> out
∨ src
  ∨ imageprocess
      ⓒ ImageProcessor
  ∨ newimageprocessor
      ⓒ NewImageProcessor
  ∨ noiseope
      Ⓘ INoiseOpe
      ⓒ NewNoiseOpe
      ⓒ NoiseOpe
  ⓒ Main1
  ⓒ Main2
  ⓒ Main3
  ⓒ Main4
  Prj18.iml
‖‖ External Libraries
```

```
用新算法去噪声
显示一幅图片
```

图 18-4　Main4.java 的运行结果 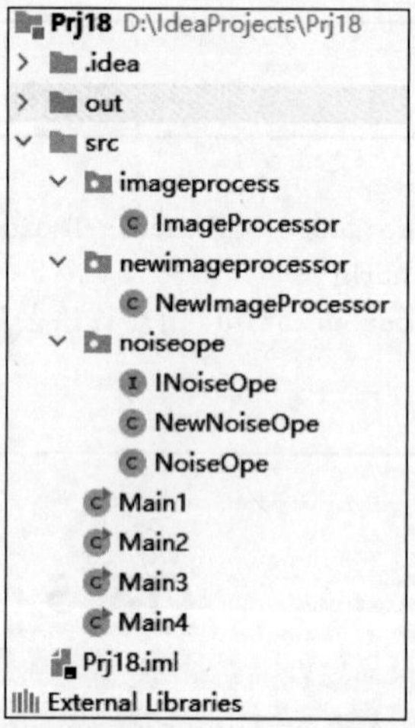　　　图 18-5　项目的结构

第 19 章

工具 API 实训：字符处理与文本翻译

建议学时：2～4。

前文学习了 Java 异常、Java 常见工具类、多线程和 IO 操作，这些内容是 Java 编程中非常重要的内容。本章将利用几个案例复习这些内容。

19.1　字符频率统计软件

19.1.1　软件功能简介

在很多情况下，我们需要统计大量文本中字符串或字符出现的频率，从而了解什么内容较多地出现在文本中。例如，某个人在网络上很知名，他的名字应该会在网页中经常出现，我们则可以通过文本分析来衡量一个人知名的程度。

在本节中，将制作一个简单的字符频率统计软件，可以对某个文件中的各字符出现的次数进行统计，统计结果保存到另一个文件中以供分析。

系统运行，在"输入"对话框中提示为"请您输入源文件路径"，如图 19-1 所示。其下有一个文本框，可以输入源文件路径，如果输入错误，则提示错误；如果输入正确，则统计并显示提示消息，如图 19-2 所示。

此时会将统计结果存放到同一个目录下的另一个文件，如图 19-3 所示。

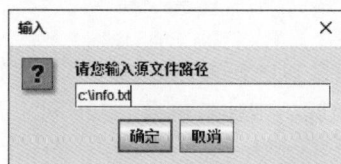

图 19-1　输入文本文件的路径　　　图 19-2　输入正确时的提示消息　　图 19-3　统计结果

19.1.2　重要技术

本项目涉及以下重要技术。

1. 以什么形式载入文件

在本项目中载入文件之后需要进行字符分析，而不是字节分析，因此最终分析的内容一定要是字符，可以有以下几种方案。

（1）以字节流形式读入内容，放在字节数组中，然后转换成字符串分析。FileInputStream 和 RandomAccessFile 都支持这种操作。

（2）以字符流形式读入内容，一个一个字符进行分析。FileReader 和 RandomAccessFile 都支持这种操作。

◁》注意

本方案只适合文本内容不多的情况，如果文本数据较大，建议使用 RandomAccessFile。

2. 如何保存每个字符出现的次数

在将文件内容转换成字符串之后需要进行字符分析，那么如何保存每个字符出现的次数呢？Map 是一个较好的数据结构。我们以字符为 key、次数为 value，每个字符的内容和次数对应，保存在 Map 中。为了保证顺序，这里使用 TreeMap。

但是，不能盲目地向 Map 中添加数据，当一个字符第一次出现时 Map 中并没有这个字符，此时需要进行判断。如果不存在，则将字符放入 Map 中，否则从 Map 中取出该字符，将次数加 1 后再存入 Map 中，代码片段如下。

```java
String dataStr = new String(data);
TreeMap < Character, Integer > tm = new TreeMap < Character, Integer >();
int length = dataStr.length();
for(int i = 0; i < length; i++){
char ch = dataStr.charAt(i);
    Integer time = tm.get(ch);
    if(time == null){
        time = 0;
    }
    time += 1;
    tm.put(ch, time);
}
```

19.1.3　项目结构

在这个项目中需要用到 3 个功能，即载入文件、统计字符和保存文件，那么需要编写的类有几个呢？

一种想法认为需要编写一个类，负责载入文件、统计字符和保存文件。这种方法比较直观，但是可维护性较差，功能放在一个类中，如果做细微的修改，则比较麻烦，也不利于开发上的分工。

因此建议采用以下方法将各功能分开编写类，项目中的功能如下。

1. 载入文件

为该功能设计一个类 FileLoader，负责根据文件路径载入文件，以字节数组返回。

2. 统计字符

为该功能设计一个类 CharStat，负责进行字符的统计，将结果放入 TreeMap。

3. 保存文件

为该功能设计一个类 FileSaver，将 TreeMap 的内容保存到文件。

各模块的名称和作用如表 19-1 所示。

表 19-1　各模块的名称和作用

模 块 名 称	作　　用
FileLoader. java	public static byte[] getData(String srcFileName)：负责根据文件路径载入文件，以字节数组返回
CharStat. java	public static TreeMap < Character, Integer > stat(byte[] data)：负责进行字符的统计，将结果放入 TreeMap 返回
FileSaver. java	public static void save (TreeMap < Character, Integer > tm, String destFileName)：负责将 TreeMap 的内容保存到文件

19.1.4　代码的编写

FileLoader. java 的源代码如下。

FileLoader. java

```java
package charstat;
import java.io.File;
import java.io.FileInputStream;
import java.io.IOException;
public class FileLoader {
    public static byte[] getData(String srcFileName) throws Exception {
        File srcFile = new File(srcFileName);
        FileInputStream fis = new FileInputStream(srcFile);
        byte[] data = new byte[(int)srcFile.length()];
        fis.read(data);
        fis.close();
        return data;
    }
}
```

CharStat. java 的源代码如下。

CharStat. java

```java
package charstat;
import java.util.TreeMap;
public class CharStat {
    public static TreeMap < Character, Integer > stat(byte[] data){
        String dataStr = new String(data);
        TreeMap < Character, Integer > tm = new TreeMap < Character, Integer >();
        int length = dataStr.length();
        for(int i = 0;i < length;i++){
            char ch = dataStr.charAt(i);
            Integer time = tm.get(ch);
            if(time == null){
                time = 0;
            }
            time += 1;
            tm.put(ch, time);
        }
        return tm;
    }
}
```

FileSaver.java 的源代码如下。

FileSaver. java

```java
package charstat;
import java.io.PrintStream;
import java.util.Set;
import java.util.TreeMap;
public class FileSaver {
    public static void save(TreeMap<Character,Integer> tm, String destFileName)
            throws Exception {
        PrintStream ps = new PrintStream(destFileName);
        Set<Character> keySet = tm.keySet();
        for(char ch:keySet){
            ps.println(ch + "\t" + tm.get(ch));
        }
        ps.close();
    }
}
```

主函数所在的模块，负责调用上面的 3 个模块，代码如下。

Main. java

```java
package charstat;
import java.util.TreeMap;
import javax.swing.JOptionPane;
public class Main {
    public static void main(String[] args) {
        String srcFileName =
            JOptionPane.showInputDialog("请您输入源文件路径");
        String destFileName = srcFileName + "_stat.txt";
        try{
            byte[] data = FileLoader.getData(srcFileName);
            TreeMap<Character,Integer> tm = CharStat.stat(data);
            FileSaver.save(tm, destFileName);
        }catch(Exception ex){
            JOptionPane.showMessageDialog(null,"操作异常");
            System.exit(1);
        }
        JOptionPane.showMessageDialog(null,"输出完毕");
    }
}
```

编写完毕后该项目的结构如图 19-4 所示。

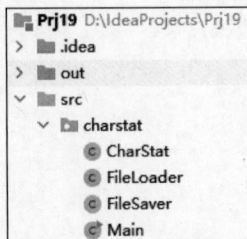

图 19-4　项目的结构

运行 Main 类则可以进行字符的统计。

19.1.5　思考题

本程序开发完毕,留下几个思考题请读者思考。

(1) 如果不仅仅是统计各字符出现的次数,而且要统计出现的频率,如何实现。频率＝出现的次数/总字符数。

(2) 如果要分析的不是字符而是词组,如统计某些人的姓名出现的次数,如何实现。

(3) 如果文件较大,甚至有几个 GB,一个 String 装不下文件中的所有字符,如何实现。提示：可以考虑使用 RandomAccessFile。

19.2　文本翻译软件

19.2.1　软件功能简介

本例和 19.1 节中例子的功能是类似的。

文本翻译是一个常见的功能,例如将英文文本翻译成中文文本。在 Google 等网站上都提供了翻译的服务。

在本节中将制作一个简单的文本翻译软件,将英文翻译成中文,可以将某个文件中的各字符串由英文替换成中文之后保存到另一个文件中。

源文件格式如图 19-5 所示。

为了进行翻译,必须有一个词库,保存着英文单词到中文的对应。词库文件格式如图 19-6 所示。

图 19-5　源文件格式

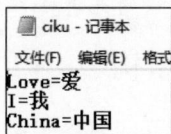

图 19-6　词库文件格式

系统运行,在“输入”对话框中提示为“请您输入源文件路径”,在提示下面有一个文本框,可以输入源文件路径,如图 19-7 所示。

单击“确定”按钮,在“输入”对话框中提示为“请您输入词库文件路径”,在提示下面有一个文本框,可以输入词库文件路径,如图 19-8 所示。

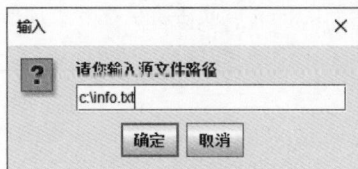

图 19-7　输入源文件路径

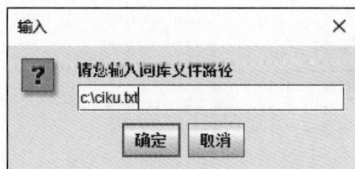

图 19-8　输入词库文件路径

如果输入正确,翻译之后显示如图 19-9 所示。

此时会将翻译结果存放到同一个目录下的另一个文件中,如图 19-10 所示。

图 19-9　输入正确时翻译后的显示

图 19-10　保存翻译结果

19.2.2　重要技术

在本项目中涉及以下重要技术。

1. 以什么形式载入文件

在本题中源文件的载入使用了和 19.1 节相同的方法。

由于词库文件的格式是 key＝value 的形式，因此对于词库文件的载入可以进行简化，使用 Properties 类的 load 函数。

2. 如何进行"翻译"

本节使用比较简单的方法，将英文字符串直接替换成中文。

小知识：关于文本自动"翻译"

实现非常准确的翻译是很困难的，这在学术界也是一个难题，研究方向叫"自然语言的理解"。早期的翻译就是将英文单词替换成中文单词，但是翻译效果并不理想，例如，"Are you a boy?"直接替换则变成"是你一个男孩?"，不符合习惯。在这种情况下就必须将一些常见的句式存入词库，进行匹配。即使这样，也很难达到完美的境界。即使是 Google 的翻译，也无法得到完全地道的翻译结果。

由于本节的目的是讲解 Java 语言，为了简化起见，所以直接进行替换。

由此可见，有时候研究算法比学会一门语言本身的技术含量要高得多。

19.2.3　项目结构

本程序和 19.1 节的内容类似，各模块的名称和作用如表 19-2 所示。

表 19-2　各模块的名称和作用

模块名称	作　　用
FileLoader. java	public static byte[] getData(String srcFileName)：负责根据文件路径载入文件，以字节数组返回
TxtTrans. java	public static String trans(byte[] data，String cikuFile)：负责根据词库进行翻译，返回字符串
FileSaver. java	public static void save(String data，String destFileName)：负责将字符串 data 保存到文件

19.2.4　代码的编写

FileLoader. java 的源代码如下。

FileLoader. java

```
package txttrans;
```

```java
import java.io.File;
import java.io.FileInputStream;
public class FileLoader {
    public static byte[] getData(String srcFileName) throws Exception {
        File srcFile = new File(srcFileName);
        FileInputStream fis = new FileInputStream(srcFile);
        byte[] data = new byte[(int)srcFile.length()];
        fis.read(data);
        fis.close();
        return data;
    }
}
```

TxtTrans.java 的源代码如下。

TxtTrans.java

```java
package txttrans;

import java.io.FileReader;
import java.util.Properties;
import java.util.Set;
public class TxtTrans {
    public static String trans(byte[] data, String cikuFile) throws Exception{
        String dataStr = new String(data);
        FileReader fr = new FileReader(cikuFile);
        Properties pps = new Properties();
        pps.load(fr);
        Set keySet = pps.keySet();
        for(Object obj:keySet){
            String key = (String)obj;
            String value = (String)pps.get(key);
            dataStr = dataStr.replace(key, value);
        }
        return dataStr;
    }
}
```

FileSaver.java 的源代码如下。

FileSaver.java

```java
package txttrans;
import java.io.PrintStream;
import java.util.Set;
import java.util.TreeMap;
public class FileSaver {
    public static void save(String data, String destFileName) throws Exception {
        PrintStream ps = new PrintStream(destFileName);
        ps.print(data);
        ps.close();
    }
}
```

主函数所在的模块，负责调用上面的 3 个模块，代码如下。

Main. java

```
package txttrans;
import javax.swing.JOptionPane;
public class Main {
    public static void main(String[] args) {
        String srcFileName = JOptionPane.showInputDialog("请您输入源文件路径");
        String cikuFileName = JOptionPane.showInputDialog("请您输入词库文件路径");
        String destFileName = srcFileName + "_trans.txt";
        try{
            byte[] data = FileLoader.getData(srcFileName);
            String result = TxtTrans.trans(data, cikuFileName);
            FileSaver.save(result, destFileName);
        }catch(Exception ex){
            JOptionPane.showMessageDialog(null,"操作异常");
            System.exit(1);
        }
        JOptionPane.showMessageDialog(null,"翻译完毕");
    }
}
```

该项目的结构如图 19-11 所示。

运行 Main 类，输入源文件和词库文件，翻译结果如图 19-12 所示。

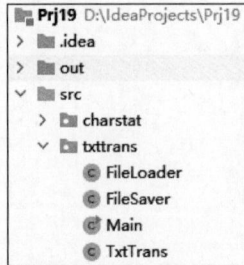

图 19-11　项目的结构　　　　图 19-12　翻译结果

基本达到了翻译效果。

19.2.5　思考题

本程序开发完毕，留下几道思考题请读者思考。

（1）在翻译的结果中，中文字符之间存在空格，如何去除？

（2）直接将字符串进行替换并不是没有缺陷，例如原文如图 19-13 所示。词库如图 19-14 所示。翻译结果如图 19-15 所示。

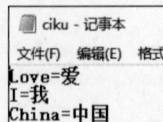

图 19-13　原文　　　　图 19-14　词库　　　　图 19-15　翻译结果

为什么会出现这个问题？请读者分析并尝试解决。

第 20 章

GUI 开发实训：用户管理系统

建议学时：2～4。

前文学习了 Java GUI 开发、Java GUI 布局和 Java 事件处理，这些内容是 Java 界面编程中非常重要的内容。本章将利用一个用户管理系统的案例复习这些内容。

20.1 用户管理系统功能简介

在本章中将制作一个模拟的用户管理系统。用户能够将账号、密码、姓名、部门存入数据库，由于我们还没有学习数据库操作，因此先将内容存入文件。

该系统由 4 个界面组成。运行系统，出现登录界面，如图 20-1 所示。

登录界面出现在屏幕中间。在登录界面中：

（1）单击"登录"按钮，能够根据输入的账号和密码进行登录。如果登录失败，能够给予提示；如果登录成功，则提示登录成功之后能够进入操作界面。

（2）单击"注册"按钮，登录界面消失，出现注册界面。

（3）单击"退出"按钮，程序退出。

注册界面如图 20-2 所示。

图 20-1 登录界面

图 20-2 注册界面

在注册界面中：

（1）单击"注册"按钮，能够根据输入的账号、密码、姓名和部门进行注册。注意，两次输入的密码必须相同，账号不能重复注册，部门选项如图 20-3 所示。

（2）单击"登录"按钮，注册界面消失，出现登录界面。

（3）单击"退出"按钮，程序退出。

用户登录成功之后出现操作界面，操作界面如图 20-4 所示。

在操作界面中：

（1）标题栏显示当前登录的账号。

图 20-3　部门选项

图 20-4　用户登录成功之后出现操作界面

（2）单击"显示详细信息"按钮显示用户的详细信息，如图 20-5 所示。

（3）单击"修改个人资料"按钮显示修改个人资料的对话框，如图 20-6 所示。

（4）单击"退出"按钮，程序退出。

图 20-5　显示用户的详细信息

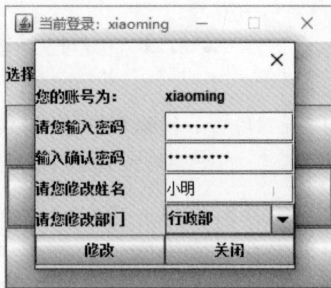

图 20-6　修改个人资料的对话框

所有内容均初始化填入相应的控件。另外，账号不可修改。

在修改个人资料界面中：

（1）单击"修改"按钮能够修改用户信息。

（2）单击"关闭"按钮则关闭该界面。

20.2　关　键　技　术

20.2.1　组织界面

在这个项目中需要用到登录界面、注册界面、操作界面和修改个人资料界面。很明显，这些界面各有各的控件和事件。4 个界面应该分成 4 个类，在各类里面负责界面的元素和事件处理，这是比较好的方法。

这里设计的类如下。

（1）frame.LoginFrame：登录界面。

（2）frame.RegisterFrame：注册界面。

（3）frame.OperationFrame：操作界面。

（4）frame.ModifyDialog：修改个人资料界面。

20.2.2　访问文件

该项目还有些特殊，主要是在几个界面中都用到了文件操作，如果将文件操作的代码分散在多个界面类中,维护性较差,因此这里有必要将文件操作的代码专门放在一个类中,让各界面调用。

为了简化文件操作,将用户的信息以如图 20-7 所示的格式存储。

图 20-7　存储用户的信息

数据保存在 cus.inc 中,以"账号＝密码♯姓名♯部门"的格式保存,便于用 Properties 类读取。

读文件的类是 util.FileOpe,负责读文件,将信息保存到文件。

因此,整个系统结构如图 20-8 所示。

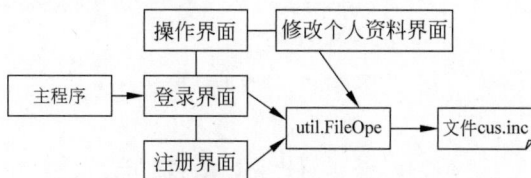

图 20-8　系统结构

20.2.3　保持状态

在将项目划分为几个模块之后,模块之间的数据传递难度增大。例如,在登录界面中登录成功之后,系统应该记住该用户的所有信息,否则到了操作界面无法知道是谁在登录,到了修改界面更无法显示其详细信息。

那么怎样保存其状态呢？有很多种方法,这里可以采用"静态变量法"。该方法是将各模块之间需要共享的数据保存在某个类的静态变量中。静态变量一旦赋值,在另一个时刻访问仍然是这个值,因此可以用静态变量来传递数据。

我们设计的类 util.Conf 内含 4 个静态成员。

(1) public static String account：保存登录用户的账号。

(2) public static String password：保存登录用户的密码。

(3) public static String name：保存登录用户的姓名。

(4) public static String dept：保存登录用户的部门。

◀))注意

在多线程的情况下,如果多个线程可能访问登录用户的数据,大家在编程则要十分谨慎,以免造成线程 A 将线程 B 的状态改掉的情况,不过本项目中不存在这个问题。

20.2.4　其他公共功能

在本项目中界面都要显示在屏幕中间,因此可以编写一段公用代码来完成这个功能,该公用代码放在 util.GUIUtil 类中。

当然,还有一些资源文件需要事先建好,例如登录界面上的欢迎图片、数据文件 cus

.inc 等。

最终设计出来的项目的结构如图 20-9 所示。

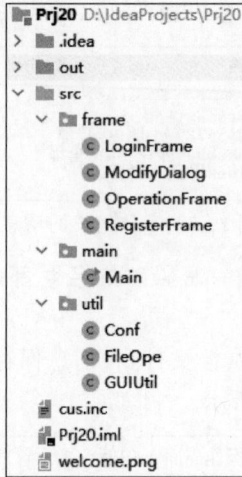

图 20-9　项目的结构

20.3　代码的编写

20.3.1　编写 util 包中的类

首先编写 Conf 类，代码如下。

Conf. java

```
package util;
public class Conf {
    public static String account;
    public static String password;
    public static String name;
    public static String dept;
}
```

然后编写 FileOpe 类，代码如下。

FileOpe. java

```
package util;
import java.io.FileReader;
import java.io.PrintStream;
import java.util.Properties;
import javax.swing.JOptionPane;
public class FileOpe {
    private static String fileName = "cus.inc";
    private static Properties pps;
    static {
        pps = new Properties();
        FileReader reader = null;
```

```java
        try{
            reader = new FileReader(fileName);
            pps.load(reader);
        }catch(Exception ex){
            JOptionPane.showMessageDialog(null,"文件操作异常");
            System.exit(0);
        }finally{
            try{
                reader.close();
            }catch(Exception ex){}
        }
    }
    private static void listInfo(){
        PrintStream ps = null;
        try{
            ps = new PrintStream(fileName);
            pps.list(ps);
        }catch(Exception ex){
            JOptionPane.showMessageDialog(null,"文件操作异常");
            System.exit(0);
        }finally{
            try{
                ps.close();
            }catch(Exception ex){}
        }
    }
    public static void getInfoByAccount(String account) {
        String cusInfo = pps.getProperty(account);
        if(cusInfo!= null){
            String[] infos = cusInfo.split("#");
            Conf.account = account;
            Conf.password = infos[0];
            Conf.name = infos[1];
            Conf.dept = infos[2];
        }
    }
    public static void updateCustomer(String account,String password,
                        String name,String dept) {
        pps.setProperty(account, password + "#" + name + "#" + dept);
        listInfo();
    }
}
```

───

◀))注意

在本类中,静态代码负责载入 cus.inc 中的数据。

接下来编写 GUIUtil 类,代码如下。

GUIUtil. java

───

```java
package util;
import java.awt.Component;
import java.awt.GraphicsEnvironment;
import java.awt.Rectangle;
```

```
public class GUIUtil {
    public static void toCenter(Component comp){
        GraphicsEnvironment ge =
            GraphicsEnvironment.getLocalGraphicsEnvironment();
        Rectangle rec =
            ge.getDefaultScreenDevice().getDefaultConfiguration().getBounds();
        comp.setLocation(((int)rec.getWidth() - comp.getWidth())/2,
                        ((int)rec.getHeight() - comp.getHeight())/2);
    }
}
```

◄ 注意

（1）在本类中，toCenter(Component comp)函数传入的参数不是 JFrame，而是其父类 "Component"，完全是为了扩大本函数的适用范围，让其适用于所有 Component 的子类。

（2）在本类中使用了界面居中的坐标计算方法，请读者仔细理解。

20.3.2　编写 frame 包中的类

首先编写登录界面类，代码如下。

LoginFrame. java

```
package frame;
import java.awt.FlowLayout;
import java.awt.event.ActionEvent;
import java.awt.event.ActionListener;
import javax.swing.Icon;
import javax.swing.ImageIcon;
import javax.swing.JButton;
import javax.swing.JFrame;
import javax.swing.JLabel;
import javax.swing.JOptionPane;
import javax.swing.JPasswordField;
import javax.swing.JTextField;
import util.Conf;
import util.FileOpe;
import util.GUIUtil;
public class LoginFrame extends JFrame implements ActionListener{
    / ********************** 定义各控件 *********************** /
    private Icon welcomeIcon = new ImageIcon("welcome.png");
    private JLabel lbWelcome = new JLabel(welcomeIcon);
    private JLabel lbAccount = new JLabel("请您输入账号");
    private JTextField tfAccount = new JTextField(10);
    private JLabel lbPassword = new JLabel("请您输入密码");
    private JPasswordField pfPassword = new JPasswordField(10);
    private JButton btLogin = new JButton("登录");
    private JButton btRegister = new JButton("注册");
    private JButton btExit = new JButton("退出");
    public LoginFrame(){
        / ********************** 界面的初始化 *********************** /
        super("登录");
        this.setLayout(new FlowLayout());
        this.add(lbWelcome);
```

```
        this.add(lbAccount);
        this.add(tfAccount);
        this.add(lbPassword);
        this.add(pfPassword);
        this.add(btLogin);
        this.add(btRegister);
        this.add(btExit);
        this.setSize(240, 180);
        GUIUtil.toCenter(this);
        this.setDefaultCloseOperation(JFrame.EXIT_ON_CLOSE);
        this.setResizable(false);
        this.setVisible(true);
        / *********************** 增加监听 *********************** /
        btLogin.addActionListener(this);
        btRegister.addActionListener(this);
        btExit.addActionListener(this);
    }
    public void actionPerformed(ActionEvent e) {
        if(e.getSource() == btLogin){
            String account = tfAccount.getText();
            String password = new String(pfPassword.getPassword());
            FileOpe.getInfoByAccount(account);
            if(Conf.account == null||!Conf.password.equals(password)){
                JOptionPane.showMessageDialog(this, "登录失败");
                return;
            }
            JOptionPane.showMessageDialog(this, "登录成功");
            this.dispose();
            new OperationFrame();
        }else if(e.getSource() == btRegister){
            this.dispose();
            new RegisterFrame();
        }else{
            JOptionPane.showMessageDialog(this, "谢谢光临");
            System.exit(0);
        }
    }
}
```

🔊**注意**

在本类中，"this.dispose();"表示让本界面消失，释放内存，但程序并不结束；"System.exit(0);"表示整个程序退出。

然后编写注册界面类，代码如下。

RegisterFrame.java

```
package frame;
import java.awt.FlowLayout;
import java.awt.event.ActionEvent;
import java.awt.event.ActionListener;
import javax.swing.JButton;
import javax.swing.JComboBox;
import javax.swing.JFrame;
```

```java
import javax.swing.JLabel;
import javax.swing.JOptionPane;
import javax.swing.JPasswordField;
import javax.swing.JTextField;
import util.Conf;
import util.FileOpe;
import util.GUIUtil;
public class RegisterFrame extends JFrame implements ActionListener{
    /*********************** 定义各控件 ***************************/
    private JLabel lbAccount = new JLabel("请您输入账号");
    private JTextField tfAccount = new JTextField(10);
    private JLabel lbPassword1 = new JLabel("请您输入密码");
    private JPasswordField pfPassword1 = new JPasswordField(10);
    private JLabel lbPassword2 = new JLabel("输入确认密码");
    private JPasswordField pfPassword2 = new JPasswordField(10);
    private JLabel lbName = new JLabel("请您输入姓名");
    private JTextField tfName = new JTextField(10);
    private JLabel lbDept = new JLabel("请您选择部门");
    private JComboBox cbDept = new JComboBox();
    private JButton btRegister = new JButton("注册");
    private JButton btLogin = new JButton("登录");
    private JButton btExit = new JButton("退出");
    public RegisterFrame(){
        /*********************** 界面的初始化 ***************************/
        super("注册");
        this.setLayout(new FlowLayout());
        this.add(lbAccount);
        this.add(tfAccount);
        this.add(lbPassword1);
        this.add(pfPassword1);
        this.add(lbPassword2);
        this.add(pfPassword2);
        this.add(lbName);
        this.add(tfName);
        this.add(lbDept);
        this.add(cbDept);
        cbDept.addItem("财务部");
        cbDept.addItem("行政部");
        cbDept.addItem("客户服务部");
        cbDept.addItem("销售部");
        this.add(btRegister);
        this.add(btLogin);
        this.add(btExit);
        this.setSize(240, 220);
        GUIUtil.toCenter(this);
        this.setDefaultCloseOperation(JFrame.EXIT_ON_CLOSE);
        this.setResizable(false);
        this.setVisible(true);
        /*********************** 增加监听 ***************************/
        btLogin.addActionListener(this);
        btRegister.addActionListener(this);
        btExit.addActionListener(this);
    }
    public void actionPerformed(ActionEvent e) {
```

```
            if(e.getSource() == btRegister){
                String password1 = new String(pfPassword1.getPassword());
                String password2 = new String(pfPassword2.getPassword());
                if(!password1.equals(password2)){
                    JOptionPane.showMessageDialog(this, "两个密码不相同");
                    return;
                }
                String account = tfAccount.getText();
                FileOpe.getInfoByAccount(account);
                if(Conf.account!= null){
                    JOptionPane.showMessageDialog(this, "用户已经注册");
                    return;
                }
                String name = tfName.getText();
                String dept = (String)cbDept.getSelectedItem();
                FileOpe.updateCustomer(account, password1, name , dept);
                JOptionPane.showMessageDialog(this, "注册成功");
            }else if(e.getSource() == btLogin){
                this.dispose();
                new LoginFrame();
            }else{
                JOptionPane.showMessageDialog(this, "谢谢光临");
                System.exit(0);
            }
        }
    }
}
```

接下来编写操作界面类，代码如下。

OperationFrame. java

```
package frame;
import java.awt.GridLayout;
import java.awt.event.ActionEvent;
import java.awt.event.ActionListener;
import javax.swing.JButton;
import javax.swing.JFrame;
import javax.swing.JLabel;
import javax.swing.JOptionPane;
import util.Conf;
import util.GUIUtil;
public class OperationFrame extends JFrame implements ActionListener{
    / *********************** 定义各控件 *********************** /
    private String welcomeMsg = "选择如下操作:";
    private JLabel lbWelcome = new JLabel(welcomeMsg);
    private JButton btQuery = new JButton("显示详细信息");
    private JButton btModify = new JButton("修改个人资料");
    private JButton btExit = new JButton("退出");
    public OperationFrame(){
        / *********************** 界面的初始化 *********************** /
        super("当前登录: " + Conf.account);
        this.setLayout(new GridLayout(4,1));
        this.add(lbWelcome);
        this.add(btQuery);
```

```
        this.add(btModify);
        this.add(btExit);
        this.setSize(300, 250);
        GUIUtil.toCenter(this);
        this.setDefaultCloseOperation(JFrame.EXIT_ON_CLOSE);
        this.setResizable(false);
        this.setVisible(true);
        /* ************************* 增加监听 ************************* /
        btQuery.addActionListener(this);
        btModify.addActionListener(this);
        btExit.addActionListener(this);
    }
    public void actionPerformed(ActionEvent e) {
        if(e.getSource() == btQuery){
            String message = "您的详细资料为:\n";
            message += "账号:" + Conf.account + "\n";
            message += "姓名:" + Conf.name + "\n";
            message += "部门:" + Conf.dept + "\n";
            JOptionPane.showMessageDialog(this, message);
        }else if(e.getSource() == btModify){
            new ModifyDialog(this);
        }else{
            JOptionPane.showMessageDialog(this, "谢谢光临");
            System.exit(0);
        }
    }
}
```

最后编写修改个人资料界面类，注意 ModifyDialog 是个模态对话框，代码如下。

ModifyDialog.java

```
package frame;
import java.awt.GridLayout;
import java.awt.event.ActionEvent;
import java.awt.event.ActionListener;
import javax.swing.JButton;
import javax.swing.JComboBox;
import javax.swing.JDialog;
import javax.swing.JFrame;
import javax.swing.JLabel;
import javax.swing.JOptionPane;
import javax.swing.JPasswordField;
import javax.swing.JTextField;
import util.Conf;
import util.FileOpe;
import util.GUIUtil;
public class ModifyDialog extends JDialog implements ActionListener{
    /* ************************* 定义各控件 ************************* /
    private JLabel lbMsg = new JLabel("您的账号为: ");
    private JLabel lbAccount = new JLabel(Conf.account);
    private JLabel lbPassword1 = new JLabel("请您输入密码");
    private JPasswordField pfPassword1 = new JPasswordField(Conf.password,10);
    private JLabel lbPassword2 = new JLabel("输入确认密码");
```

```java
private JPasswordField pfPassword2 = new JPasswordField(Conf.password,10);
private JLabel lbName = new JLabel("请您修改姓名");
private JTextField tfName = new JTextField(Conf.name,10);
private JLabel lbDept = new JLabel("请您修改部门");
private JComboBox cbDept = new JComboBox();
private JButton btModify = new JButton("修改");
private JButton btExit = new JButton("关闭");
public ModifyDialog(JFrame frm){
    / *********************** 界面的初始化 *********************** /
    super(frm,true);
    this.setLayout(new GridLayout(6,2));
    this.add(lbMsg);
    this.add(lbAccount);
    this.add(lbPassword1);
    this.add(pfPassword1);
    this.add(lbPassword2);
    this.add(pfPassword2);
    this.add(lbName);
    this.add(tfName);
    this.add(lbDept);
    this.add(cbDept);
    cbDept.addItem("财务部");
    cbDept.addItem("行政部");
    cbDept.addItem("客户服务部");
    cbDept.addItem("销售部");
    cbDept.setSelectedItem(Conf.dept);
    this.add(btModify);
    this.add(btExit);
    this.setSize(240, 200);
    GUIUtil.toCenter(this);
    this.setDefaultCloseOperation(JFrame.DISPOSE_ON_CLOSE);
    / *********************** 增加监听 *********************** /
    btModify.addActionListener(this);
    btExit.addActionListener(this);
    this.setResizable(false);
    this.setVisible(true);
}
public void actionPerformed(ActionEvent e) {
    if(e.getSource() == btModify){
        String password1 = new String(pfPassword1.getPassword());
        String password2 = new String(pfPassword2.getPassword());
        if(!password1.equals(password2)){
            JOptionPane.showMessageDialog(this, "两个密码不相同");
            return;
        }
        String name = tfName.getText();
        String dept = (String)cbDept.getSelectedItem();
        //将新的值存入静态变量
        Conf.password = password1;
        Conf.name = name;
        Conf.dept = dept;
        FileOpe.updateCustomer(Conf.account, password1, name , dept);
        JOptionPane.showMessageDialog(this, "修改成功");
    }else{
```

```
                this.dispose();
            }
        }
}
```

20.3.3 编写主函数所在的类

主函数所在的类调用登录界面类，代码如下。

Main. java

```
package main;
import frame.LoginFrame;
public class Main {
    public static void main(String[] args) {
        new LoginFrame();
    }
}
```

运行该类，则可以出现登录界面。

20.4 思 考 题

本程序开发完毕，留下几道思考题请读者思考。

（1）在该程序中需要用 Properties 类将整个文件读入进行处理，如果遇到文件较大的情况会有什么问题？如何解决？

（2）将用户的登录信息用静态变量存储，在多线程情况下有什么隐患？能否举出一个例子？如何解决？

第21章

Java 画图实训：卡通时钟和拼图游戏

建议学时：2～4。

前文学习了 Java GUI 上的画图，本章将利用两个小软件的开发对这些内容进行复习。

21.1 卡 通 时 钟

21.1.1 软件功能简介

在本节中将制作一个卡通时钟，运行系统，出现如图 21-1 所示的界面。

界面上显示了当前时间，用"HOUR：MINUTE：SECOND"的格式表示。每隔 1 秒，系统能够获取当前时间并且显示在界面上。

图 21-1　卡通时钟的界面

21.1.2 重要技术

1. 图片策略

显而易见，该程序是一个动画，运行也是持续性的，实现步骤如下。

（1）在界面上画出当前时间。

（2）隔 1 秒重新获取当前时间，画到界面上。

该问题可以用多线程实现，也可以用定时器实现，本节用定时器来完成。

该程序的难点是界面上的卡通数字是怎么组织起来的。

在 Java 中并没有提供卡通数字，因此卡通数字是图片。通过仔细分析界面会发现卡通时钟里的数字只有可能是 0、1、2、3、4、5、6、7、8、9，以及一个分隔符"："（冒号）。因此可以选取 11 幅图片，系统根据当前时间获取相应的图片画出来。

但是以上方案并不是最好的方案，会造成文件数量过多，一般采用图片截取的方法。打开 java.awt.Graphics 文档，里面有一个重要函数：

```
public abstract boolean drawImage(Image img,
                                  int dx1, int dy1, int dx2, int dy2,
                                  int sx1, int sy1, int sx2, int sy2,
                                  ImageObserver observer)
```

该函数可以在源图片上截取一小块，画到界面上。因此，在本系统中可以只用一幅图片，例如 number.jpg，如图 21-2 所示。

该图片上一共有 10 个字符，即 0、1、2、3、4、5、6、7、8、9 和冒号。

图 21-2 只用一幅图片

2. 图片的获取

在图片 number.jpg 中，所有数字和冒号都从这个图片中截取。给定一个数字，怎样截取相应的图片块呢？

以"5"为例，给定数字"5"，怎样截取图片中的"5"对应的小块？这实际上是一个数学问题。首先可以将 number.jpg 的宽度平均分为 11 份，每份的宽度为 widthOfNumber、高度为 heightOfNumber，数字"5"图片小块的左上角的横坐标实际上是 5×widthOfNumber，纵坐标是 0，宽度为 widthOfNumber，高度为 heightOfNumber，以此类推。注意，"："并不是数字，因为它在图片的第 10 块，可以人为地认为它是"10"，给定数字"10"，用上面的方法就可以得到"："对应的图片。

另外，每个数字画到界面中的位置是不同的，如图 21-3 所示的时钟。

图 21-3 数字的位置不同

里面有两个"4"，一个画在第 3 个位置（位置从 0 开始算），另一个画在第 7 个位置，这怎么定位呢？

可以给时钟里的每个位置编一个号码——location，如图 21-3 中的"8"，location 为 1，冒号的 location 为 2 和 5，等等。给定一个 location，怎样确定界面上的位置呢？很简单，以图 21-3 为例，数字"8"的左上角的横坐标为 1×widthOfNumber、纵坐标为 0，其他以此类推。

综上所述，在得到当前时间之后画出图片上的内容可以使用如下代码。

```java
//根据 number 从图片中截取一个数字，画在画布上的 location 位置
    public void drawNumber(Graphics2D gbi, int number,int location){
        int x_src = widthOfNumber * number;
        int y_src = 0;
        int x_dest = location * widthOfNumber;
        int y_dest = 0;
        gBi.drawImage(img,
            x_dest, y_dest, x_dest + widthOfNumber, y_dest + heightOfNumber,
            x_src, y_src, x_src + widthOfNumber, y_src + heightOfNumber, this);
    }
```

21.1.3 代码的编写

新建一个项目，将 number.jpg 复制到项目根目录下。首先编写 ClockPanel，建立一个类"ClockPanel"，代码如下。

ClockPanel. java

```java
package clock;
import java.awt. * ;
import java.awt.event. * ;
import java.awt.image.BufferedImage;
import java.util.Calendar;
```

```java
import javax.swing.*;
public class ClockPanel extends JPanel implements ActionListener{
    private int hour;
    private int minute;
    private int second;
    private Image img = null;
    private Timer timer = new Timer(1000,this);
    private int widthOfNumber;
    private int heightOfNumber;
    //双缓冲图像及其画笔
    private BufferedImage bi;
    private Graphics2D gBi;
    public ClockPanel(){
        img = Toolkit.getDefaultToolkit().createImage("number.jpg");
        timer.start();
    }
    public void paint(Graphics g){
        widthOfNumber = img.getWidth(this)/11;
        heightOfNumber = img.getHeight(this);
        if(bi == null){
            //实例化缓冲图像
            bi = new BufferedImage(this.getWidth(),this.getHeight(),
                    BufferedImage.TYPE_INT_RGB);
            gBi = bi.createGraphics();
        }
        gBi.setColor(Color.white);
        gBi.fillRect(0, 0, this.getWidth(), this.getHeight());
        //画小时的两个数字
        int num1 = hour/10;
        int num2 = hour % 10;
        this.drawNumber(gBi, num1,0);
        this.drawNumber(gBi, num2,1);
        //画冒号
        this.drawNumber(gBi, 10,2);
        //画分钟的两个数字
        int num3 = minute/10;
        int num4 = minute % 10;
        this.drawNumber(gBi, num3,3);
        this.drawNumber(gBi, num4,4);
        //画冒号
        this.drawNumber(gBi, 10,5);
        //画秒钟的两个数字
        int num5 = second/10;
        int num6 = second % 10;
        this.drawNumber(gBi, num5,6);
        this.drawNumber(gBi, num6,7);
        g.drawImage(bi, 0, 0, this);
    }
    //根据 number 从图片中截取一个数字,画在画布上的 location 位置
    public void drawNumber(Graphics2D gbi, int number,int location){
        int x_src = widthOfNumber * number;
        int y_src = 0;
        int x_dest = location * widthOfNumber;
        int y_dest = 0;
        gBi.drawImage(img,
            x_dest, y_dest, x_dest + widthOfNumber, y_dest + heightOfNumber,
            x_src, y_src, x_src + widthOfNumber, y_src + heightOfNumber, this);
```

```
        }
        public void actionPerformed(ActionEvent e){
            Calendar calendar = Calendar.getInstance();
            hour = calendar.get(Calendar.HOUR_OF_DAY);
            minute = calendar.get(Calendar.MINUTE);
            second = calendar.get(Calendar.SECOND);
            repaint();                                    //重画
        }
    }
```

接下来编写 ClockFrame，代码如下。

ClockFrame. java

```
package clock;
import javax.swing.JFrame;
public class ClockFrame extends JFrame {
    private ClockPanel cp = new ClockPanel();
    public ClockFrame() {
        this.setDefaultCloseOperation(JFrame.EXIT_ON_CLOSE);
        this.add(cp);
        this.setSize(250, 100);
        this.setVisible(true);
    }
    public static void main(String[] args) {
        new ClockFrame();
    }
}
```

运行 ClockFrame 即可得到相应的效果。

本项目的结构如图 21-4 所示。

图 21-4   项目的结构

21.1.4   思考题

本程序开发完毕，留下几道思考题请读者思考。

（1）ClockPanel 的 paint 函数中的如下代码能否挪到构造函数内？为什么？

```
widthOfNumber = img.getWidth(this)/11;
heightOfNumber = img.getHeight(this);
```

（2）在本例中，ClockPanel 充满了 ClockFrame 的整个界面，如何将 ClockPanel 固定在 ClockFrame 的某个位置？

21.2　拼图游戏

21.2.1　软件功能简介

拼图游戏是一种比较常见的游戏,在本节中将制作一个拼图游戏系统,该系统由一个界面组成。

系统运行,出现如图 21-5 所示的界面。

该界面上出现的 15 个图片小块已经被打乱。注意,第 1 行第 4 列的图片小块为空白。源图片(puzzle.jpg)如图 21-6 所示。

图 21-5　拼图游戏的界面

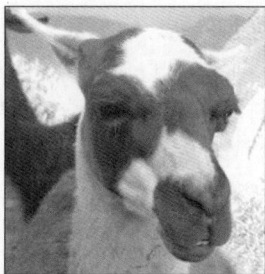

图 21-6　源图片

在游戏界面中可以通过按键盘上的"上""下""左""右"键来控制小块的移动。如果用户无法确定源图片的样子,还可以长按 F1 键,此时界面如图 21-7 所示。

释放 F1 键,界面又恢复到打乱状态。

如果 15 个图片小块被正确排好,则系统提示"顺利完成! 回车继续,ESC 退出",如图 21-8 所示。

图 21-7　长按 F1 键时的界面

图 21-8　图片小块被正确排好

按回车键重新打乱图片小块,按 Esc 键则退出程序。

21.2.2　重要技术

在这个项目中只需要用到一个界面——拼图游戏界面。这个界面比较简单,可以用一个类——PPuzzlePanel 来完成,将该类用一个 JFrame——PPuzzleFrame 组织起来,这是比较好的方法。

该项目还有些特殊,主要是界面上的图片显示以及图片块的移动。在这里我们利用问题来讲解。

问题 1：界面上的图片块是来自 16 幅小图片还是一幅大图片？

如果界面上的图片块是来自 16 幅小图片，虽然编程比较简单，可以将 16 幅小图片封装成 16 个 Image 对象，用键盘对它们的位置进行控制，但是这对于游戏的功能来说可扩展性不强。如果界面上的图片块是来自于 16 幅小图片，则需要手工将图片用图像处理软件分割成 16 个小文件，这个工作是不可想象的；并且，如果游戏难度增加，如变成 5×5＝25 个小块，就要重新手工分割。

所以，该问题的答案是系统只载入一幅大图片，小图片是通过编写程序用代码进行分割的。

大图片为 puzzle.jpg，如 12.2.1 节所示。

问题 2：既然系统载入的是一幅大图片，将如何分割？

从游戏的界面上可以看出，在该游戏中大图片首先应该分为 4 行 4 列。如何进行分割呢？有很多方法，在此介绍一种比较常见的方法，可以给图片的每一个小块编号，如图 21-9 所示。

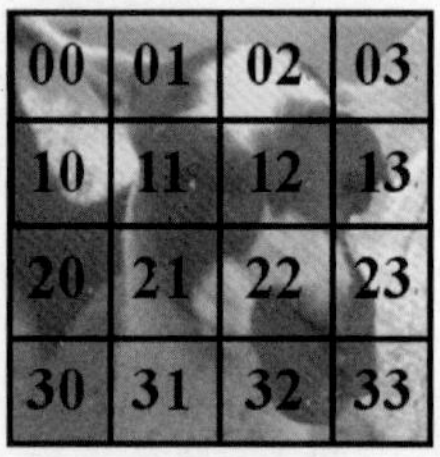

这样，源图片上的每个小块就和一个二维数组结合起来了，这个二维数组可以定义为整型：

图 21-9　给图片的每一个小块编号

```java
int[][] map = { { 00, 01, 02, 03 },
                { 10, 11, 12, 13 },
                { 20, 21, 22, 23 },
                { 30, 31, 32, 33 } };
```

将这个数组打乱，就相当于将小图片块打乱，因为我们规定数组中的每一个元素对应着图片上的一个固定小块。

例如，将数组 map 变为

```java
{ { 01, 00, 02, 03 },
  { 10, 11, 12, 13 },
  { 20, 21, 22, 23 },
  { 30, 31, 32, 33 } }
```

表示将源图片中的 00 小块和 01 小块调换，其他小块不变，然后将整幅图片画到界面上。

现在又出现了一个新的问题：如何由数组中的整数来获取图片小块在图片中的位置？例如数组 map，在没有打乱的情况下，map[2][2]＝22，如何在源图片中获取 22 编号对应的那个小块呢？在打乱的情况下，如 map[2][2]＝13 了，如何在源图片中获取 13 编号对应的那个小块呢？

其实，只要稍微有一点数学知识就能够解决这个问题。

以 13 为例，13 对应的那一个图片块的宽度和高度都是源图片的 1/4，接下来就是确定图片块左上角的坐标。图片块左上角的横坐标是图片块的宽度×1，图片块左上角的纵坐标是图片块的高度×3，其他的小块以此类推（参考图 21-9）。

另外还要注意一个问题：数组 map 中的元素为 16 个，但是图片小块只有 15 个。实际上，编号为 33 的图片小块是不画出来的。

确定了小块的位置，就可以将图片中的那一个小块单独拿出来画在界面上，代码如下。

```
int edge = 图片宽度/4;
//用白色填充背景
g.setColor(Color.white);
g.fillRect(0, 0, this.getWidth(), this.getHeight());
//根据地图数组中的编号选取图片小块画出来
for (int x = 0; x < 4; x++) {
    for (int y = 0; y < 4; y++) {
        if (map[x][y] != 33) {
            //获取编号的第一位数
            int xSegment = map[x][y]/10;
            //获取编号的第二位数
            int ySegment = map[x][y] % 10;
            //获取图片中左上角坐标为(xSegment * edge, ySegment * edge)
            //宽度为 edge、高度为 edge 的小块
            //画到界面上左上角坐标为(x * edge, y * edge)的位置
            g.drawImage(img, x * edge, y * edge,
                    x * edge + edge, y * edge + edge,
                    xSegment * edge, ySegment * edge,
                    xSegment * edge + edge, ySegment * edge + edge,
                    this);
        }
    }
}
```

问题 3：如何将图片小块打乱？

图片的打乱可以在数组 map 中任取两个元素交换位置，交换足够多的次数（如 100次），数组 map 中的元素就被打乱了，然后根据元素在源图片中取图片小块，画到界面上，代码如下。

```
void initMap() {
    Random rnd = new Random();
    int temp, x1, y1, x2, y2;
    //将地图数组打乱
    for (int i = 0; i < 100; i++) {
        x1 = rnd.nextInt(4);
        x2 = rnd.nextInt(4);
        y1 = rnd.nextInt(4);
        y2 = rnd.nextInt(4);
        temp = map[x1][y1];
        map[x1][y1] = map[x2][y2];
        map[x2][y2] = temp;
    }
}
```

问题 4：分割之后的图片小块如何用键盘控制？

实际上，在界面上只有 15 个图片小块，有一个位置（如 33）是空着的，也就是说可以让编号为 33 的图片小块不画出来。在将数组打乱之后按键时首先判断 33 在数组中的位置，键被按下，实际上就是将 33 和周围的元素进行调换。当然，用户还要考虑 33 是否在边上的情况。例如，数组 map 为

```
{ { 01, 00, 02, 03 },
  { 10, 11, 12, 13 },
  { 33, 21, 22, 23 },
  { 30, 31, 32, 20 } }
```

此时 33 在最左边，这时按下"向右"键，因为 33 的左边没有任何元素了，没有元素可以向右，所以此时按下"向右"键程序应该没有反应，代码如下。

```java
public void keyPressed(KeyEvent e) {
    int keyCode = e.getKeyCode();
    int xOf33 = - 1, yOf33 = - 1;
    for (int x = 0; x < 4; x++) {
        for (int y = 0; y < 4; y++) {
            if (map[x][y] == 33) {
                xOf33 = x;
                yOf33 = y;
                break;
            }
        }
    }
    switch (keyCode) {
        case KeyEvent.VK_UP:
            if (yOf33 != 3) {
                this.swap(xOf33, yOf33, xOf33, yOf33 + 1);
            }
            break;
        case KeyEvent.VK_DOWN:
            if (yOf33 != 0) {
                this.swap(xOf33, yOf33, xOf33, yOf33 - 1);
            }
            break;
        case KeyEvent.VK_LEFT:
            if (xOf33 != 3) {
                this.swap(xOf33, yOf33, xOf33 + 1, yOf33);
            }
            break;
        case KeyEvent.VK_RIGHT:
            if (xOf33 != 0) {
                this.swap(xOf33, yOf33, xOf33 - 1, yOf33);
            }
            break;
        case KeyEvent.VK_ENTER:
            this.initMap();
            break;
```

```
        case KeyEvent.VK_F1:
            help = true;
            break;
        case KeyEvent.VK_ESCAPE:
            System.exit(0);
        }
    repaint();
}
//将 map 中的 33 和周围的元素对调
public void swap(int xOf33, int yOf33, int targetX, int targetY){
    int temp = map[targetX][targetY];
    map[targetX][targetY] = 33;
    map[xOf33][yOf33] = temp;
}
```

问题 5：长按 F1 键，如何出现源图片？ 释放 F1 键，源图片如何消失？

长按 F1 键，将图片重新画在界面上，调用 paint 函数（此时可以用一个变量来保存是否按下了 F1 键）；释放 F1 键，将该变量进行改变重新调用 paint 函数即可，代码如下。

```
private boolean help = false;
public void paint(Graphics g) {
    …
    if(help){
        g.drawImage(img, 0, 0,this);
    }
}
…
public void keyPressed(KeyEvent e) {
    int keyCode = e.getKeyCode();
    switch (keyCode) {
        …
        case KeyEvent.VK_F1:
            help = true;
            break;
        …
    }
    repaint();
}
public void keyReleased(KeyEvent e) {
    int keyCode = e.getKeyCode();
    if(keyCode == KeyEvent.VK_F1){
        help = false;
        repaint();
    }
}
```

问题 6：如何判断游戏成功完成？

可以遍历数组 map，如果数组按照正常的顺序，即可表示游戏成功完成，代码如下。

```
public boolean isSuccess(){
    for (int x = 0; x < 4; x++) {
```

```
        for (int y = 0; y < 4; y++) {
            int xSegment = map[x][y]/10;
            int ySegment = map[x][y] % 10;
            if(xSegment!= x||ySegment!= y){
                return false;
            }
        }
    }
    return true;
}
```

21.2.3 代码的编写

将 puzzle.jpg 复制到项目根目录下。首先编写 PPuzzlePanel，建立一个类 "PPuzzlePanel"，代码如下。

PPuzzlePanel.java

```java
package puzzle;
import java.awt. * ;
import java.awt.event. * ;
import java.util.Random;
import javax.swing.JPanel;
public class PPuzzlePanel extends JPanel implements KeyListener {
    private Image img;                          //图像
    private int edge;                           //每块的宽度和高度
    //初始地图数组
    int[][] map = { { 00, 01, 02, 03 }, { 10, 11, 12, 13 }, { 20, 21, 22, 23 },
            { 30, 31, 32, 33 } };
    private boolean help = false;               //是否按下 F1 键
    public PPuzzlePanel(Image img) {
        this.img = img;
        this.addKeyListener(this);
        this.initMap();
    }
    void initMap() {
        Random rnd = new Random();
        int temp, x1, y1, x2, y2;
        //将地图数组打乱
        for (int i = 0; i < 100; i++) {
            x1 = rnd.nextInt(4);
            x2 = rnd.nextInt(4);
            y1 = rnd.nextInt(4);
            y2 = rnd.nextInt(4);
            temp = map[x1][y1];
            map[x1][y1] = map[x2][y2];
            map[x2][y2] = temp;
        }
    }
    public void paint(Graphics g) {
        edge = img.getWidth(this)/4;
        //用白色填充背景
        g.setColor(Color.white);
```

```
            g.fillRect(0, 0, this.getWidth(), this.getHeight());
        //根据地图数组中的编号选取图片小块画出来
        for (int x = 0; x < 4; x++) {
            for (int y = 0; y < 4; y++) {
                if (map[x][y] != 33) {
                    //获取编号的第一位数
                    int xSegment = map[x][y]/10;
                    //获取编号的第二位数
                    int ySegment = map[x][y] % 10;
                //获取图片中左上角坐标为(xSegment * edge, ySegment * edge)
                //宽度为 edge、高度为 edge 的小块
                //画到界面上左上角坐标为(x * edge, y * edge)的位置
                    g.drawImage(img, x * edge, y * edge,
                        x * edge + edge, y * edge + edge,
                        xSegment * edge, ySegment * edge,
                        xSegment * edge + edge, ySegment * edge + edge,
                        this);
                }
            }
        }
        if (isSuccess()) {
            g.setColor(Color.black);
            g.drawString("顺利完成!回车继续,ESC 退出",
                    this.getWidth()/4, this.getHeight() - 20);
        }
        if(help){
            g.drawImage(img, 0, 0, this);
        }
    }
    public boolean isSuccess() {
        for (int x = 0; x < 4; x++) {
            for (int y = 0; y < 4; y++) {
                int xSegment = map[x][y]/10;
                int ySegment = map[x][y] % 10;
                if (xSegment != x || ySegment != y) {
                    return false;
                }
            }
        }
        return true;
    }
    //将 map 中的 33 和周围的元素对调
    public void swap(int xOf33, int yOf33, int targetX, int targetY) {
        int temp = map[targetX][targetY];
        map[targetX][targetY] = 33;
        map[xOf33][yOf33] = temp;
    }
    public void keyPressed(KeyEvent e) {
        int keyCode = e.getKeyCode();
        int xOf33 = - 1, yOf33 = - 1;
        for (int x = 0; x < 4; x++) {
            for (int y = 0; y < 4; y++) {
                if (map[x][y] == 33) {
                    xOf33 = x;
```

```
                    yOf33 = y;
                    break;
            }
        }
    }
    switch (keyCode) {
        case KeyEvent.VK_UP:
            if (yOf33 != 3) {
                this.swap(xOf33, yOf33, xOf33, yOf33 + 1);
            }
            break;
        case KeyEvent.VK_DOWN:
            if (yOf33 != 0) {
                this.swap(xOf33, yOf33, xOf33, yOf33 - 1);
            }
            break;
        case KeyEvent.VK_LEFT:
            if (xOf33 != 3) {
                this.swap(xOf33, yOf33, xOf33 + 1, yOf33);
            }
            break;
        case KeyEvent.VK_RIGHT:
            if (xOf33 != 0) {
                this.swap(xOf33, yOf33, xOf33 - 1, yOf33);
            }
            break;
        case KeyEvent.VK_ENTER:
            this.initMap();
            break;
        case KeyEvent.VK_F1:
            help = true;
            break;
        case KeyEvent.VK_ESCAPE:
            System.exit(0);
        }
        repaint();
    }
    public void keyReleased(KeyEvent e) {
        int keyCode = e.getKeyCode();
        if(keyCode == KeyEvent.VK_F1){
            help = false;
            repaint();
        }
    }
    public void keyTyped(KeyEvent arg0) {}
}
```

接下来编写 PPuzzleFrame，代码如下。

PPuzzleFrame. java

```
package puzzle;
import java.awt.Image;
import java.awt.Toolkit;
```

```
import javax.swing.JFrame;
public class PPuzzleFrame extends JFrame {
    private PPuzzlePanel pp;
    public PPuzzleFrame() {
        Image img = Toolkit.getDefaultToolkit().createImage("puzzle.jpg");
        pp = new PPuzzlePanel(img);
        this.setDefaultCloseOperation(JFrame.EXIT_ON_CLOSE);
        this.add(pp);
        //注意,让 PPuzzlePanel 获取焦点
        pp.setFocusable(true);
        this.setSize(250,300);
        this.setVisible(true);
    }
    public static void main(String[] args) {
        new PPuzzleFrame();
    }
}
```

运行 PPuzzleFrame 即可得到相应的效果。

本项目的结构如图 21-10 所示。

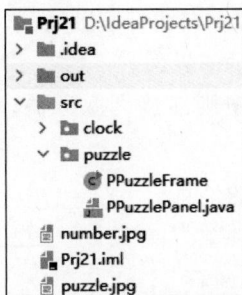

图 21-10　项目的结构

21.2.4　思考题

回顾本章提出的将图片块打乱的方法,是在数组 map 中任取两个元素交换位置,交换足够多的次数(如 100 次),数组 map 中的元素就被打乱了,然后根据元素在源图片中取图片小块,画到界面上。

这个方法可靠吗?

如果数组被打乱成如下的样子,也就是说将图片中的 32 小块和 31 小块对调,其他不变。

```
{ { 01, 00, 02, 03 },
  { 10, 11, 12, 13 },
  { 20, 21, 22, 23 },
  { 30, 32, 31, 33 } }
```

在这种情况下,不管怎么移动都得不到正确的结果,读者可以试试看。

可见,用以上方法打乱数组可能会造成游戏永远无法成功的局面。如何解决? 请读者思考。

第 22 章

网络编程实训：在线打字游戏

建议学时：2。

前文学习了 TCP 网络编程，本章将利用一个在线打字游戏来对网络编程内容进行复习。

22.1　在线打字游戏功能简介

在本章中将制作一个在线打字游戏。运行服务器，界面如图 22-1 所示。

图 22-1　服务器界面

在服务器运行之后，客户可以加入在线打字游戏。

运行客户端，显示如图 22-2 所示的界面。

用户输入昵称，单击"确定"按钮则连接到服务器。本章服务器运行在本机，端口为 9999。

连接成功，显示如图 22-3 所示的消息。

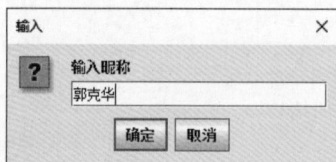

图 22-2　输入界面

图 22-3　连接成功

单击"确定"按钮，即可出现在线打字游戏界面。

可以多人加入在线打字游戏，界面如图 22-4 和图 22-5 所示。

图 22-4　打字对战人员 1

图 22-5　打字对战人员 2

游戏规则如下。

（1）初始生命值为 10 分，字母随机落下。

（2）用户按下键盘相应按键，如果输入的字符正确，则加 1 分，如果错误，则减 1 分。

（3）如果用户加 1 分，则将其他所有用户的分数减 1 分。

（4）字母掉到用户界面底部，用户减 1 分，重新出现新字母。

（5）如果生命值变为 0 分，则退出游戏，如图 22-6 所示。

图 22-6　游戏失败

注意

此案例是很多在线对战游戏的基础，如网络打牌、网络赛车、网络五子棋等。

22.2　关键技术

22.2.1　组织界面

在这个项目中，服务器端界面的设计较为简单，客户端也只有一个界面，最好将游戏的工作写在一个面板内，然后将面板加到一个 JFrame 中。

设计出来的类如下。

（1）client.GamePanel：客户端游戏所在的面板。

（2）client.GameFrame：客户端游戏面板所在的界面。

（3）server.Server：服务器界面。

22.2.2　掉下的字母

用户可以通过画图技术在界面上画出字母。不过，在 Java GUI 中还有一种更加简单的方法，那就是将面板设置为空布局之后将字母放在一个 JLabel 中。

字母的掉下相当于调整 JLabel 的位置，代码如下。

```
…
public class GamePanel extends JPanel… {
    …
    //掉下的字母 Label
    private JLabel lbMoveChar = new JLabel();
    public GamePanel(){
        this.setLayout(null);
        …
        this.add(lbMoveChar);
        lbMoveChar.setFont(new Font("黑体",Font.BOLD,20));
        lbMoveChar.setForeground(Color.yellow);
        this.init();
        …
    }
    public void init(){                              //字母的属性设置
        …
        //出现随机字母
        String str = String.valueOf((char)('A' + rnd.nextInt(26)));
        lbMoveChar.setText(str);
        lbMoveChar.setBounds(rnd.nextInt(this.getWidth()), 0, 20,20);
    }
```

```
    …
    // Timer 事件对应的行为：实现掉下一个字母
    public void actionPerformed(ActionEvent e){
        …
        lbMoveChar.setLocation(lbMoveChar.getX(),lbMoveChar.getY() + 10);
    }
}
```

22.2.3　分数加减的实现

由于本项目属于网络通信应用,因此分数的加减可以通过服务器转发,方法如下。

（1）客户端输入正确,首先为自己的生命值加 2 分,然后将一个字符串“−1”发给服务器。

（2）服务器将“−1”发给所有在线客户端。

（3）所有客户端(包括自己)获取“−1”之后将相应的生命值减去 1 分。

其代码如下。

```
    …
    public class GamePanel extends JPanel … {
        //生命值
        private int life = 10;
        //按键按下的字母
        private char keyChar;
        //掉下的字母 Label
        private JLabel lbMoveChar = new JLabel();
        //当前生命值状态显示 Label
        private JLabel lbLife = new JLabel();

        private Socket s = null;
        private Timer timer = new Timer(100,this);
        private Random rnd = new Random();
        private BufferedReader br = null;
        private PrintStream ps = null;
        private boolean canRun = true;
        …
        //线程读取网络信息
        public void run() {
            try {
                while (canRun) {
                    String str = br.readLine();            //读
                    int score = Integer.parseInt(str);
                    life += score;
                    checkFail();
                }
            } catch (Exception ex) {
                ex.printStackTrace();
                javax.swing.JOptionPane.showMessageDialog(this,"游戏异常退出!");
                System.exit(0);
            }
        }
        …
        //键盘事件
        public void keyPressed(KeyEvent e){
```

```
        keyChar = e.getKeyChar();
        String keyStr = String.valueOf(keyChar).toUpperCase();
        try{
            if(keyStr.equals(lbMoveChar.getText())){
                //注意,首先为自己的生命值加 2 分,然后发送"-1"给所有客户端
                //本客户端收到"-1"后,结果为加 1 分
                life += 2;
                ps.println("-1");
            }else{
                life-- ;
            }
            checkFail();
        }catch(Exception ex){
            canRun = false;
            javax.swing.JOptionPane.showMessageDialog(this,"游戏异常退出!");
            System.exit(0);
        }
    }
    …
}
```

22.2.4　游戏结束的判断

判断客户端是否输了较为简单,只需要判断生命值是否小于或等于 0 即可,代码如下。

```
…
public class GamePanel extends JPanel… {
    …
    public void checkFail(){
        init();
        if(life <= 0){
            timer.stop();
            javax.swing.JOptionPane.showMessageDialog(this,
                "生命值耗尽,游戏失败!");
            System.exit(0);
        }
    }
    …
}
```

本项目的结构如图 22-7 所示。

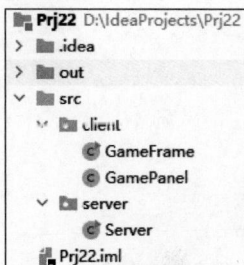

图 22-7　项目的结构

22.3 代码的编写

22.3.1 服务器端

服务器类与前文讲解的比较类似，代码如下。

Server. java

```java
package server;
import java.awt.Color;
import java.io. * ;
import java.net. * ;
import java.util.ArrayList;
import javax.swing.JFrame;
public class Server extends JFrame implements Runnable{
    private Socket s = null;
    private ServerSocket ss = null;
    //保存客户端的线程
    private ArrayList < ChatThread > clients = new ArrayList < ChatThread >();
    public Server() throws Exception{
        this.setTitle("服务器端");
        this.setDefaultCloseOperation(JFrame.EXIT_ON_CLOSE);
        this.setBackground(Color.yellow);
        this.setSize(200,100);
        this.setVisible(true);
        ss = new ServerSocket(9999);              //服务器端开辟端口,接收连接
        new Thread(this).start();                 //接收客户连接的死循环开始运行
    }
    public void run(){
        try{
            while(true){
                s = ss.accept();
                ChatThread ct = new ChatThread(s);
                clients.add(ct);
                ct.start();
            }
        }catch(Exception ex){
            ex.printStackTrace();
            javax.swing.JOptionPane.showMessageDialog(this,"游戏异常退出!");
            System.exit(0);
        }
    }
    class ChatThread extends Thread{                      //为某个 Socket 负责接收信息
        private Socket s = null;
        private BufferedReader br = null;
        private PrintStream ps = null;
        private boolean canRun = true;
        public ChatThread(Socket s) throws Exception{
            this.s = s;
            br = new BufferedReader(new InputStreamReader(s.getInputStream()));
```

```
                ps = new PrintStream(s.getOutputStream());
            }
        public void run(){
            try{
                while(canRun){
                    String str = br.readLine();        //读取该 Socket 传来的信息
                    sendMessage(str);                  //将 str 转发给所有客户端
                }
            }catch(Exception ex){
                //此处可以解决客户异常下线的问题
                canRun = false;
                clients.remove(this);
            }
        }
    }
    //将信息发给所有其他客户端
    public void sendMessage(String msg){
        for(ChatThread ct:clients){
            ct.ps.println(msg);
        }
    }
    public static void main(String[] args) throws Exception{
        Server server = new Server();
    }
}
```

22.3.2　客户端

首先编写游戏面板类，代码如下。

GamePanel. java

```
package client;
import java.awt. * ;
import java.awt.event. * ;
import java.io. * ;
import java.net.Socket;
import java.util.Random;
import javax.swing. * ;
public class GamePanel extends JPanel
        implements ActionListener,KeyListener,Runnable {
    //生命值
    private int life = 10;
    //按键按下的字母
    private char keyChar;
    //掉下来的字母 Label
    private JLabel lbMoveChar = new JLabel();
    //当前生命值状态显示 Label
    private JLabel lbLife = new JLabel();
    private Socket s = null;
```

```
private Timer timer = new Timer(100, this);
private Random rnd = new Random();
private BufferedReader br = null;
private PrintStream ps = null;
private boolean canRun = true;
public GamePanel(){                          //构造器
    this.setLayout(null);
    this.setBackground(Color.DARK_GRAY);
    this.setSize(240, 320);

    this.add(lbLife);
    lbLife.setFont(new Font("黑体", Font.BOLD, 20));
    lbLife.setBackground(Color.yellow);
    lbLife.setForeground(Color.PINK);
    lbLife.setBounds(0, 0, this.getWidth(), 20);

    this.add(lbMoveChar);
    lbMoveChar.setFont(new Font("黑体", Font.BOLD, 20));
    lbMoveChar.setForeground(Color.yellow);
    this.init();
    this.addKeyListener(this);
    try {
        s = new Socket("127.0.0.1", 9999);
        JOptionPane.showMessageDialog(this, "连接成功");
        InputStream is = s.getInputStream();
        br = new BufferedReader(new InputStreamReader(is));
        OutputStream os = s.getOutputStream();
        ps = new PrintStream(os);
        new Thread(this).start();
    } catch (Exception ex) {
        javax.swing.JOptionPane.showMessageDialog(this, "游戏异常退出!");
        System.exit(0);
    }
    timer.start();
}
public void init(){                          //字母的属性设置
    lbLife.setText("当前生命值:" + life);
    //出现随机字母
    String str = String.valueOf((char)('A' + rnd.nextInt(26)));
    lbMoveChar.setText(str);
    lbMoveChar.setBounds(rnd.nextInt(this.getWidth()), 0, 20, 20);
}
public void run() {
    try {
        while (canRun) {
            String str = br.readLine();          // 读
            int score = Integer.parseInt(str);
            life += score;
            checkFail();
        }
    } catch (Exception ex) {
        canRun = false;
        javax.swing.JOptionPane.showMessageDialog(this, "游戏异常退出!");
        System.exit(0);
```

```
        }
    }
    // Timer 事件对应的行为: 实现掉下一个字母
    public void actionPerformed(ActionEvent e){
        if(lbMoveChar.getY()>= this.getHeight()){
            life--;
            checkFail();
        }
        lbMoveChar.setLocation(lbMoveChar.getX(),lbMoveChar.getY()+10);
    }
    public void checkFail(){
        init();
        if(life<=0){
            timer.stop();
            javax.swing.JOptionPane.showMessageDialog(this,
                    "生命值耗尽,游戏失败!");
            System.exit(0);
        }
    }
    //键盘操作事件对应的行为
    public void keyPressed(KeyEvent e){
        keyChar = e.getKeyChar();
        String keyStr = String.valueOf(keyChar).toUpperCase();
        try{
            if(keyStr.equals(lbMoveChar.getText())){
                //注意,首先为自己的生命值加2分,然后发送"-1"给所有客户端
                //本客户端收到"-1"后,结果为加1分
                life += 2;
                ps.println("-1");
            }else{
                life--;
            }
            checkFail();
        }catch(Exception ex){
            ex.printStackTrace();
            javax.swing.JOptionPane.showMessageDialog(this,"游戏异常退出!");
            System.exit(0);
        }
    }
    public void keyTyped(KeyEvent e){}
    public void keyReleased(KeyEvent e){}
}
```

接下来编写面板所在的界面类,代码如下。

GameFrame.java

```
package client;
import javax.swing.JFrame;
import javax.swing.JOptionPane;
public class GameFrame extends JFrame{
    private GamePanel gp;
    public GameFrame(){                              //构造器
        this.setDefaultCloseOperation(JFrame.EXIT_ON_CLOSE);
```

```java
        String nickName = JOptionPane.showInputDialog("输入昵称");
        this.setTitle(nickName);
        gp = new GamePanel();
        this.add(gp);
        //获取焦点
        gp.setFocusable(true);
        this.setSize(gp.getWidth(), gp.getHeight());
        this.setResizable(false);
        this.setVisible(true);
    }
    //主函数入口
    public static void main(String[] args){
        new GameFrame();
    }
}
```

运行该服务器，再运行客户端类，则可以进行在线打字游戏对战。

第 23 章

综合实训：即时通信软件开发

建议学时：4～8。

本章将用一个即时通信软件案例对本书的大部分内容进行复习。

限于篇幅，本章案例去除了一些非核心代码，将即时通信软件中最核心的技术呈现，因此其内容是即时通信软件的精华版，短小精悍。

23.1　即时通信软件功能简介

23.1.1　服务器界面

在本章中将制作一个比较完整的即时通信软件(聊天软件)——GoodChat，该软件基于C/S结构进行开发。

运行服务器，界面如图 23-1 所示。

在服务器运行之后，客户可以登录聊天室。

用户可以单击"关闭服务器"按钮关闭服务器。

服务器端保存了所有用户的注册信息。用户注册时能够将自己的账号、密码、姓名、部门存入服务器端所在的计算机，由于没有学习数据库操作，因此我们将内容存入文件。

图 23-1　服务器端界面

23.1.2　用户的登录和注册

客户端系统运行，出现如图 23-2 所示的登录界面。

图 23-2　登录界面

该界面出现在屏幕中间。

(1) 单击"登录"按钮则连接到服务器，根据输入的账号、密码登录。如果登录失败，则提示错误信息；如果登录成功，则提示登录成功，之后进入聊天界面。

(2) 单击"注册"按钮，登录界面消失，出现注册界面。

(3) 单击"退出"按钮，程序退出。

注册界面如图 23-3 所示。

(1) 单击"注册"按钮则连接到服务器，根据输入的账号、密码、姓名、部门进行注册。注意，两次输入的密码必须相同。账号不能重复注册。部门选项如图 23-4 所示。

(2) 单击"登录"按钮，注册界面消失，出现登录界面。

(3) 单击"退出"按钮，程序退出。

图 23-3　注册界面

图 23-4　部门选项

◁»)注意

登录和注册的工作都需要连接到远程服务器。

23.1.3　消息收发界面

用户登录成功之后的提示消息如图 23-5 所示。

单击"确定"按钮出现聊天界面，如图 23-6 所示。

（1）在聊天界面中，标题栏显示当前登录的账号。

（2）左边显示在线人员名单，右边显示聊天记录。

（3）用户可以选择一个在线人员进行私聊，也可以选择 ALL，表示将信息发送给所有用户。

当消息发送之后，消息在聊天记录框中显示，如图 23-7 所示。

图 23-5　登录成功

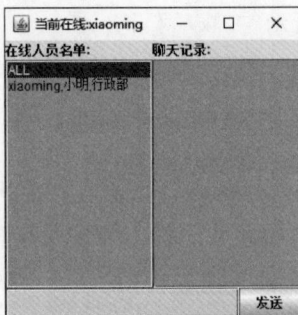

图 23-6　聊天界面

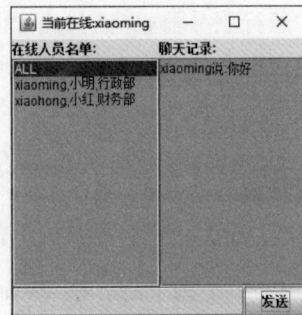

图 23-7　消息显示在聊天记录框中

在用户登录成功之后，服务器端界面的标题栏上的人数发生变化，如图 23-8 所示。

如果关闭服务器，客户端显示如图 23-9 所示。

图 23-8　在线人数发生变化

图 23-9　关闭服务器时客户端的显示

23.1.4 在线人员名单的刷新

在本系统中，在线人员名单可以自动刷新。

例如，如果只登录一个用户 xiaoming，然后登录了另一个用户 xiaohong，用户 xiaoming 的界面变为图 23-10 所示。

如果用户 xiaohong 关闭聊天界面，则该界面中的在线人员名单会将其去除，如图 23-11 所示。

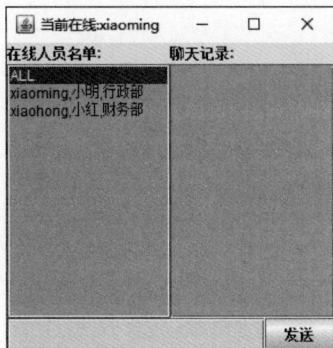

图 23-10 登录其他用户时的界面

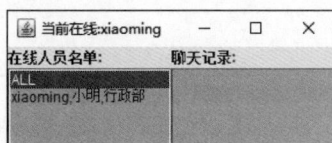

图 23-11 去除下线人员

23.2 项目关键技术

23.2.1 传输消息的实现

在本项目中客户端和服务器端之间通信，消息有各种类型。例如，登录时要告诉服务器端进行登录，注册时要告诉服务器端进行注册，服务器端根据消息类型的不同进行不同的动作。

另外，消息内部保存的数据也可能不一样，例如，聊天时保存的是一个字符串，传输在线人员名单时保存的可能是一个对象。因此，需要将数据进行封装。

设计消息的封装类——vo.Message，负责封装消息内容，代码如下。

Message.java

```java
package vo;
import java.io.Serializable;
public class Message implements Serializable{
    private String type;
    /*消息内容*/
    private Object content;
    /*接收方,如果是所有人,定义为"ALL"*/
    private String to;
    /*发送方*/
    private String from;
    public void setType(String type) {
        this.type = type;
    }
    public void setContent(Object content) {
        this.content = content;
```

```
    }
    public void setTo(String to) {
        this.to = to;
    }
    public void setFrom(String from) {
        this.from = from;
    }
    public String getType() {
        return (this.type);
    }
    public Object getContent() {
        return (this.content);
    }
    public String getTo() {
        return (this.to);
    }
    public String getFrom() {
        return (this.from);
    }
}
```

其中，type 属性表示消息类型，规定 LOGIN 表示登录，REGISTER 表示注册，LOGINFAIL 表示登录失败，USERLIST 表示用户名单（登录成功），REGISTERSUCCESS 表示注册成功，REGISTERFAIL 表示注册失败，MESSAGE 表示普通聊天信息，LOGOUT 表示退出。

from 属性表示消息发送的源方账号，to 表示目标账号，如果是 ALL，表示将消息发送给所有人。

这些内容保存在 Conf 类中，用静态变量表示，代码如下。

Conf. java

```
package util;
public class Conf {
    public static final String LOGIN = "LOGIN";                              //登录
    public static final String REGISTER = "REGISTER";                        //注册
    public static final String LOGINFAIL = "LOGINFAIL";                      //登录失败
    public static final String USERLIST = "USERLIST";                        //用户名单(登录成功)
    public static final String REGISTERSUCCESS = "REGISTERSUCCESS";          //注册成功
    public static final String REGISTERFAIL = "REGISTERFAIL";                //注册失败
    public static final String MESSAGE = "MESSAGE";                          //普通聊天信息
    public static final String LOGOUT = "LOGOUT";                            //退出
    public static final String ALL = "ALL";                                  //所有人
}
```

23.2.2   保存客户信息的实现

在本项目中，将客户信息保存在类 Customer 中，代码如下。

Customer. java

```
package vo;
import java.io.Serializable;
public class Customer implements Serializable{
    private String account;
```

```
        private String password;
        private String name;
        private String dept;
        public String getAccount() {
            return account;
        }
        public void setAccount(String account) {
            this.account = account;
        }
        public String getPassword() {
            return password;
        }
        public void setPassword(String password) {
            this.password = password;
        }
        public String getName() {
            return name;
        }
        public void setName(String name) {
            this.name = name;
        }
        public String getDept() {
            return dept;
        }
        public void setDept(String dept) {
            this.dept = dept;
        }
    }
```

◆))注意

（1）Message 和 Customer 类由于需要在网上进行输入与输出，因此需要实现 Serializable 接口。

（2）在用 Message 对象进行输入与输出时可以用 ObjectInputStream 负责输入，用 ObjectOutputStream 负责输出。在得到一个 socket 之后，可以用以下代码得到它们的 ObjectInputStream 和 ObjectOutputStream。

```
ObjectOutputStream oos = new ObjectOutputStream(socket.getOutputStream());
ObjectInputStream ois = new ObjectInputStream(socket.getInputStream());
```

这两句代码顺序不能颠倒，否则程序会在此处阻塞。

23.2.3　用户文件保存在服务器端的实现

由于没有学习数据库，为了简单起见，将用户文件保存为文本文件。

我们将用户的信息用如图 23-12 所示的格式存储。

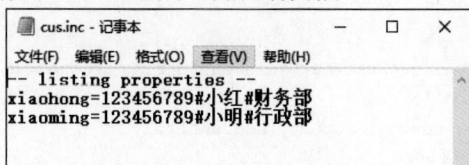

图 23-12　保存客户的信息

将数据保存在 cus. inc 内，以"账号＝密码♯姓名♯部门"的格式保存，便于用 Properties 类读取。

23. 2. 4　读写用户文件的实现

在本系统中，登录时需要读取用户文件，注册时需要写信息到文件，因此需要有一个专门的类来读写该文件，这里设计的类为 util. FileOpe，代码如下。

FileOpe. java

```java
package util;

import java.io.FileReader;
import java.io.PrintStream;
import java.util.Properties;
import javax.swing.JOptionPane;
import vo.Customer;
public class FileOpe {
    private static String fileName = "cus.inc";
    private static Properties pps;
    static {
        pps = new Properties();
        FileReader reader = null;
        try{
            reader = new FileReader(fileName);
            pps.load(reader);
        }catch(Exception ex){
            JOptionPane.showMessageDialog(null, "文件操作异常");
            System.exit(0);
        }finally{
            try{
                reader.close();
            }catch(Exception ex){}
        }
    }
    private static void listInfo(){
        PrintStream ps = null;
        try{
            ps = new PrintStream(fileName);
            pps.list(ps);
        }catch(Exception ex){
            JOptionPane.showMessageDialog(null, "文件操作异常");
            System.exit(0);
        }finally{
            try{
                ps.close();
            }catch(Exception ex){}
        }
    }
    public static Customer getCustomerByAccount(String account) {
        Customer cus = null;
        String cusInfo = pps.getProperty(account);
        if(cusInfo!= null){
            String[] infos = cusInfo.split("#");
```

```
        cus = new Customer();
        cus.setAccount(account);
        cus.setPassword(infos[0]);
        cus.setName(infos[1]);
        cus.setDept(infos[2]);
    }
    return cus;
}
public static void insertCustomer(String account,String password,
                        String name,String dept) {
    pps.setProperty(account, password + "#" + name + "#" + dept);
    listInfo();
}
}
```

23.2.5　基本模块结构

经过设计，服务器端的基本项目结构如图 23-13 所示。

其基本功能如下。

（1）cus.inc：保存用户信息的文件。

（2）vo.Customer：封装用户信息的类。

（3）vo.Message：封装消息的类。

（4）util.Conf：保存系统配置的各常量的类。

（5）util.FileOpe：访问文件 cus.inc 的类。

（6）app.Server：接受用户连接请求的类。

（7）app.ChatThread：和用户进行消息通信的类。

（8）main.Main：程序入口，调用 app.Server 类。

客户端的基本项目结构如图 23-14 所示。

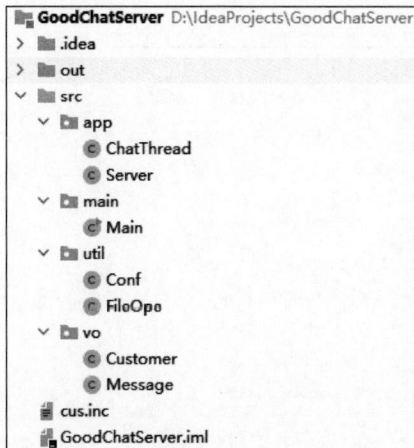

图 23-13　服务器端的基本项目结构

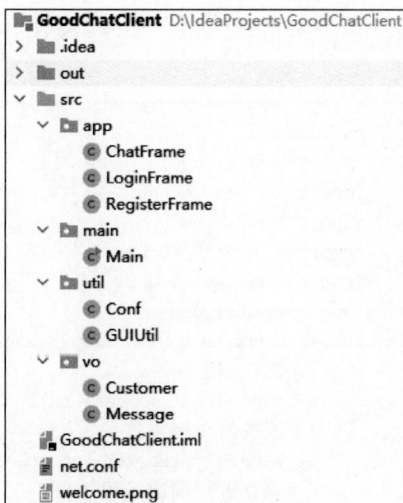

图 23-14　客户端的基本项目结构

其基本功能如下。

（1）net. conf：保存服务器端信息的文件，如图 23-15 所示。

（2）vo. Customer：封装用户信息的类。

（3）vo. Message：封装消息的类。

（4）util. Conf：保存系统配置的各常量的类。

（5）util. GUIUtil：将界面显示在屏幕中央。

（6）app. LoginFrame：登录界面。

（7）app. RegisterFrame：注册界面。

（8）app. ChatFrame：聊天界面。

（9）main. Main：程序入口，调用 app. LoginFrame 类。

（10）welcome. png：欢迎图片文件，效果如图 23-16 所示。

```
net.conf
1 serverIP=127.0.0.1
2 port=9999
3
```

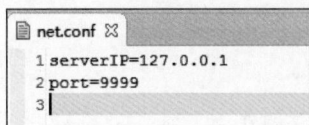

图 23-15　保存服务器端信息

图 23-16　欢迎图片

23.3　编写服务器端

23.3.1　准备工作

首先建立项目 GoodChatServer，在项目根目录下建立空文件 cus. inc。

然后编写 vo. Customer、vo. Message、util. Conf、util. FileOpe。

23.3.2　编写 app. Server 类

该类负责接收用户连接，接收一个连接，实例化一个 ChatThread 线程，代码如下。

Server. java

```java
package app;
import java.awt. * ;
import java.awt. event. * ;
import java.net. * ;
import java.util.Vector;
import javax. swing. * ;
import vo. Customer;
public class Server extends JFrame implements Runnable{
    / * 客户端连接 * /
    private Socket socket = null;
    / * 服务器端接收连接 * /
    private ServerSocket serverSocket = null;
    / * 保存客户端的线程 * /
    private Vector < ChatThread > clients = new Vector < ChatThread >();
    / * 保存在线用户 * /
    private Vector < Customer > userList = new Vector < Customer >();
    private JButton jbt = new JButton("关闭服务器");
```

```
private boolean canRun = true;
public Server() throws Exception{
    this.setTitle("服务器端");
    this.setDefaultCloseOperation(JFrame.EXIT_ON_CLOSE);
    this.add(jbt,BorderLayout.NORTH);
    jbt.addActionListener(new ActionListener(){
        public void actionPerformed(ActionEvent e){
            System.exit(0);
        }
    });
    this.setBackground(Color.yellow);
    this.setSize(300,100);
    this.setVisible(true);
    /*服务器端开辟端口,接收连接*/
    serverSocket = new ServerSocket(9999);
    /*接收客户连接的循环开始运行*/
    new Thread(this).start();
}
public void run(){
    try{
        while(canRun){
            socket = serverSocket.accept();
            ChatThread ct = new ChatThread(socket,this);
            /*线程开始运行*/
            ct.start();
        }
    }catch(Exception ex){
        canRun = false;
        try{
            serverSocket.close();
        }catch(Exception e){}
    }
}
public Vector<ChatThread> getClients() {
    return clients;
}
public Vector<Customer> getUserList() {
    return userList;
}
}
```

注意

（1）在本类中，成员 clients 负责保存所有的聊天线程，成员 userList 负责保存所有的在线用户。

（2）"ChatThread ct＝new ChatThread(socket,this);"的第 2 个参数将当前界面对象传入，因为 ChatThread 可能要访问当前界面中的 clients 和 userList，因此同时在 Server 类中编写 getClients 和 getUserList 函数。

23.3.3 编写 app.ChatThread 类

在 Server 接收一个连接之后，通信的工作由 ChatThread 类负责，代码如下。

ChatThread. java

```java
package app;
import java.io.ObjectInputStream;
import java.io.ObjectOutputStream;
import java.net.Socket;
import util.Conf;
import util.FileOpe;
import vo.Customer;
import vo.Message;
/* 为某个客户端服务,负责接收、发送信息 */
public class ChatThread extends Thread {
    private Socket socket = null;
    private ObjectInputStream ois = null;
    private ObjectOutputStream oos = null;
    private Customer customer = null;
    private Server server;
    private boolean canRun = true;
    public ChatThread(Socket socket, Server server) throws Exception {
        this.socket = socket;
        this.server = server;
        oos = new ObjectOutputStream(socket.getOutputStream());
        ois = new ObjectInputStream(socket.getInputStream());
    }
    public void run() {
        try {
            while (canRun) {
                Message msg = (Message) ois.readObject();
                /* 分析之后转发 */
                String type = msg.getType();
                if (type.equals(Conf.LOGIN)) {
                    this.handleLogin(msg);
                } else if (type.equals(Conf.REGISTER)) {
                    this.handleRegister(msg);
                }else if (type.equals(Conf.MESSAGE)) {
                    this.handleMessage(msg);
                }
            }
        } catch (Exception ex) {
            this.handleLogout();
        }
    }
    /* 处理登录信息 */
    public void handleLogin(Message msg) throws Exception {
        Customer loginCustomer = (Customer)msg.getContent();
        String account = loginCustomer.getAccount();
        String password = loginCustomer.getPassword();
        Customer cus = FileOpe.getCustomerByAccount(account);
        Message newMsg = new Message();
        if(cus == null||!cus.getPassword().equals(password)){
            newMsg.setType(Conf.LOGINFAIL);
            oos.writeObject(newMsg);        //发给登录用户
            canRun = false;
            socket.close();
```

```
            return;
        }
        this.customer = cus;
        /*将该线程放入 clients 集合*/
        server.getClients().add(this);
        /*将 customer 加入 userList 中*/
        server.getUserList().add(this.customer);
        /*注意,应该是将所有的在线用户都要转发给客户端*/
        newMsg.setType(Conf.USERLIST);
        newMsg.setContent(server.getUserList().clone());
        //将该用户登录的信息发给所有用户
        this.sendMessage(newMsg,Conf.ALL);
        server.setTitle("当前在线:" + server.getClients().size() + "人");
    }
    /*将 msg 里面的内容以聊天信息形式转发*/
    public void handleRegister(Message msg) throws Exception {
        Customer registerCustomer = (Customer)msg.getContent();
        String account = registerCustomer.getAccount();
        Customer cus = FileOpe.getCustomerByAccount(account);
        Message newMsg = new Message();
        if(cus!= null){
            newMsg.setType(Conf.REGISTERFAIL);
        }else{
            String password = registerCustomer.getPassword();
            String name = registerCustomer.getName();
            String dept = registerCustomer.getDept();
            FileOpe.insertCustomer(account, password, name, dept);
            newMsg.setType(Conf.REGISTERSUCCESS);
            oos.writeObject(newMsg);      · //发给注册用户
        }
        oos.writeObject(newMsg);            //发给注册用户
        canRun = false;
        socket.close();
    }
    /*将 msg 里面的内容以聊天信息形式转发*/
    public void handleMessage(Message msg) throws Exception {
        String to = msg.getTo();
        sendMessage(msg, to);
    }
    /*向所有其他客户端发送一个该客户端下线的信息*/
    public void handleLogout() {
        Message logoutMessage = new Message();
        logoutMessage.setType(Conf.LOGOUT);
        logoutMessage.setContent(this.customer);
        server.getClients().remove(this);//将它自己从 clients 中去掉
        server.getUserList().remove(this.customer);
        try {
            sendMessage(logoutMessage, Conf.ALL);
            canRun = false;
            socket.close();
        } catch (Exception ex) {
            ex.printStackTrace();
        }
        server.setTitle("当前在线:" + server.getClients().size() + "人");
```

```
        }
    /*将信息发给某个客户端*/
    public void sendMessage(Message msg, String to) throws Exception {
        for (ChatThread ct:server.getClients()) {
            if (ct.customer.getAccount().equals(to)||to.equals(Conf.ALL)) {
                ct.oos.writeObject(msg);
            }
        }
    }
}
```

📢**注意**

（1）在本类中如何知道一个成员退出登录？其方法是当 run 函数中出现异常时认为该线程对应的用户退出了登录。

（2）在 handleRegister 函数中不管注册是否成功，注册之后并没有将该线程加入 server 的 clients 成员中，因为注册只是个瞬态连接，并不进行聊天，因此注册工作被处理之后该线程自动消亡即可。

（3）在 handleLogin 函数中，登录不成功并没有将该线程加入 server 的 clients 成员中，因为不成功的登录只是个瞬态连接，被处理之后该线程自动消亡即可。但是，如果登录成功，就需要将该线程加入 server 的 clients 成员中，并将在线用户名单发送给所有的客户端。注意，不能只发登录用户名单，否则当前登录的用户无法得知以前有谁在线。

（4）在 handleLogout 函数中，当某个线程接收到用户退出的消息之后将该线程消亡，并将该线程对应的用户退出登录的消息发送给所有其他客户端。

23.3.4　编写 main. Main 类

main. Main 类负责调用 app. Server 类，代码如下。

Main. java

```
package main;
import app.Server;
public class Main{
    public static void main(String[] args) throws Exception{
        Server server = new Server();
    }
}
```

运行该类即可运行服务器。

23.4　编写客户端

23.4.1　准备工作

首先建立项目 GoodChatClient，将 welcome. png 复制到项目根目录下，在项目根目录下建立文件 net. conf，配置 serverIP 和 port。

然后从服务器端复制编写好的 vo. Customer、vo. Message、util. Conf。

编写 util. GUIUtil,代码如下。

GUIUtil. java

```java
package util;
import java.awt.Component;
import java.awt.GraphicsEnvironment;
import java.awt.Rectangle;
public class GUIUtil {
    public static void toCenter(Component comp){
        GraphicsEnvironment ge =
                GraphicsEnvironment.getLocalGraphicsEnvironment();
        Rectangle rec =
                ge.getDefaultScreenDevice().getDefaultConfiguration().getBounds();
        comp.setLocation(((int)rec.getWidth() - comp.getWidth())/2,
                    ((int)rec.getHeight() - comp.getHeight())/2);
    }
}
```

23.4.2　编写 app. LoginFrame 类

该类负责显示登录界面,单击"登录"按钮发出登录请求,代码如下。

LoginFrame. java

```java
package app;
import java.awt.FlowLayout;
import java.awt.event.ActionEvent;
import java.awt.event.ActionListener;
import java.io.ObjectInputStream;
import java.io.ObjectOutputStream;
import java.net.Socket;
import javax.swing. * ;
import main.Main;
import util.Conf;
import util.GUIUtil;
import vo.Customer;
import vo.Message;
public class LoginFrame extends JFrame implements ActionListener{
    / *********************** 定义各控件 *********************** /
    private Icon welcomeIcon = new ImageIcon("welcome.png");
    private JLabel lbWelcome = new JLabel(welcomeIcon);
    private JLabel lbAccount = new JLabel("请您输入账号");
    private JTextField tfAccount = new JTextField(10);
    private JLabel lbPassword = new JLabel("请您输入密码");
    private JPasswordField pfPassword = new JPasswordField(10);
    private JButton btLogin = new JButton("登录");
    private JButton btRegister = new JButton("注册");
    private JButton btExit = new JButton("退出");
    private Socket socket = null;
    private ObjectOutputStream oos = null;
    private ObjectInputStream ois = null;
    public LoginFrame(){
        / *********************** 界面的初始化 *********************** /
```

```java
        super("登录");
        this.setLayout(new FlowLayout());
        this.add(lbWelcome);
        this.add(lbAccount);
        this.add(tfAccount);
        this.add(lbPassword);
        this.add(pfPassword);
        this.add(btLogin);
        this.add(btRegister);
        this.add(btExit);
        this.setSize(240, 180);
        GUIUtil.toCenter(this);
        this.setDefaultCloseOperation(JFrame.EXIT_ON_CLOSE);
        this.setResizable(false);
        this.setVisible(true);
        /ᆢᆢᆢᆢᆢᆢᆢᆢᆢᆢᆢᆢᆢᆢᆢᆢᆢᆢᆢᆢᆢᆢᆢ 增加监听 ᆢᆢᆢᆢᆢᆢᆢᆢᆢᆢᆢᆢᆢᆢᆢᆢᆢᆢᆢᆢᆢᆢᆢᆢ /
        btLogin.addActionListener(this);
        btRegister.addActionListener(this);
        btExit.addActionListener(this);
    }
    public void login(){
        String account = tfAccount.getText();
        Customer cus = new Customer();
        cus.setAccount(account);
        cus.setPassword(new String(pfPassword.getPassword()));
        Message msg = new Message();
        msg.setType(Conf.LOGIN);
        msg.setContent(cus);
        try{
            socket = new Socket(Main.serverIP, Main.port);
            //以下两条语句有顺序要求
            oos = new ObjectOutputStream(socket.getOutputStream());
            ois = new ObjectInputStream(socket.getInputStream());
            oos.writeObject(msg);
            Message receiveMsg = (Message) ois.readObject();
            String type = receiveMsg.getType();
            if(type.equals(Conf.LOGINFAIL)){
                JOptionPane.showMessageDialog(this, "登录失败");
                socket.close();
                return;
            }
            JOptionPane.showMessageDialog(this, "登录成功");
            new ChatFrame(ois, oos, receiveMsg, account);
            this.dispose();
        }catch(Exception ex){
            JOptionPane.showMessageDialog(this, "网络连接异常");
            System.exit(-1);
        }
    }
    public void actionPerformed(ActionEvent e) {
        if(e.getSource() == btLogin){
            this.login();
        }else if(e.getSource() == btRegister){
            this.dispose();
```

```
        new RegisterFrame();
    }else{
        JOptionPane.showMessageDialog(this, "谢谢光临");
        System.exit(0);
    }
  }
}
```

注意

（1）在本类中，每单击一次"登录"按钮即发出一次连接请求，请求完毕，连接关闭，而不是界面出现就连接服务器。

（2）服务器的 IP 和端口由 Main 函数中的静态变量决定。

（3）登录成功之后，"new ChatFrame(ois,oos,receiveMsg,account);"表示将对象输入流、输出流、接收到的用户在线名单、本用户的账号传给 ChatFrame，也就是说，ChatFrame 将使用 LoginFrame 中的 Socket 输入输出流，而不是另外再连接服务器。

23.4.3 编写 app.ChatFrame 类

登录成功之后，通信的工作由 ChatFrame 类负责，代码如下。

ChatFrame.java

```java
package app;
import java.awt.BorderLayout;
import java.awt.Color;
import java.awt.GridLayout;
import java.awt.List;
import java.awt.event.ActionEvent;
import java.awt.event.ActionListener;
import java.io.ObjectInputStream;
import java.io.ObjectOutputStream;
import java.net.Socket;
import java.util.Vector;
import javax.swing.JButton;
import javax.swing.JFrame;
import javax.swing.JLabel;
import javax.swing.JOptionPane;
import javax.swing.JPanel;
import javax.swing.JScrollPane;
import javax.swing.JTextArea;
import javax.swing.JTextField;
import util.Conf;
import vo.Customer;
import vo.Message;

public class ChatFrame extends JFrame implements ActionListener,Runnable{
    private Socket socket = null;
    private ObjectInputStream ois = null;
    private ObjectOutputStream oos = null;
    private boolean canRun = true;
    private String account;
    private JLabel lbUser = new JLabel("在线人员名单:");
```

```
private List lstUser = new List();
private JLabel lbMsg = new JLabel("聊天记录:");
private JTextArea taMsg = new JTextArea();
private JScrollPane spMsg = new JScrollPane(taMsg);
private JTextField tfMsg = new JTextField();
private JButton btSend = new JButton("发送");
private JPanel plUser = new JPanel(new BorderLayout());
private JPanel plMsg = new JPanel(new BorderLayout());
private JPanel plUser_Msg = new JPanel(new GridLayout(1,2));
private JPanel plSend = new JPanel(new BorderLayout());
public ChatFrame(ObjectInputStream ois,ObjectOutputStream oos,
                 Message receiveMessage,String account){
    this.ois = ois;
    this.oos = oos;
    this.account = account;
    this.initFrame();
    this.initUserList(receiveMessage);
    new Thread(this).start();
}
public void initFrame(){
    this.setTitle("当前在线:" + account);
    this.setBackground(Color.magenta);
    plUser.add(lbUser,BorderLayout.NORTH);
    plUser.add(lstUser,BorderLayout.CENTER);
    plUser_Msg.add(plUser);
    lstUser.setBackground(Color.pink);

    plMsg.add(lbMsg,BorderLayout.NORTH);
    plMsg.add(spMsg,BorderLayout.CENTER);
    plUser_Msg.add(plMsg);
    taMsg.setBackground(Color.pink);

    plSend.add(tfMsg,BorderLayout.CENTER);
    plSend.add(btSend,BorderLayout.EAST);
    tfMsg.setBackground(Color.yellow);

    this.add(plUser_Msg,BorderLayout.CENTER);
    this.add(plSend,BorderLayout.SOUTH);

    btSend.addActionListener(this);
    this.setDefaultCloseOperation(JFrame.EXIT_ON_CLOSE);
    this.setSize(300,300);
    this.setVisible(true);
}
public void initUserList(Message message){
    lstUser.removeAll();
    lstUser.add(Conf.ALL);
    lstUser.select(0);              //选定"ALL"
    Vector<Customer> userListVector =
            (Vector<Customer>)message.getContent();
    for(Customer cus:userListVector){
        lstUser.add(cus.getAccount() + ","
                + cus.getName() + "," + cus.getDept());
    }
```

```
        }
    public void run(){
        try{
            while(canRun){
                Message msg = (Message)ois.readObject();
                if(msg.getType().equals(Conf.MESSAGE)){
                    //在 ChatFrame 的 ta 内添加内容
                    taMsg.append(msg.getContent() + "\n");
                }
                else if(msg.getType().equals(Conf.USERLIST)){
                    this.initUserList(msg);
                }
                else if(msg.getType().equals(Conf.LOGOUT)){
                    Customer cus = (Customer)msg.getContent();
                    lstUser.remove(cus.getAccount() + "," +
                        cus.getName() + "," + cus.getDept());
                }
            }
        }catch(Exception ex){
            ex.printStackTrace();
            canRun = false;
            javax.swing.JOptionPane.showMessageDialog(this,
                "对不起,您被迫下线");
            System.exit(-1);                //程序结束
        }
    }
    public void actionPerformed(ActionEvent e){
        try {
            Message msg = new Message();
            msg.setType(Conf.MESSAGE);
            msg.setContent(account + "说:" + tfMsg.getText());
            msg.setFrom(account);
            String toInfo = lstUser.getSelectedItem();
            msg.setTo(toInfo.split(",")[0]);
            oos.writeObject(msg);
            tfMsg.setText("");
        } catch (Exception ex) {
            JOptionPane.showMessageDialog(this, "消息发送异常");
        }
    }
}
```

注意

（1）在本类中并没有用到 Socket，也没有连接服务器，使用的是登录界面 LoginFrame 中的 Socket 连接。

（2）在构造函数中，receiveMessage 参数实际上就是一个在线人员名单消息。

（3）在 initUserList 函数中应该首先将用户名单列表框清空，然后将在线用户一个个加进去。

（4）如果线程的 run 方法中出现了异常，我们认为系统流的读写有问题，可以让用户下线。不过，这也是比较苛刻的控制方法，因为 run 方法中的异常也可能不是因为下线引起的,限于篇幅,我们对此仅做相对简单的处理。

23.4.4　编写 app. RegisterFrame 类

该类负责显示注册界面,单击"注册"按钮发出注册请求,代码如下。

RegisterFrame. java

```java
package app;
import java.awt.FlowLayout;
import java.awt.event.ActionEvent;
import java.awt.event.ActionListener;
import java.io.ObjectInputStream;
import java.io.ObjectOutputStream;
import java.net.Socket;
import javax.swing.*;
import main.Main;
import util.Conf;
import util.GUIUtil;
import vo.Customer;
import vo.Message;
public class RegisterFrame extends JFrame implements ActionListener{
    /*********************** 定义各控件 *************************/
    private JLabel lbAccount = new JLabel("请您输入账号");
    private JTextField tfAccount = new JTextField(10);
    private JLabel lbPassword1 = new JLabel("请您输入密码");
    private JPasswordField pfPassword1 = new JPasswordField(10);
    private JLabel lbPassword2 = new JLabel("输入确认密码");
    private JPasswordField pfPassword2 = new JPasswordField(10);
    private JLabel lbName = new JLabel("请您输入姓名");
    private JTextField tfName = new JTextField(10);
    private JLabel lbDept = new JLabel("请您选择部门");
    private JComboBox cbDept = new JComboBox();
    private JButton btRegister = new JButton("注册");
    private JButton btLogin = new JButton("登录");
    private JButton btExit = new JButton("退出");
    private Socket socket = null;
    private ObjectOutputStream oos = null;
    private ObjectInputStream ois = null;
    public RegisterFrame(){
        /*********************** 界面的初始化 ***********************/
        super("注册");
        this.setLayout(new FlowLayout());
        this.add(lbAccount);
        this.add(tfAccount);
        this.add(lbPassword1);
        this.add(pfPassword1);
        this.add(lbPassword2);
        this.add(pfPassword2);
        this.add(lbName);
        this.add(tfName);
        this.add(lbDept);
```

```java
        this.add(cbDept);
        cbDept.addItem("财务部");
        cbDept.addItem("行政部");
        cbDept.addItem("客户服务部");
        cbDept.addItem("销售部");
        this.add(btRegister);
        this.add(btLogin);
        this.add(btExit);
        this.setSize(240, 220);
        GUIUtil.toCenter(this);
        this.setDefaultCloseOperation(JFrame.EXIT_ON_CLOSE);
        this.setResizable(false);
        this.setVisible(true);
        /*********************** 增加监听 ************************/
        btLogin.addActionListener(this);
        btRegister.addActionListener(this);
        btExit.addActionListener(this);
    }
    public void register(){
        Customer cus = new Customer();
        cus.setAccount(tfAccount.getText());
        cus.setPassword(new String(pfPassword1.getPassword()));
        cus.setName(tfName.getText());
        cus.setDept((String)cbDept.getSelectedItem());
        Message msg = new Message();
        msg.setType(Conf.REGISTER);
        msg.setContent(cus);
        try{
            socket = new Socket(Main.serverIP, Main.port);
            //以下两条语句有顺序要求
            oos = new ObjectOutputStream(socket.getOutputStream());
            ois = new ObjectInputStream(socket.getInputStream());
            Message receiveMsg = null;
            oos.writeObject(msg);
            receiveMsg = (Message) ois.readObject();
            String type = receiveMsg.getType();
            if(type.equals(Conf.REGISTERFAIL)){
                JOptionPane.showMessageDialog(this, "注册失败");
            }else{
                JOptionPane.showMessageDialog(this, "注册成功");
            }
            socket.close();
        }catch(Exception ex){
            JOptionPane.showMessageDialog(this, "网络连接异常");
            System.exit(-1);
        }
    }
    public void actionPerformed(ActionEvent e) {
        if(e.getSource() == btRegister){
            String password1 = new String(pfPassword1.getPassword());
            String password2 = new String(pfPassword2.getPassword());
            if(!password1.equals(password2)){
                JOptionPane.showMessageDialog(this, "两个密码不相同");
                return;
            }
            //连接到服务器并发送注册信息
            this.register();
```

```
        }else if(e.getSource() == btLogin){
            this.dispose();
            new LoginFrame();
        }else{
            JOptionPane.showMessageDialog(this, "谢谢光临");
            System.exit(0);
        }
    }
}
```

◀》注意

（1）在本类中，每单击一次"注册"按钮即发出一次注册请求，请求完毕，连接关闭，而不是界面出现就连接服务器。

（2）服务器的 IP 和端口由 Main 函数中的静态变量决定。

23.4.5 编写 main.Main 类

main.Main 类负责调用 app.LoginFrame 类并读配置文件，代码如下。

Main.java

```java
package main;
import java.io.FileReader;
import java.util.Properties;
import app.LoginFrame;
public class Main {
    public static String serverIP;
    public static int port;
    private static void loadConf() throws Exception{
        Properties pps = new Properties();
        pps.load(new FileReader("net.conf"));
        serverIP = pps.getProperty("serverIP");
        port = Integer.parseInt(pps.getProperty("port"));
    }
    public static void main(String[] args) throws Exception{
        loadConf();
        new LoginFrame();
    }
}
```

运行该类即可运行客户端。

23.5 思 考 题

本程序开发完毕，留下几道思考题请读者思考。

（1）如何传送文件，特别是大文件？

（2）如何像腾讯 QQ 那样将用户界面和聊天界面分开？如图 23-17 所示。

（3）如何将软件在任务栏右下角显示为一个图标？如同腾讯 QQ 一样，如图 23-18 所示。

图 23-17　用户界面和聊天界面分开

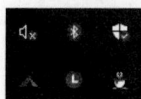

图 23-18　将软件在任务栏右下角显示为一个图标

图书资源支持

感谢您一直以来对清华版图书的支持和爱护。为了配合本书的使用，本书提供配套的资源，有需求的读者请扫描下方的"书圈"微信公众号二维码，在图书专区下载，也可以拨打电话或发送电子邮件咨询。

如果您在使用本书的过程中遇到了什么问题，或者有相关图书出版计划，也请您发邮件告诉我们，以便我们更好地为您服务。

我们的联系方式：

清华大学出版社计算机与信息分社网站：https://www.shuimushuhui.com/

地　　址：北京市海淀区双清路学研大厦 A 座 714

邮　　编：100084

电　　话：010-83470236　010-83470237

客服邮箱：2301891038@qq.com

QQ：2301891038（请写明您的单位和姓名）

资源下载：关注公众号"书圈"下载配套资源。

资源下载、样书申请　　　　图书案例

书圈　　　　清华计算机学堂　　　　观看课程直播